Guy Merlin Nguenang

Sécondarisation et dynamique cicatricielle, forêt du Dja, Est-Cameroun

Guy Merlin Nguenang

Sécondarisation et dynamique cicatricielle, forêt du Dja, Est-Cameroun

Application à l'aménagement des formations secondarisées

Presses Académiques Francophones

Impressum / Mentions légales
Bibliografische Information der Deutschen Nationalbibliothek: Die Deutsche Nationalbibliothek verzeichnet diese Publikation in der Deutschen Nationalbibliografie; detaillierte bibliografische Daten sind im Internet über http://dnb.d-nb.de abrufbar.

Alle in diesem Buch genannten Marken und Produktnamen unterliegen warenzeichen-, marken- oder patentrechtlichem Schutz bzw. sind Warenzeichen oder eingetragene Warenzeichen der jeweiligen Inhaber. Die Wiedergabe von Marken, Produktnamen, Gebrauchsnamen, Handelsnamen, Warenbezeichnungen u.s.w. in diesem Werk berechtigt auch ohne besondere Kennzeichnung nicht zu der Annahme, dass solche Namen im Sinne der Warenzeichen- und Markenschutzgesetzgebung als frei zu betrachten wären und daher von jedermann benutzt werden dürften.

Information bibliographique publiée par la Deutsche Nationalbibliothek: La Deutsche Nationalbibliothek inscrit cette publication à la Deutsche Nationalbibliografie; des données bibliographiques détaillées sont disponibles sur internet à l'adresse http://dnb.d-nb.de.

Toutes marques et noms de produits mentionnés dans ce livre demeurent sous la protection des marques, des marques déposées et des brevets, et sont des marques ou des marques déposées de leurs détenteurs respectifs. L'utilisation des marques, noms de produits, noms communs, noms commerciaux, descriptions de produits, etc, même sans qu'ils soient mentionnés de façon particulière dans ce livre ne signifie en aucune façon que ces noms peuvent être utilisés sans restriction à l'égard de la législation pour la protection des marques et des marques déposées et pourraient donc être utilisés par quiconque.

Coverbild / Photo de couverture: www.ingimage.com

Verlag / Editeur:
Presses Académiques Francophones
ist ein Imprint der / est une marque déposée de
OmniScriptum GmbH & Co. KG
Heinrich-Böcking-Str. 6-8, 66121 Saarbrücken, Deutschland / Allemagne
Email: info@presses-academiques.com

Herstellung: siehe letzte Seite /
Impression: voir la dernière page
ISBN: 978-3-8381-4271-5

Copyright / Droit d'auteur © 2014 OmniScriptum GmbH & Co. KG
Alle Rechte vorbehalten. / Tous droits réservés. Saarbrücken 2014

TABLE DES MATIERES

TABLE DES MATIERES	1
DEDICACES	6
REMERCIEMENTS	7
LISTE DES ABREVIATIONS	10
RESUME	11
ABSTRACT	13
INTRODUCTION GENERALE	15
CHAPITRE I. REVUE DE LA LITTERATURE ET RAPPELS DE QUELQUES CONCEPTS	19
I.1. REVUE DE LA LITTERATURE	20
I.2. RAPPELS DE QUELQUES CONCEPTS	24
I.2.1. Forêts secondaires	24
I.2.2. Notion de forêt primaire et de climax.	26
I.2.3. Régénération naturelle	27
I.2.4. Notion de succession primaire et de succession secondaire	28
I.2.5. Secteur forestier d'Afrique centrale: dynamique du passé	29
CHAPITRE II. MATERIEL ET METHODES	32
II.1. MILIEU D'ETUDE	33
II.1.1. Milieu naturel	33
II.1.2. Milieu humain	40
II.2. METHODES	45

II.2.1. Dispositif général, mesures et conventions	45
II.2.1.1. Dispositifs d'inventaires floristiques	45
II.2.1.2. Récolte et identification des spécimens	45
II.2.1.3. Types biologiques	46
II.2.1.4. Mode de dispersion	47
II.2.1.5. Caractérisation de la végétation	49
II.2.1.6. Mesure du diamètre des arbres	49
II.2.1.7. Estimation de la hauteur	51
II.2.1.8. Estimation du couvert	51
II.2.1.9. Inventaire des herbacées	52
II.2.1.10. Estimation de la luminosité	53
II.2.2. Analyse des données	55
II.2.3. Caractérisation et état de secondarisation de la forêt du Dja	60
II.2.4. Evaluation de l'impact de la perturbation de la végétation par les éléphants sur la distribution spatiale des gorilles	64
II.2.5. Etude de la dynamique de la reconstitution post-agricole de la forêt du Dja	65
II.2.6. Etude de la dynamique de régénération des essences de bois d'œuvre commerciales	73
II.2.6. Evaluation de l'importance de la forêt secondaire sur le système traditionnel de cueillette des produits forestiers non ligneux	75

CHAPITRE III. RESULTATS ET DISCUSSIONS — 77

III.1. RESULTATS — 78

III.1. 1. CARACTERISATION DE LA FORET DU DJA — 78

III.1.1.1. Faciès de végétation	78
III.1.1.2. Composition floristique et similitude entre les faciès de végétation	79
III.1.1.3. Hauteur de la canopée	84
III.1.1.4. Recouvrement de végétation	85
III.1.1.5. Abondance et distribution des Marantacées et des Zingibéracées dans les différents faciès de végétation	87
III.1.1.6. Carte de l'analyse factorielle	91
III.1.1.7. Distribution des réseaux de pistes d'éléphants	92
III.1.1.8. Indices d'anciennes présences humaines dans la forêt	94
III.1.1.9. Description des différents faciès de la végétation	95

III.1.2. DISTRIBUTION DES NIDS DE GORILLE **DANS LES DIFFERENTS FACIES DE VEGETATION**	**109**
III.1.3. DYNAMIQUE DE RECONSTITUTION POST-AGRICOLE	**111**
III.1.3.1. Typologie des communautés	111
III.1.3.2. Description floristique et structurale des différents groupements	128
III.1.3.3. Dynamique de la reconstitution	148
III.1.3.4. Estimation du temps de reconstitution de la forêt du Dja après perturbation	170
III.1.3.5. Dynamique de régénération des essences commerciales	171
III.1.4. IMPORTANCE DES FORMATIONS SECONDAIRES POUR LA COLLECTE DES PRODUITS FORESTIERS	**177**
III.2. DISCUSSIONS	**180**
III.2.1. CARACTERISATION DE LA FORET DU DJA	**180**
III.2.1.1. Faciès de végétation	180
III.2.1.2. Etat actuel de la secondarisation de la forêt du dja : influence des facteurs anthropiques passes, des elephants	181
III.2.2. DISTRIBUTION DES NIDS DE GORILLE **DANS LES DIFFERENTS FACIES DE VEGETATION**	**198**
III.2.3. DYNAMIQUE DE RECONSTITUTION POST-AGRICOLE	**204**
III.2.3.1. Synthèse de la dynamique évolutive post-culturale de la forêt du Dja	204
III.2.3.2. Syndynamique évolutive post-culturale de la forêt du Dja	210
III.2.3.3. Dynamique structurale et floristique	217
III.2.3.4. Dynamique dispersion diaspores	224
III.2.3.4. Stratégie adaptatives	227
III.2.4. DYNAMIQUE DE REGENERATION DES ESSENCES COMMERCIALES	**235**
III.2.4.1. Place des essences commerciales dans la régénération	235
III.2.4.2. ABALE, *Petersianthus macrocarpus* (Beauv.) Liben : essence de promotion par excellence	238
III.2.4.3. AYOUS, Triplochiton scleroxylon K. Schum. : essence problématique	242
III.2.5. IMPORTANCE DES FORMATIONS SECONDAIRES POUR LA COLLECTE DES PRODUITS FORESTIERS	**247**

III.2.6. AGRICULTURE ITINÉRANTE SUR BRÛLIS DANS LE DJA : UNE MENACE POUR LA FORÊT ?	252
III.2.7. AMENAGEMENT DES FORETS SECONDAIRES	**260**

III.2.7.1. Forêt communautaire, cadre institutionnel pour l'aménagement des formations secondaires post-agricoles　260

III.2.7.2. Intégration des recrûs forestier post-agricoles dans la stratégie locale de gestion communautaire de la faune　263

III.2.7.3. Sites d'anciens villages forestiers : niches écologiques pour l'aménagement et la préservation de la biodiversité　265

III.2.7.4. Paiement des services environnementaux comme alternative à l'intégration des bonnes pratiques de gestion durable de la forêt par les communautés　266

III.2.7.5. Processus REDD, stock de carbone et succession secondaire　268

CONCLUSION, PERSPECTIVES ET RECOMMANDATIONS　**270**

BIBLIOGRAPHIE　**275**

ANNEXES　**310**

Annexe 1. Nombre d'individus (Nb Ind.), Densité relative (DeR), Dominance relative (DoR) des espèces de la strate ligneuse par types de groupements de la reconstitution forestière post-agricole.　311

Annexe 2. Nombre d'individus (Nb Ind.), Densité relative (DeR), de la strate herbacée dont les nanophanérophytes et les phanérophytes lianescentes par types de groupements de la reconstitution forestière post-agricole.　318

Annexe 3. Diversité relatives (DiR), Densité relative (DeR), Dominance relative (DoR) des familles d'espèces de la strate ligneuse par types de groupements de la reconstitution forestière post-agricole.　322

Annexe 4. Diversité relative (DiR), Densité relative (DeR), des familles d'espèces de la strate herbacée dont les nanophanérophytes et les phanérophytes lianescentes par types de groupements de la reconstitution forestière post-agricole.　324

Annexe 5. Diversité relative (DiR), Densité relative (DeR), des familles des plantules d'espèces ligneuses par types de groupements de la reconstitution forestière post-agricole.　325

Annexe 6. Sommes des coefficients d'importance des plantes utiles par
types d'usage selon la perception des populations Badjoué.   326
Annexe 7. Liste de toutes les plantes recensées au cours des inventaires et
des enquêtes.   329

DEDICACES

*Je dédie ce travail
à mon épouse Nguenang Mariane
et à notre fille promise Reine Rébecca*

REMERCIEMENTS

Cette thèse a été un défi personnel que nous avons pu relever grâce à l'appui de plusieurs personnes. Des personnes qui m'ont accordé leur confiance et m'ont donné de leurs savoirs, de leurs savoir-faire.

Je tiens à remercier premièrement Professeur Nkongmeneck Bernard-Aloys du Département de Biologie et de Physiologie Végétales de l'Université de Yaoundé I, qui a suivi mes premiers pas dans le monde de la recherche. Il m'a encouragé à continuer en thèse de doctorat et n'a managé aucun effort pour mon encadrement tant sur le plan scientifique que moral.

Je tiens à remercier sincèrement le Professeur Willy Delvingt de la Faculté Universitaire des Sciences Agronomiques de Gembloux et actuellement président de l'Association Technique des Bois Tropicaux (ATIBT) à Paris. Il m'a permis d'intégrer son équipe de recherche en 1998 dans le cadre d'un projet financé par l'Union Européenne dans le Dja. Il n'a pas hésité d'accepter la demande de co-diriger ce travail.

Le Professeur CédricVermeulen a été lui, mon "maître de terrain". Il n'a cessé de m'encourager à finir ma thèse. Son humour et son sens de la vie m'ont toujours encouragé alors que je me sentais débordé. Il a organisé et facilité mon accueil à l'Unité de Gestion des Ressources Forestières et des Milieux Naturels, Gembloux Agro-Bio Tech, de l'Université de Liège, qu'il en soit remercié.

C'est ici l'occasion pour moi de dire toute ma gratitude à mes enseignants du Département de Biologie et de Physiologie Végétales de l'Université de Yaoundé 1 au premier rang desquels le Professeur Amougou Akoa, Chef de Département. Je pense particulièrement aux Dr Mbolo Marie, Dr Zapfack

Louis, MC, Dr Nwaga Dieudonné MC, Dr Mbarga Bindzi Marie Alain CC, Dr Mbell Joseph MC, et Pr Youmbi Emmanuel.

Je suis reconnaissant envers Dr Ingrid Parmentier et Dr Gill Dauby du laboratoire d'Eco-Ethologie Evolutive de l'Université Libre de Bruxelles qui m'ont accueilli et mis à ma disposition plusieurs outils de pointe d'analyse phytosociologique.

J'ai une pensée pieuse pour le regretté Koufani qui plusieurs fois m'a accompagné sur le terrain et m'a permis de bénéficier de sa bonne connaissance du monde végétal. Mes remerciements vont aussi au Dr Achoundong Gaston, Maître de Recherches, puis au Dr Onana J.M., Maître de Recherches, Chefs successifs de l'Herbier National du Cameroun qui ont tous facilité mes recherches dans leur laboratoire pour l'identification des spécimens collectés.

Mes remerciements vos également à l'endroit de Monsieur Jef Dupain et à toute l'équipe du Projet Grands Singes de la Société Zoologique Royale d'Anvers (Belgique), pour les facilités logistiques qu'ils m'ont accordées pour la collecte d'une bonne partie des données sur le terrain.

Je remercie vivement la coopération technique allemande au Cameroun (la GIZ), qui a financé mon stage en Belgique pour la finalisation de ma thèse. Je tiens à remercier le Professeur Jean Louis Doucet qui m'a accueilli dans son laboratoire et pour tout l'appui et les conseils que j'ai reçus de lui.

Je ne saurai oublier le Professeur Jean Wandji du Département de Chimie organique de l'Université de Yaoundé 1, pour ses encouragements constants et les conseils qu'il n'a cessé de me prodiguer.

Mes camarades de classe et de laboratoire avec qui de nombreux échanges, débats et critiques ont toujours contribué à améliorer la qualité de notre travail, je leur dis merci. Je pense à : Mme Ndonguissop Adeline, Mme Ateba Thérèse, M. Atangana Ndongo (dit Ancien), M. Dikanda Pierre, M. Ghogue Jean Paul, M. Angoni Hyacinthe, Dr Tsabang Nolé et Dr Fongnzossi Evariste.

Dr Sara Cristofoli du laboratoire d'écologie de Gembloux Agro-Bio Tech, de l'Université de Liège m'a donné un précieux coup de main. Qu'elle en soit ici remerciée. J'ai également eu des échanges fructueux avec les amis du Laboratoire de Foresterie Tropicale et Subtropicale : Dr Gillet Jean-François., Dr Kouadio Louis. et Dr Kasso Dainou. Je vous dis merci pour tout.

Je ne saurai oublier non plus les communautés des villages Malen V, Doumo-pierre, Mimpala, et Akom qui nous ont favorablement accueilli et ont permis d'effectuer le travail de terrain dans de très bonnes conditions. Je pense particulièrement à Odiem Antoine, Mabom Anicet, Papa Jacques et papa Timothée (paix à son âme).

Je pense à mon ami Richard Feteke, pour les moments passés en forêt ensemble. Je pense également à mon ami Dr Tchouto Pegy avec qui nous avons eu plusieurs échanges enrichissants.

Enfin, une pensée toute particulière pour toute ma famille :

A mes parents pour tout ce qu'ils représentent pour moi.
A mes beaux parents pour tous leurs soutiens.

LISTE DES ABREVIATIONS

ANAFOR	:	Agence nationale d'appui au développement forestier
ATIBT	:	Association Technique Internationale des Bois
ECOFAC	:	Conservation et Utilisation rationnelle des
FAO	:	Organisation des Nations Unies pour l'Alimentation et
FHVC	:	Forêts à Haute Valeur pour la Conservation
IPPC	:	Intergovernmental Panel on Climate Change
MINFOF	:	Ministère de la Forêt et de la Faune (Cameroun)
OIBT	:	Organisation International des Boit Tropicaux
ONADEF	:	Office National de Développement des forests
ORSTOM	:	Institut Français de Recherche Scientifique pour le
UICN	:	Union Internationale pour la Conservation de la
UFA	:	Unité Forestière d'Aménagement
UNESCO	:	Organisation des Nations Unies pour l'éducation, la
REDD	:	Réduction des Emissions liées à la Déforestation et à la

RESUME

Les études récentes révèlent une proportion importante des formations secondaires au sein des forêts tropicales africaines par rapport à la forêt mature pas ou peu perturbée. Un des objectifs de cette étude a été de caractériser la végétation de la forêt du Dja en ressortant l'état et les causes de sa sécondarisation.

Plusieurs études botaniques et ethnobotaniques ont été menées dans la forêt du Dja. La plupart de ces travaux antérieurs se sont essentiellement focalisés sur la description floristique et structurale de la forêt. Les aspects liés à la dynamique de reconstitution de cette forêt ont été peu abordés. Aussi, l'autre objectif de la présente étude a été axé sur la dynamique cicatricielle de la végétation après les perturbations post-agricoles.

Pour la caractérisation de la végétation, 104 km de transects ont été parcourus dans deux sites ; un site situé dans la Réserve du Dja et l'autre situé hors de la Réserve. Les réseaux de piste d'éléphants ont été recensés afin de ressortir leurs influences sur le processus de sécondarisation. Les nids de gorilles rencontrés le long des transects ont été recensés afin de vérifier l'hypothèse de leur nidification préférentielle dans les formations secondarisées.

L'étude de la reconstitution du couvert forestier a été réalisée par l'approche synchronique. Dans les parcelles d'âges d'abandons différents, les individus ligneux de diamètre supérieur ou égal à 10 cm ont été inventoriés sur 10,8 ha dans 90 relevés floristiques de 40 x 40 m pour la plupart. Les gaulis de diamètre inférieur à 10 cm ont été recensés sur 2,7 ha. L'inventaire de régénération et des herbacées a été mené dans 319 sous-parcelles de 5 x 5 m.

Les résultats obtenus montrent que les formations secondarisées constituent une proportion importante de la mosaïque forestière en périphérie nord de la réserve du Dja. Ces formations secondaires sont prédominantes aussi bien à l'intérieur de la Réserve de Biosphère qu'à l'extérieur. Les proportions 54 % et 52 % pour les faciès secondarisés ont été obtenues respectivement dans les deux sites. La distribution des réseaux de pistes d'éléphants dans la forêt ne se fait pas de manière aléatoire. Les gorilles auraient une préférence pour la construction de leurs nids dans les faciès perturbés notamment par les éléphants.

L'étude de la dynamique de reconstitution post-agricole permet de noter de manière générale, qu'on observe une tendance à l'accroissement du nombre d'espèces avec l'âge de la végétation. La diversité est minimale au stade pionnier et maximale au stade de forêt intermédiaire notamment à 35 ans après l'abandon des cultures. Le recouvrement structural de la forêt s'observe déjà entre 35 et 50 ans alors que la reconstitution du potentiel floristique de la forêt mature pré-perturbation peut nécessiter jusqu'à 700 ans.

Les formations secondaires présentent les valeurs "patrimoniales" importantes qui nécessitent qu'elles soient intégrées dans toutes stratégies de conservation et d'aménagement forestier.

Mots-clés. Forêts secondaires, reconstitution forestière, régénération, éléphants, gorilles, Réserve du Dja.

ABSTRACT

Several studies reveal an increase of secondary forest proportion in African tropical forest. One of the objectives of this study was to characterize Dja forest's vegetation with focus on the state and causes of its secondary process.

Quite a lot of botanical and ethnobotanical studies had been done in the Dja forest. But most of these previous works focused essentially on floristical and structural description of the forest. The dynamics aspects of the forest succession were little approached. So, the other objective of the present study is centred on post-agricultural secondary forest succession.

For the forest characterization, 104 km of transect were crossed in two sites; one situated in the Dja Reserve and the other one outside the Reserve. The networks of elephants paths were counted along transect in order to stand out their influence on forest secondarisation process. Gorillas nests were counted along transect to verify the hypothesis of their preferential nesting in secondary forest's formations

The study of the forest succession was realized by synchronic approach. In land of different abandoned age, all indiduals with diameter greater or equal to 10 cm recorded on 10,8 ha in 90 plots of 40 x 40 cm for the majority. Individuals of diameter lower than 10 cm was recorded on 2,7 ha. Seedlings and herbaceous plants were recorded in 319 sub-plots of 5 x 5m.

Results obtained reveal ascendancy of secondary forest types in the northern part of the Dja forest's mosaic. These secondary forest's formations are dominant as well inside the reserve of fauna as outside. Proportions of 54 % and 52 % of those secondary formations were obtained respectively in two sites. Distributions of the networks elephant's paths in the forest are not random. Gorillas would have a preference for the construction of their nests in disturbed vegetation notably by the elephants.

Study of post-agricultural forest's succession allows noting that, in general, one observes a tendency to the increase of the number of species with the age of the forest. Diversity is minimal at the pioneer stage and maximal at the intermediary stage of the forest's reconstitution, particularly 35 years after disturbance.

Structural covering of the forest can be already observed between 35 and 50 years while the reconstitution of the floristic potential the mature forest after disturbance can need 700 years.

Secondary forest presents important "patrimonial" values which require their integration into any conservation and management strategies' plans.

Keywords. Secondary forest, forest's reconstitution, elephants, gorillas, Dja Reserve.

INTRODUCTION GENERALE

La gestion rationnelle des ressources naturelles est devenue l'une des priorités internationales depuis la conférence de Rio en 1992. De nombreuses réflexions ont été consacrées ces dernières années au développement, à l'environnement, à l'élaboration du concept de développement durable. La mise en œuvre de cette stratégie du développement devrait permettre de gérer et d'exploiter l'environnement à long terme, en conservant voire en améliorant les ressources naturelles renouvelables. Elle devrait également permettre d'assurer la satisfaction des besoins des générations présentes sans affecter ceux des générations futures (Nahal, 1998). La forêt tropicale humide présente un intérêt socio-économique et écologique qui ne cesse de croître. Le potentiel forestier n'a de valeur réelle que s'il est conservé. Une exploitation de l'écosystème forestier n'est effectivement rentable pour un pays que si les potentialités sont reconduites (Kahn, 1982).

L'évaluation des ressources forestières tropicales par la FAO et le PNUE a conclu en 1980 que les ressources mondiales en forêts tropicales denses couvraient 1200 millions d'hectares donc 1160 millions de forêts feuillues. D'après les informations tirées des travaux de Pokam & Sunderlin (1999), la FAO a estimé qu'au cours de la période 1980-1985, un total de 11,3 millions d'hectares de toutes les forêts tropicales était défriché annuellement. Cependant au cours des dernières tranches de la décennie 1980, alors que les nouvelles estimations de la couverture forestière basées sur les photos satellites sont devenues disponibles, il est apparu que dans de nombreux pays, le taux de déforestation était supérieur aux estimations de la FAO. En 1990, la FAO et *World ressources institute* de Washington ont publié de nouvelles estimations selon lesquelles le taux de déforestation tropicale total atteindrait 17 millions d'hectares par an (Pokam & Sunderlin, 1999).

Le déboisement annuel des superficies forestières au Cameroun était estimé entre 80 000 et 200 000 ha (Gartland, 1989). Laporte *et al.* (1995, cit. Pokam & Sunderlin, 1999) ont estimé qu'en 1989, la superficie des forêts denses humides du Cameroun était de 16,8 millions et celle de forêt dégradée de 6,4 millions d'hectares. En 2005, le projet conjoint FAO et Ministère en charge des Forêts du Cameroun sur l'évaluation des ressources forestières a estimé que les forêts au Cameroun occupent une superficie totale de 21,2 millions ha représentant près de 45 % du territoire national. Cette superficie inclut les galeries forestières. Il conclut que 70 % de ces forêts camerounaises sont secondaires (Anonyme, 2005).

La superficie des formations végétales secondarisées ne cesse de s'accroître aux dépens des forêts primaires. Plusieurs auteurs pensent qu'un meilleur aménagement des écosystèmes forestiers secondaires s'avère nécessaire pour la réduction de la pression sur les forêts primaires et la conservation de la biodiversité (Gomez-Pompa et Yanes-Vasquez, 1974; Kanh, 1982; Mbarga, 1992). Pour Alexandre (1979) "la lenteur des processus vers un hypothétique climax est telle qu'il importe de garder la plus extrême prudence quant à l'aménagement des formations plus ou moins primaires encore existantes et dont le potentiel est inestimable."

Un meilleur aménagement des forêts pour une gestion durable procède d'une parfaite maîtrise de leur dynamique et de leur fonctionnement, de la compréhension des impacts de différentes perturbations d'origines anthropiques ou non sur ces dernières.

L'étude des phénomènes liés aux successions secondaires en zone tropicale humide demeure encore très incomplète et les observations portant sur l'évolution floristique de la végétation après la déprise agricole sont rares (Mbarga, 1992).

La forêt du Dja a fait l'objet de plusieurs études botaniques et ethnobotaniques (Lejoly, 1995 ; Sonké, 1998 ; Mbolo, 2004 ; Nzooh Dongmo, 2005). La plupart de ces travaux antérieurs se sont essentiellement focalisés sur la description floristique et structurale de la forêt, les aspects liés à la caractérisation et à la typologie de la végétation, la dynamique interne (croissance et mortalité des arbres) ou la socio-écologie des populations d'arbres (Debroux, 1998).

Malgré l'existence de cette large gamme d'études sur la forêt du Dja, plusieurs questions sur l'état actuel de sa secondarisation, sa dynamique cicatricielle et donc, la stratégie "élaborée" par telle ou telle espèce pour conquérir une position optimale au cours de la chronoséquence post-pertubation et assurer son maintien dans le communauté, restent pour la plupart sans réponse.

D'après Brown et Lugo (1990), les forêts secondaires couvriraient 40 % de la superficie totale des zones tropicales et leur vitesse de formation actuelle est estimée à 9 millions d'hectares par an. Gómez-Pompa et Vasquez-Yanes (1974) définissent l'époque actuelle comme "l'ère des forêts secondaires" dans la mesure où, à quelques exceptions près, dans plusieurs pays tropicaux, les statistiques montrent que la superficie des forêts secondaires tend à dépasser celle des forêts primaires. En vue de vérifier cette hypothèse pour la forêt du Dja, cette étude s'est intéressée, à dresser un état de la séconadarisation sur la base d'une caractérisation structurale de la forêt en périphérie et à l'intérieur de la Réserve de Biosphère du Dja.

Les principaux questionnements suivants résument ainsi les problématiques traitées dans ce travail :
- quel est l'état actuel de la secondarisation de la forêt du Dja et les facteurs d'influence ?
- quels rôles peuvent jouer les formations secondaires dans le processus d'aménagement forestier en considérant les interactions pouvant exister entre ces formations et certains animaux emblématiques comme les éléphants et les gorilles.
- quelle est l'importance des formations secondaires pour les populations *Badjoué* du Dja ?
- quels sont les processus de la succession secondaire post-agricole de la forêt du Dja et quelles les sont les modifications floristiques et structurales qui les accompagnent ?

- quel est l'importance et la dynamique de régénération des essences forestières présentant un intérêt économique au cours de la chronoséquence forestière post –agricole ?
- quel temps faut-il à la forêt du Dja pour se reconstituer après perturbations ?

Ainsi, l'objectif global visé dans ce travail est d'étudier le processus de secondarisation de la forêt du Dja tout en ressortant, l'importance des forêts secondaires dans l'aménagement des forêts tropicales.

Le travail se présente en trois grands chapitres et se termine par une conclusion générale.
Le chapitre 1 est consacré à la revue de la littérature. Le chapitre 2 présente de manière globale le milieu d'étude et la méthodologie de travail. Le chapitre 3 présente et discute les résultats obtenus.

CHAPITRE I. REVUE DE LA LITTERATURE ET RAPPELS DE QUELQUES CONCEPTS

I.1. REVUE DE LA LITTERATURE

De nombreux chercheurs se sont depuis longtemps intéressés à l'étude de la dynamique de l'évolution des écosystèmes. Les bases classiques de la dynamique des végétations ont été établies par les auteurs tels que : Clements (1916), Gaussen (1951), Richards (1952).

Clements (1949) conçoit l'association comme une unité large et hétérogène, exprimant un climax unique hypothétique auquel aboutissent les formations végétales. De nombreuses subdivisions étant faites dans cette association climax dans l'optique d'une série évolutive. Mangenot (1955) avec la notion d'espèces cicatricielles, Van Steenis (1956), avec celle de nomadisme introduisent le parallèle entre écologie et rôle dynamique des espèces ligneuses en forêt. Ce dernier considère la forêt comme un super organisme stable formé d'espèces forestières appelées aussi stationnaires ou dryades. Les blessures de la forêt sont refermées par les cicatricielles ou nomades.

Au cours de ces trois dernières décennies, plusieurs études sur le fonctionnement des forêts tropicales ont été réalisées. On peut citer entres autre les travaux de : Schnell (1971), Gomez-Pompa & Vasquez-Yanes (1974 ; 1981), Hartshorn (1980), Bonnis (1980), Oliver (1981), Rollet (1983), Riera & Alexandre (1988).

En 1983, Lepart et Escart ont fait une synthèse bibliographique plus ou moins exhaustive sur les mécanismes et les modèles des successions végétales.

En Afrique, la plupart des études sur la dynamique forestière ont été faites en Côte d'Ivoire où Chevalier, dès 1948 s'intéresse à la notion de forêt vierge et de forêt secondaire. Aubréville (1950) dont le nom est lié à la notion de mosaïque, en plus d'une vaste étude de la flore, fait une ébauche de la dynamique de la végétation. A la suite de Emberger *et al.* (1950), Guillaumet (1967), plusieurs auteurs en Côte d'Ivoire vont s'intéresser à ce sujet. Ce sont : Namur *et al.* (1978), Kahn (1982),

Alexandre (1988) et, tout récemment les travaux de Kassr & Decocq (2007).

Au Nigeria, Ross (1954) a effectué une étude de la succession secondaire dans la forêt dense humide du Sud. En Afrique Centrale, Mullenders (1949) fait une classification phytosociologique du Haut-Lomani en République Démocratique du Congo. Il est relayé par Lebrun et Gilbert (1954) qui font une classification écologique des forêts et Léonard (1952), qui étudie les végétaux pionniers de Yangambi. Au Gabon, les travaux de Hladik (1982), Mitja et Hladik (1989), Florence (1981) sur la dynamique de la forêt sont assez caractéristiques.

Au Cameroun, les informations sur les processus de reconstitution du couvert végétal après perturbations sont assez fragmentaires. Nkongmeneck *et al.* (1991) publient la végétation pionnière du Sud-Cameroun. En 1998, Nkongmeneck a fait une étude sur les processus de séconderisation en forêt dense humide camerounaise. Donfack (1993) étudie la dynamique de la végétation après abandon de la culture dans la zone Soudano-Sahelienne. Mbarga (1992) quant à lui étudie la dynamique de reconstitution de la forêt dense mésophile guinéenne dans la région de Yaoundé. Zapfack (2005) a travaillé sur l'impact de l'agriculture itinérante sur brûlis sur la biodiversité végétale et la séquestration du carbone dans les différents types d'utilisation des terres des forêts du Sud Cameroun. Dans la Forêt du Dja, Lejoly (1995), fait une étude botanique et ethnobotanique ; les travaux de Fogiel *et al.* (1998), Sonké (1998) se réfèrent beaucoup plus aux analyses floristiques que dynamiques. Ce dernier auteur a toutefois abordé les aspects de dynamiques internes des arbres liées à leurs recrutements, accroissement et mortalité. L'étude de De Wachter (1995) sur le système agraire *Badjoué* dans le village Ekom dans la réserve du Dja, lui a permis de proposer un modèle prédictif de l'occupation de l'espace forestier par les communautés locales bien que l'aspect de la dynamique sociale n'y soit pas suffisamment pris en compte. Federspiel (1996) a quant à elle étudié l'évolution de la fertilité du sol au cours des différentes phases de la succession végétale dans le village Essiengbot, en périphérie nord de la réserve. Mbolo (2004) a fait la cartographie et la typologie de la végétation de la réserve de la biosphère du Dja. Nzooh-Dongmo (2005) étudie la biologie et l'écologie des rotangs dans la réserve du Dja.

Il apparaît de plus en plus évident que les forêts tropicales africaines ont subi l'effet des perturbations anthropiques importantes dans un passé lointain. L'ampleur de l'utilisation humaine de la forêt tropicale africaine a été plus large qu'il n'a été toujours proclamé. L'évidence des activités humaines allant jusqu'à 3 000 ans a été établie au travers diverse études anthracologique et archéologique, (Oslisly et *al.*, 1994 ; Clist, 1990 ; Hart et *al.*, 1996 ; White & Oates 1999, Mbida et *al.*, 2001 ; Gillet *et al.*, 2008a). Les termes forêt primaire, forêt vierge faisant référence aux forêts n'ayant subi aucune perturbation humaine sont aujourd'hui largement discutés, tout autant que la notion de forêt climacique (Willis et *al.*, 2004 ; Génot, 2006).

La structuration et la composition des forêts tropicales africaines, telles qu'observée aujourd'hui, a subi une influence de l'action passée de l'homme (Germerden et *al.*,2003). Letouzey (1968) a montré que les prédominances de *Lophira alata,* espèce héliophile longevive sur les côtes dans la forêt du littoral camerounais sont liées à la forte présence historique de l'homme. Cette observation sur la forêt du littoral camerounais a été confirmée par une étude plus récente (Oslisly, 2006).

Germerden *et al.* (2003) ont montré qu'il est possible de déceler l'origine d'une formation forestière issue des perturbations anthropiques passées, au regard de la présence de certaines espèces ligneuses dominant la canopée.

L'exploitation forestière industrielle et l'agriculture extensive telle que pratiquée aujourd'hui sont souvent indexées, certes pas à tort, comme les principales causes de la sécondarisation de la forêt. Mais l'état actuel de la sécondarisation des forêts tropicales africaines avant l'exploitation forestière industrielle, serait plus vaste que les anciennes prédictions.

Il a été démontré depuis longtemps que l'éléphant des forêts africaines (*Loxodonta africana cyclotis*), par l'endozoochorie joue un rôle très important dans la dissémination des graines de plusieurs espèces végétales (White, 1995; Debroux, 1998). Ils contribuent ainsi à la dynamique de régénération et à la pérennisation du patrimoine génétique de la forêt. Il est cependant également établi que ces éléphants ont une action perturbatrice (Letouzey, 1985). Au cours de leur déplacement et pour leur nutrition, ils cassent des arbustes dont ils mangent les organes végétatifs (Campbell, 1991). Leur préférence pour les trouées et les jeunes formations secondaires contribuerait à maintenir l'état de sécondarisation de la forêt (Vanleeuwe & Gauthier, 1998 ; Nkongmeneck, 1999 ; Paul et *al*. 2004). Nkongmeneck (1999), arrive à établir une correlation entre l'impact des actions des éléphants sur la forêt et la phytodiversité.

D'un autre côté, il est clairement établi que la composition des différents faciès de la mosaïque de la végétation a un impact sur la distribution de la faune sauvage (Tutin, et *al.*, 1995 ; Escamilla *et al.,* 2000). Tutin et *al.* (1995) ont montré au cours d'une étude dans la réserve de Loango au Gabon que l'utilisation de l'habitat par les gorilles loin d'être aléatoire subit l'influence de plusieurs facteurs liés au type d'habitat, aux phénomènes environnementaux. Travaillant sur la synécologie des grands mammifères dans le Dja, Williamson & Usongo (1998) ont noté que le modèle de distribution des gorilles de plaine (*Gorilla gorilla gorilla*) dans la forêt était similaire à celui des éléphants *(Loxodonta africana cyclotis)*. Si le recours à une même niche alimentaire peut contribuer à expliquer la similitude observée (Elizabeth & Williamson, 1993), d'autres facteurs restent à élucider. L'action perturbatrice des éléphants sur la végétation contribue à modifier la composition et à la structuration de la végétation (Letouzey, 1985). Le micro climat qui en découle est à l'origine des faciès particuliers de la végétation qui s'installent et qui ne serait pas sans conséquences sur l'utilisation de l'habitat par les animaux, notamment les grands mammifères comme les gorilles de plaine. Il s'agit ici d'une des hypothèses qui ont orienté ce travail.

I.2. RAPPELS DE QUELQUES CONCEPTS

I.2.1. Forêts secondaires

Plusieurs définitions sont généralement accordées aux forêts secondaires. La définition actuellement admise par la FAO est celle de Chokkalingam & De Jong (2001) qui définissent les forêts secondaires comme les forêts se régénérant dans une large mesure par des processus naturels après une importante perturbation d'origine naturelle ou anthropique de la végétation forestière originelle à un moment donné ou sur une longue période de temps, et dénotant des différences marquées dans la structure forestière et/ou de la composition spécifique de la canopée par rapport aux forêts primaires voisines sur des sites similaires.

Emrich et *al.* (2000) ont donné une définition de la forêt secondaire axée essentiellement sur une origine anthropique. Pour eux, une forêt secondaire est « une végétation de la succession forestière (i) dérivant d'une destruction totale (plus de 90 %) d'origine anthropique de la forêt primaire (ii) qui couvre une assez grande surface pour créer un microclimat différent, et une nouvelle condition de régénération, conduisant à une architecture structurale, une composition spécifique et une dynamique distinctes de la structure originale, (iii) et qui n'a pas recouvré l'état initial (et perceptiblement différent de la structure originale).

Lubini (2003) différencie six groupes principaux de formations forestières secondaires. Ce sont: Les jachères et les forêts secondaires issues de l'agriculture itinérante sur brûlis, les forêts secondaires issues de l'exploitation forestière, Les forêts secondaires remises en état (forêts se régénérant par des processus naturels sur des sites dégradés tels que les anciennes carrières,...), les forêts secondaires post-incendies, les forêts secondaires résultant de l'abandon d'une exploitation: (pâturage, plantation de cultures industrielles), les forêts secondaires dérivées du processus évolutif qui résultent de processus naturels de reforestation des savanes, s'observant dans les zones de «front » forêt/savane.

Les forêts secondaires connaissent une extension spectaculaire dans les régions tropicales, du fait de la demande économique mondiale, de la croissance démographique et des techniques culturales peu adaptées à ce contexte (Mbarga, 1992). D'après Brown et Lugo (1990), elles couvriraient 40 % de la superficie totale des zones tropicales et leur vitesse de formation actuelle est estimée à 9 millions d'hectares par an. Gómez-Pompa et Vasquez-Yanes (1974, cit.. Bonnéhin, 2003) définissent notre époque comme "l'ère des forêts secondaires" dans la mesure où, à quelques exceptions près, dans plusieurs pays tropicaux, les statistiques montrent que la superficie des forêts secondaires tend à dépasser celle des forêts primaires.

Les forêts dégradées et secondaires sont des composantes critiques de nombreux paysages et des économies vivrières des populations pauvres. Elles peuvent être utilisées pour augmenter le potentiel des fonctions relatives à la forêt à l'intérieur d'un paysage (OIBT, 2002).

L'aménagement durable des forêts secondaires est important pour la préservation de la diversité biologique, dans la mesure où il permet de réduire les diverses contraintes qui pèsent sur les forêts tropicales ombrophiles, et pour la fourniture de biens et services aux populations par ces écosystèmes. En effet, les forêts secondaires sont précieuses pour les communautés locales en offrant de nombreuses ressources économiques (Bonnéhin, 2003).

Le plan de zonage forestier du Cameroun méridional, dans l'optique de limiter la pression sur le massif forestier national, a circonscrit l'activité humaine dans les zones banales qualifiées de zones agroforestières dans le système de classification de l'espace forestier au Cameroun (Cote, 1993). Ces zones banales constituées principalement de forêts secondaires, imposent alors la nécessité de définir les bases d'un aménagement de ces espaces en équilibre avec les relations trophiques des populations locales.

I.2.2. Notion de forêt primaire et de climax.

Les forêts climaciques qualifiées généralement de "primaires" ou matures, sont des forêts en équilibre avec le climat et le sol (Clements, 1916). Ces forêts sont à la fois stables à l'échelle de l'espace suffisant et en constance renouvellement. Les individus ayant atteint la sénescence meurent et sont remplacés. Mais la mort "naturelle" n'est pas celle qui touche le plus grand pourcentage des arbres ; ces édifices puissants sont à la merci du poids des lianes, des effets des vents. Les chablis ainsi créés sont totalement indissociables de la forêt "primaire" (Riera & Alexandre, 1988). L'équilibre climacique des forêts est beaucoup plus physionomique que dynamique. Le climax est le siège de perpétuels mouvements, avec apparition transitoire et localisée de faciès distincts, de "succession" à petites échelles.

L'idée de climax est aujourd'hui constestée. D'après une synthèse bibliographique et une analyse faite à ce sujet par Génot (2006), il ressort que les auteurs Meffe & Carroll (1997) reprochent au concept d'être lié à la notion d'équilibre de la nature, une vision statique de la nature alors que cette dernière est dynamique à certaines échelles d'espace et de temps.

Pour Blondel (1995), plus centré sur la dynamique des systèmes biologiques, il considère que la nature étant soumise à de multiples perturbations à l'origine d'une « hétérogénéité spatio-temporelle de l'environnement », on parle de climax théorique. Il estime que la notion de climax est une conception historique marquée surtout par la flèche du temps. Il faut désormais ajouter une dimension spatiale à l'analyse des dynamiques successionnelles. C'est pourquoi, loin de rejeter le climax, il propose un autre concept de « métaclimax » qui est « l'ensemble des sous-systèmes successionnels déphasés les uns par rapport aux autres, mais tous également nécessaires au fonctionnement du système à l'échelle du paysage ».

Au travers du climax, stable ou dynamique, les scientifiques se partagent entre ceux pour qui l'homme est perturbateur d'une nature dont le climax peut être un modèle et ceux pour qui l'action de l'homme est une perturbation comme une autre dans une nature changeante sans réel état de référence.

Pour Drouin (1991), ce sont plus les gens des sciences humaines que les biologistes qui veulent ranger le climax au magasin des idées révolues.

En mettant sur le même plan perturbation naturelle et anthropique, on soutient l'idée qu'il n'y a pas de lois de la nature à respecter, donc pas d'éthique à adopter vis-à-vis de la nature. Les scientifiques veulent gérer les écosystèmes tout en rejetant toute notion d'état de référence (Génot, 2006).

Pour Nkongmeneck (1999), les forêts primaires bien que réparties dans les ilots de forêts situés dans les zones d'accès difficile depart leur géomorphologie comme les pentes abrutes, existent encore dans les forêts tropicales. Pour lui des forêts âgés de plus de 500 ans hors des pertubations anthropiques et des éléphants peuvent être considérer comme les forêt primaire.

Dans le cadre de cette étude, autant que possible les terminologies de "climax" ou de "forêt primaire" n'ont pas été utilisées pour ne pas continuer à entretenir la polémique.

I.2.3. Régénération naturelle

La régénération naturelle est dans un sens forestier une technique qui fait appel à l'ensemencement spontané : elle s'oppose aux techniques d'enrichissement ou de plantation. Elle revêt dans un sens écologique deux aspects : statique et dynamique. Dans le premier cas, la régénération naturelle se définit comme étant la population de brins en sous-bois (Rollet ,1969) et dans le second cas comme l'ensemble des processus dynamiques qui permettent de reconstituer un couvert qui a été entamé (Alexandre, 1979) ou comme l'ensemble des processus et des conditions écologiques de recrutement et de croissance spontanée d'une population végétale dans un milieu naturel.

Dans le cadre de ce travail, ces deux concepts sont pris en compte. Ainsi, bien que la méthode utilisée a permis d'évaluer la densité des gaulis et des semis des espèces ligneuses, certains paramètres relevés liés au tempérament écologique de ces espèces, ont aidé à l'analyse de quelques aspects du processus de régénération.

I.2.4. Notion de succession primaire et de succession secondaire

L'idée de régénération naturelle est très généralement associée à celle de succession (Lepart & Escart, 1983). Dans le cadre conceptuel issu des travaux de Clements (1949), on oppose succession primaire et secondaire. La succession primaire est le processus de transformation du milieu abiotique par la végétation, processus qui aboutit à un état stable, en équilibre avec le macro climat. La succession secondaire est celle qui s'observe dans les milieux où une végétation développée est détruite. Cette végétation reposait sur un sol plus ou moins évolué et la dynamique conduit alors à un retour sur place d'une formation qui existait avant la perturbation. Dans ce cas " régénération naturelle" est synonyme de "reconstitution". On parle de série anthropogène quand le facteur perturbateur est l'homme, cas particulier auquel l'étude s'intéresse.

La notion de dynamique des forêts fait souvent penser aux successions végétales. Ces successions telles que décrites par Clements (1949) correspondent à la reconstitution d'une forêt. Cette reconstitution a lieu en plusieurs étapes vers un retour à l'état original. Pour Hladik (1982), il n'y a pas de similitude entre la reconstitution et la régénération interne de la forêt. La reconstitution suppose une évolution vers un équilibre rompu soit par des tornades, les feux, ou les défrichements. Par contre, les phénomènes de régénération interne de la forêt sont liés à d'autres paramètres que sont la saisonnalité de défoliation, de floraison, de fructification, de croissance et de mortalité. Pour Shugart & Urban (1989), les phénomènes importants de la régénération interne de la forêt sont la mise en place des plantes, leur croissance et leur mortalité. La dynamique interne de la forêt du Dja a été largement étudiée par Sonké (1998). Cependant, Debroux (1998) fait remarquer que les faciès de la série évolutive ne sont pas clairement identifiés du point de vu floristique ou architectural. "…dans le Dja, on sait que *Musanga cecropioides* ou *Macaranga barteri* (les pionnières) interviennent au début du processus et *Strombosiopsis tetrandra* prend place dans le faciès mature. Mais entre les deux on identifie rarement la stratégie " élaborée " par une espèce pour conquérir sa position optimale dans la dynamique." De même les phénomènes de grégarisme des espèces telles que *Scorodopheus zenkeri, Gilbertiodendron dewevrei* restent à clarifier.

I.2.5. Secteur forestier d'Afrique centrale: dynamique du passé

La distribution des formations végétales n'est pas uniquement liée à celle du climat actuel. Les formations végétales sous les tropiques ont subi d'importantes variations climatiques lors des grandes glaciations au cours du quaternaire. Plusieurs études ont tenté de reconstituer les facteurs paléo-environnementaux et l'histoire de la forêt dense d'Afrique centrale (De Ploey, 1965 ; Delibras et *al.*, 1983 ; Schwartz et *al.*, 1985 ; Maley, 1987). La succession des grandes phases climatiques depuis environ 70000 ans BP (*Before present,* nombre d'années écoulées jusqu'en 1950) a été établie de la manière suivante (Maley, 1990):
- de 70 000 à 40 000 ans BP: période relativement aride et marquée par une large déforestation. Cette phase climatique est qualifiée de *Maluékien* ;
- de 40 000 à 30 000 ans BP: Période humide avec une nette reprise forestière : c'est le *Njilien ;*
- de 30 000 à 12 000 ans BP : Phase aride qui a culminé vers 18000 ans BP avec une forte extension des paysages ouverts de types savanes : c'est le *Léopoldvillien ;*
- de 12 000 ans BP à l'Actuel : Période relativement humide jusque vers 3500 ans BP (*Kibangien* A) marquée par la recolonisation forestière, ensuite une période plus sèche *(Kibangien* B) marquée

cette fois-ci par la régression forestière jusqu'aux limites contemporaines.

Bahuchet (1996), fait une analogie entre les phénomènes paléo-écologiques et l'implantation humaine dans la forêt du bassin congolais (tableau I).

Tableau I. Paleoécologie et préhistoire du bassin congolais (Bahuchet, 1996).

PériodeBP (année)	Phase climatique	Environnement	Industries	Evénement hypothétique
70 000 – 40 000	Malukien (Sec)	Expansion de la savane	Middle stone age	Implantation humaine
40 000 – 30 000	Ndjilien (Humide)	Expansion de la forêt	Middle stone age	
30 000 – 12 000	Leopoldvillien (Sec et froid)	Régression de la forêt et corridor de savane	Middle stone age	Implantation humaine dans les refuges forestiers
12 000 – 7 000	Kibanguien (Chaud et humide)	Extension de la forêt	Late stone age	Populations pygmées isolées
	Réduction de l'humidité	Régression des marges de forêts	Céramique 4 000 B.P Fer : 2 200 BP	Implantation des agriculteurs

Depuis environ 500-100 ans (Elongal *et al.,* 1996, cit. Lanfranchi *et al.,*1988) on assiste à une reprise forestière liée aux conditions climatiques plus humides qui restent encore à préciser.

Le recul important intervenu entre 3000 et 2000 ans BP accompagné dans les secteurs climatiques les plus faibles du bloc forestier Guinéo-Congolais aurait incité la migration des Bantous. C'est aussi dans cette fourchette de date que se place toute une série de sites archéologiques avec d'abord l'apparition de la céramique, puis celle de la métallurgie du fer (Lanfrnchi *et al.,* 1998). Ainsi les modifications importantes d'origine anthropique du bloc forestier d'Afrique Centrale après sa reconstitution au début de l'Holocène se situent également dans cette période (Maley, 1996). C'est probablement à l'âge du fer ancien (vers 2500 ans BP) que les besoins croissants en bois de fonte ont abouti à une large déforestation (Clist, 1990).

L'aspect mosaïque des forêts actuelles de type congolais (mélange forêts sempervirentes et semi-décidues) remonterait à l'Holocène récent et pourrait être rattaché à ces phénomènes (Maley, 1996).

CHAPITRE II. MATERIEL ET METHODES

II.1. MILIEU D'ETUDE

La zone d'étude se situe sur le plateau méridional camerounais, au Sud-Est du Cameroun, au Nord de la Réserve de Biosphère du Dja. Il se situe entre le 2°40' et 30°30' de latitude Nord et 12°25 et 12°55' de longitude Est (Fig. 1).

Les villes les plus proches sont : Messamena au Nord-Ouest, Abong –Mbang au Nord et Lomié au Sud.

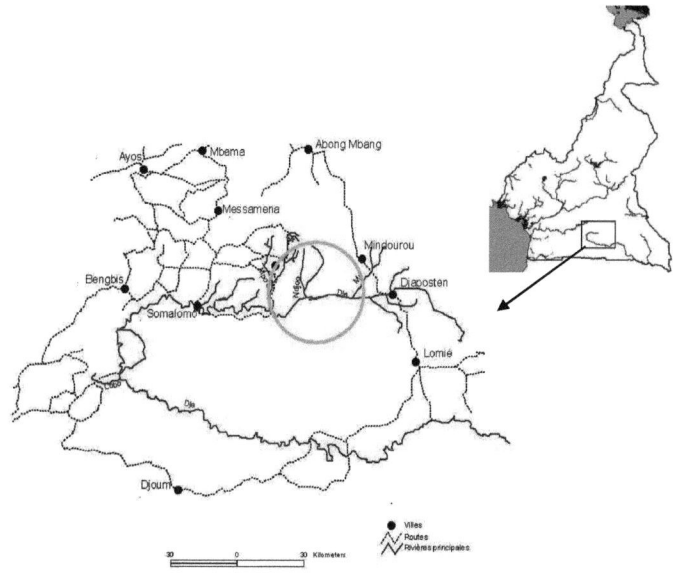

Fig. 1. Localisation de la zone d'étude dans la carte du Cameroun.

II.1.1. Milieu naturel

II.1.1.1. Climat

Le climat de la région est de type sub-équatorial humide, caractérisé par l'alternance de 4 saisons. La température moyenne mensuelle est stable au cours de l'année et s'élève à 23 °C. Les précipitations sont abondantes et s'élèvent à 1600 mm en moyenne par an.

Les diagrammes ombrothermiques issus de deux sources de données, l'une de la station météorologique de Lomié (période de 1961 à 1994), l'autre de la station de recherche installée dans la Réserve du Dja dans le cadre du projet ECOFAC (période de 1994-1996), révèlent clairement les quatre saisons pluviométriques. Une grande saison des pluies (de mi-août à mi-novembre), une grande saison sèche (de mi-novembre à mi-mars), suivi d'une petite saison de pluie (de mi-mars à mi-juin), et enfin une petite saison sèche (mi-juin à mi-août) (Fig. 2). Le Dja fait partie du domaine de la mousson atlantique permanente.

II.1.1.2. Géologie, pédologie et relief

Le Dja est situé sur le plateau précolombien. Son substrat géologique se compose de gneiss et micashistes, entrecoupé des séries intermédiaires des schistes chloriteux et de quartzites (Muller & Gavaud, 1979). L'altitude varie entre 400 et 800 m. le relief est doux, mais divisé en un réseau de vallées rapprochées et peu profondes, laissant entrevoir un maillage de réseau hydrographique régulier s'écoulant dans la rivière Dja.

Les sols de cette région sont de type ferrallitique jaune ou rouge, à l'horizon ferrugineux induré et profond, types rouges, rouge-brun... (Segalen, 1967) (Fig. 3).

Les dépressions marécageuses sont pourvues de sols hydromorphes sableux, peu épais et développés dans les alluvions des cours d'eau (Collin-Bellier, 2007). Ces sols sont généralement pauvres en éléments nutritifs. Ils sont en outre acides et fragiles.

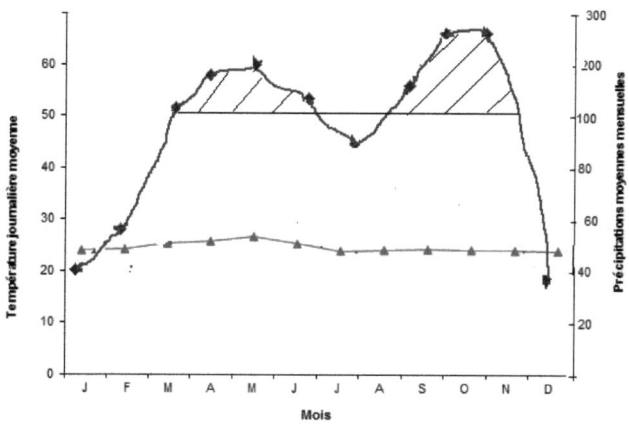

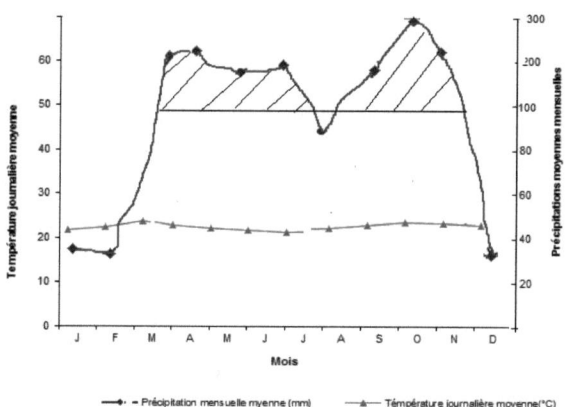

Fig. 2. Diagrammes ombrothermiques de: (A) Lomié : 1945 - 1972 (CDAT cit *Debroux, 1998*) ; (B) la station de recherche ECOFAC au coeur de la Réserve : 1994-1996.

— ♦ - Précipitation mensuelle myenne (mm)   — ▲ — Témpérature journalière moyenne(°C)

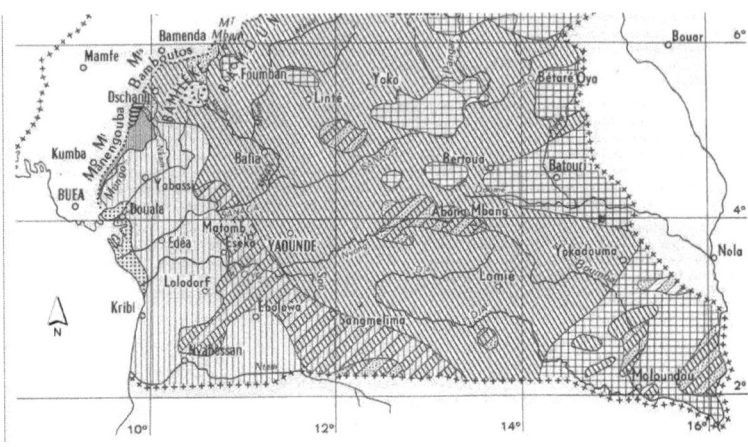

Fig. 3. Les principaux ensembles pédologiques du Cameroun (Segalen, 1967).

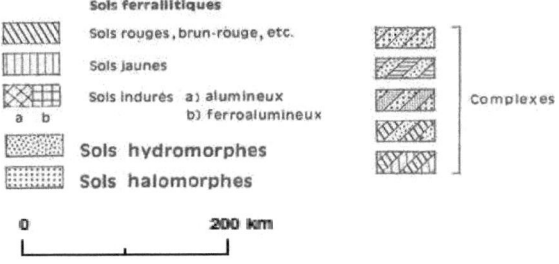

II.1.1.3. Végétation

White (1993) a publié la carte de la végétation d'Afrique qui délimite les principales phytochories de l'Afrique et de Madagascar. Cette classification prend en compte non seulement les données physionomiques (en particulier le couvert et la taille de la végétation), mais aussi les données chorologiques basées sur la distribution spatiale des espèces. D'après cette classification, la forêt du Dja se situe dans la grande région de végétation guinéo-congolaise.

Dans sa carte phytogéographique du Cameroun, Letouzey (1965) regroupe toute la partie méridionale du Cameroun dans différents domaines forestiers de la grande région guinéo-congolaise. On distingue entre autres:
- le domaine nigero–camerouno-gabonais comprenant la forêt atlantique toujours verte à Césalpiniacées et les mangroves de la côte du Sud–Ouest Cameroun;
- le domaine congo-guinéen de forêt semi–caducifoliée à Sterculiacées et Ulmacées qui comprend la forêt semi–caducifoliée du Centre;
- le domaine camerouno-congolais où se trouve le district congolais du Dja.

La forêt du Dja se situe en deçà des limites sud de la forêt semi-caducifoliée et apparaît comme une forêt de transition car elle subit l'influence des autres secteurs forestiers (Sonké, 1998).

Letouzey (1965) situe la forêt congolaise mixte de transition du Dja, juqu'à l'extrême Sud-Est du Cameroun (fig. 4). Les travaux de De Namur (1990) montrent que cette forêt mixte de transition du district du Dja ne s'étend pas jusqu'à l'extrême Sud Est (Fig. 5). Les travaux de Nkongmeneck (1999) confirment ces observations.

Sur le plan floristique, Sonké (1998) a recensé 372 espèces ligneuses regroupées en 55 familles. Les Euphorbiacées constituent la famille caractéristique des forêts du Dja dans l'étage arborescent dominant. Le cortège floristique est composé essentiellement de phanérophytes et la dispersion des diaspores se fait essentiellement par zoochorie.

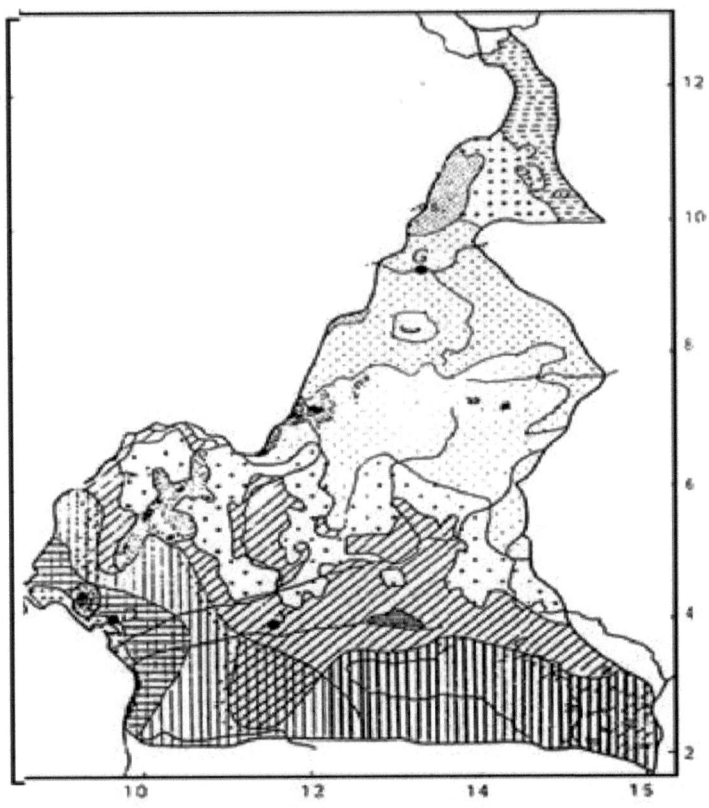

Fig. 4. Carte phytogéographique du Cameroun adaptée de Letouzey, (Letouzey, 1965)

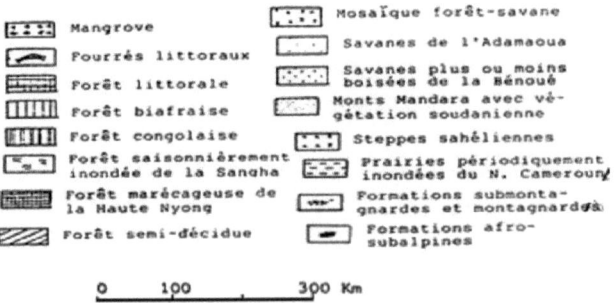

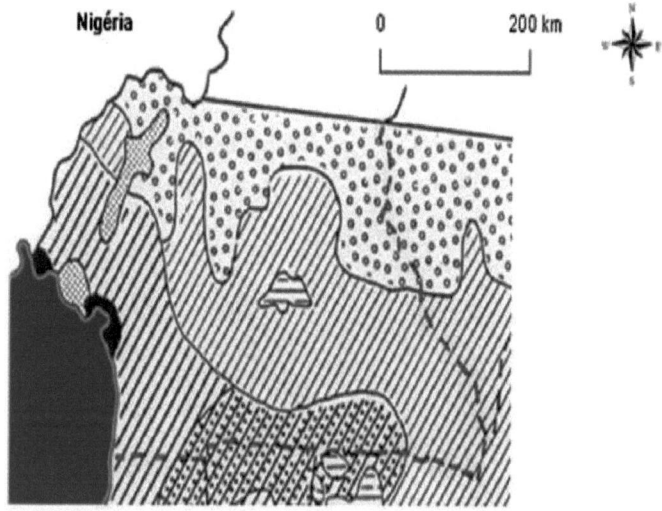

Fig. 5. Les grands types de végétation du Sud du Cameroun (De Namur, 1990).

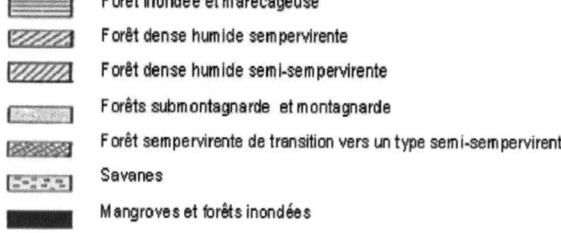

Forêt inondée et marécageuse
Forêt dense humide sempervirente
Forêt dense humide semi-sempervirente
Forêts submontagnarde et montagnarde
Forêt sempervirente de transition vers un type semi-sempervirent
Savanes
Mangroves et forêts inondées

II.1.1.4. Faune

La réserve du Dja est classée comme patrimoine mondial par l'UNESCO. Cette réserve est actuellement la plus grande aire protégée en forêt tropicale humide du Cameroun. Elle abrite encore les espèces les plus remarquables de la faune forestière : l'éléphant (*Loxodonta africana*), gorille de plaine (*Gorilla gorilla*), chimpanzé (*Pan troglodytes),* buffle (*Syncerus caffer*), panthère (*Panthera pardus*) et l'oryctérope (*Orycteropus afer).*

Bien que faisant l'objet d'une forte pression par la chasse, ces grands mammifères y sont encore présents. Nzooh Dongmo (2001) signale un flux important des animaux, notamment les éléphants, entre la Réserve et les forêts avoisinantes. Par ailleurs, les forêts de la zone sont riches en artiodactyles, primates et rongeurs.

II.1.2. Milieu humain

II.1.2.1. Population

La zone d'étude fait partie de l'aire d'occupation actuelle des *Badjoué*. Les *Badjoué* sont des Bantous qui font partie de la grande tribu des *Kozime*. La grande tribu des *Kozime* comprend donc les *Badjoué* (au Sud de Messamena), les *Nzimes (*au tour de Lomié) et les *Njem* (autour de Ngoïla). Ils sont proches des *Maka* (Abong Mbang et alentours). Ils vivent dans la grande forêt de la Région de l'Est. Ils sont tous issus de l'ancêtre commun *Ko : Ko* me *Zime* (*Ko* fils de *Zime*) (Dugast, 1949*,* cit. De Wachter, 1995).

Les villages des essarteurs *Badjoué* sont actuellement disposés le long des routes. La densité des populations est d'environ 2 hab/km^2 (Debroux, 1998). A côté des Bantous *Badjoué*, on trouve les Pygmées *Baka,* qui mènent un mode de vie semi nomade.

II.1.2. 2. Système traditionnel de production

Le système traditionnel de production repose sur les activités suivantes: agriculture vivrière et de rente, pêche, chasse et la cueillette. L'artisanat et l'élevage traditionnel sont très peu développés.

II.1.2. 2.1. Agriculture vivrière

Les populations *Badjoué* pratiquent une agriculture itinérante sur brûlis. C'est une agriculture extensive avec une rotation entre les différentes zones de jachères. L'origine des jachères est l'abattage des forêts matures. Par la suite un cycle de rotation champs – jachère s'installe. De nouveaux espaces de forêts matures sont abattus en fonction des besoins en aliment, de la pauvreté du sol et aussi de la dynamique sociale. Il en résulte une mosaïque formée de forêt mature, forêt secondaire, jeunes et vieilles jachères, et des champs.

Dans cette zone à faible densité des populations, le facteur limitant de la production est le travail humain. La terre est considérée comme une ressource inépuisable. Le capital étant un facteur secondaire de part l'aspect rudimentaire de l'outillage utilisé, les cultivateurs cherchent à maximiser et à rationaliser le temps du travail investi dans l'agriculture afin de disposer d'un maximum de temps pour pratiquer leurs autres activités (chasse, pêche, cueillette).

Il existe une division de travail agricole entre les femmes et les hommes. Les hommes s'occupent du défrichage et de l'abattage tandis que les femmes prennent en charge le brûlis, le semis, l'entretien et la récolte (De Wachter, 1995).

Les champs sont constitués de cultures mélangées (arachide, manioc, maïs, plantain, macabo et concombre). En général on distingue deux types de champs : (i) les champs d'arachides et associés établis sur les jachères de courte et moyenne durée, (ii) les champs sans arachide ou de plantain et/ou concombre établis sur les forêts secondaires ou les forêts matures.

Certain arbres à usages multiples sont conservés dans le champ lors de l'abattage.

II.1.2. 2.2. Agriculture de rente

L'agriculture de rente concerne essentiellement le cacao, et le café. L'introduction de ces deux cultures au début du 20e siècle, a accéléré la sédentarisation et la monétarisation des populations Bantou.

La production cacaoyère et caféière est en déclin du fait de la baisse des prix d'achat et surtout du désengagement de l'Etat du secteur. Plusieurs plantations cacaoyères et caféières ont été ainsi abandonnées. Il faut toutefois relever qu'avec les recentes campagnes de relance de la production cacao –café initiées ces dernières années par l'Etat, on note de plus en plus un regain d'intérêt de la par des populations pour la culture du cacao.

De plus en plus on peut classer comme produits de rente chez les *Badjoué*, la culture de concombre qui s'est développée davantage comme conséquence de la chute des prix des autres produits.

II.1.2. 2.3. Chasse

La chasse est une activité fortement pratiquée dans la zone. La demande en viande de brousse est fortement élevée du fait d'une part des pôles de concentration humaine dans les sites d'exploitation forestière installés dans la zone, et d'autre part, d'une filière informelle bien développée de commercialisation de la viande de brousse entre les villages et les villes.

II.1.2. 2.4. Pêche

La pêche est intensément pratiquée par les riverains sur l'ensemble du réseau hydrographique. Les hommes pêchent au filet et aux hameçons dans les grandes rivières et les femmes pratiquent la pêche au barrage. Selon Abe'ele Mbanzo'o (2001) la pêche artisanale chez les *Badjoué* a pris un poids économique de plus en plus important depuis la mévente des autres produits de rente.

II.1.2. 2.5. Cueillette

La cueillette et le ramassage des produits forestiers non ligneux sont des activités féminines assez importantes. Toutefois, ces produits forestiers non ligneux ne sont pas suffisamment valorisés dans la zone du fait notamment du manque de circuits de commercialisation

2.1.2.3. Exploitation forestière

L'exploitation forestière, sous ses différents aspects, génère au niveau national comme au niveau local, des revenus conséquents sous forme directe, avec l'emploi d'ouvriers et de cadres, ou sous forme indirecte, avec le retrocession des taxes et des redevances forestières.

L'exploitation forestière industrielle dans la zone notamment en périphérie de la réserve, a commencé vers les années 70. Elle a contribué à modifier la physionomie locale de la forêt. Les traces de cette exploitation sont encore visibles dans la forêt, au travers de la présence des faciès particuliers de la végétation issus de cette perturbation, des souches d'arbres abattus... Elle a également permis par endroits l'extension des espaces agricoles. En effet les populations villageoises suivent les pistes forestières à la recherche des terres plus fertiles.

Betti (2003) a recensé 8 compagnies forestières actives au tour de la Réserve du Dja. Entre 2000 et 2003, un volume total estimé à 157 429 m^3 de bois d'œuvre ont été extrait en périphérie nord et sud de la Réserve. Les essences les plus exploitées sont : *Erythrophleum suaveolens* (Tali, 18,8 %), *Distemonanthus benthamianus* (Movingui, 13,67 %), *Baillonella toxisperma* (Moabi, 11,76 %), et *Milicia excelsa* (Iroko, 11,10 %).

La loi forestière de 94 a divisé le secteur forestier du Cameroun en domaine permanent et domaine non permanent. Les forêts du domaine permanent sont à vocation de production permanente de bois d'œuvre (classées sous forme d'UFA) ou de protection (parcs, réserves, sanctuaires...). Les forêts du domaine non permanent ou encore zones dites agroforestières, sont réservées aux activités agroforestières, dans lesquelles les populations riveraines peuvent mener leurs activités et même solliciter des forêts communautaires.

La réserve de biosphère du Dja est entourée par les concessions forestières (Fig. 6).

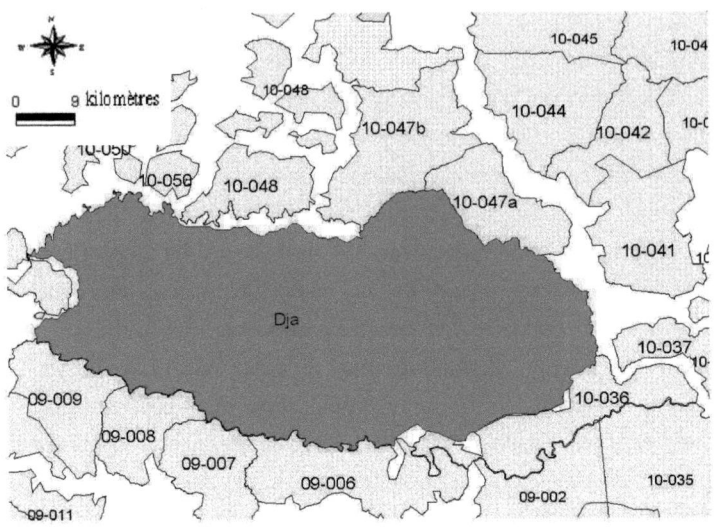

Fig. 6. Unités forestières d'aménagement (UFA) autour de la Réserve de biosphère du Dja.

II.2. *METHODES*

Dans un premier temps, les mesures et conventions classiques utilisées sont présentées. En suite, une description des différents dispositifs spécifiques mis en place en fonction des objectifs poursuivis est faite.

II.2.1. Dispositif général, mesures et conventions

II.2.1.1. Dispositifs d'inventaires floristiques

Les inventaires sont basés soit sur la méthode de transect soit sur celle de quadrat. Alors que la première méthode permet de mettre en évidence l'hétérogénéité des milieux traversés en fonction des gradients écologiques, la seconde, permet de sonder les surfaces supposées homogènes afin d'obtenir une masse critique d'informations.

II.2.1.2. Récolte et identification des spécimens

L'identification des espèces recensées a été faite soit *in situ* ou *ex situ*. Les échantillons d'herbier ont été régulièrement collectés aussi bien sur plantes fertiles (en fleurs, en fruit) que stériles. Chaque échantillon était accompagné d'une fiche d'herbier sur laquelle étaient inscrites toutes les informations de terrain nécessaires.

Les travaux de différents auteurs ont été utilisés : Vivien & Faure (1985), Letouzey (1986), Pauwels (1993), Keller (1996), les différents volumes de la Flore du Cameroun et du Gabon. Pour l'indentification *in situ,* il a été fait recours aux guides locaux *Baka* et *Badjoué* en s'inspirant du tableau de correspondance noms latins/noms vernaculaires présenté par Débroux (1998). Dans ce cas, une attention particulière était toutefois faite lors de l'utilisation de ce tableau de noms vernaculaires au regard des limites que présente parfois la nomenclature locale.

Pour les adventices agricoles en particulier, les travaux de Le Bourgeois & Merlier (1995) ont été également utilisés. Les travaux de De La Mensbruge (1966) sur La germination des plantules des essences arborées de la forêt dense, ont été très utiles pour l'identification des plantules.

Les échantillons de toutes les espèces non identifiées ont été systématiquement récoltés. L'identification on été faite plus tard à l'Herbier national de Yaoundé (YA) ou au Musée Ecologique du Millenaire, Yaoundé. Il a été fait recours à l'appui des botanistes expérimentés de l'herbier de YA pour l'identification sur pied de certains grands arbres lors des missions de terrain.

II.2.1.3. Types biologiques

Raunkiaer (1907) définit une classification des types biologiques basée sur l'adaptation des plantes en hiver d'après la position de leur bourgeon par rapport au sol. Il distingue les phanerophytes, les chaméphytes, les géophytes, les hémicryptophytes.

L'applicabilité en région tropicale du concept de type biologique a fait l'objet de nombreuses discussions dans le passé (Orshan, 1953, Aubréville, 1963). Cette classification a été ensuite adaptée aux régions tropicales par Schnell (1971) et Lebrun (1964, 1966).

Aubréville (1963) propose une classification simplifiée fondée sur la biologie de la plante entière, son mode de croissance et sa physionomie (port, hauteur des individus). Il distingue ainsi pour les plantes vasculaires des régions tropicales, les arbres, arbrisseaux, palmier, lianes, les herbacées et les épiphytes.

Dans le cadre de ce travail, il a été fait usage des deux approches en fonctions des aspects importants à ressortir.

Seule la classification des phanérophytes a été considérée dans le cadre de la classification de Raukiaer adaptée aux régions tropicales par Schnell (1971) et Lebrun (1964, 1966). Ce sont des plantes dont les pousses et les bourgeons persistants, aériens, sont situés à distance notable au-dessus du sol. Selon la synthèse faite par Sonké (1998). Ils englobent:

- les mégaphanérophytes (MgPh) : arbres de hauteur supérieure à 30 m ;
- les mésophanérophytes (MsPh) : arbres de hauteur comprise entre 10-30 m ;
- les microphanérophytes (McPh) : arbres de hauteur comprise entre 2 – 10 m ;
- les nanophanérophytes (NnPh) : sous-arbustes de 0,4 – 2 m de hauteur ;
- les phanérophytes lianescentes (Phgrv, Phgr) : plantes volubiles, à vrilles, à racines crampons, rampantes et /ou étayées ;
- les phanérophytes épiphytes.

Les spectres biophysionomiques bruts d'Aubréville (1963), ont permis de mieux illustrer les contrastes existant entre les différentes strates ligneuses et herbacées. Les différentes strates de la classification d'Aubréville (op. cit.) ont toutefois été modifiées en s'inspirant des travaux de Mbarga (1992). Cette échelle comprend quatre niveaux principaux en rapport avec la taille des individus : arborescents, arbustifs, herbacées et lianescents. Mais, il existe également au sein de les ces strates une hétérogénéité structurale.

Les arbres sont scindés en trois groupes: les émergents qui sont les grands arbres supérieurs à 30 m de hauteur, les suborbonnés avec une hauteur supérieurs à 15 m et les petits arbres situés entre 8- 15 m de hauteur.

Les arbustes (5-7 m) et arbrisseaux se classent respectivemen entre 5-7 m et 2-4 m de hauteur.

Les plantules d'espèces ligneuses sont considérées pour les classes inférieures ou égales à 1 m de hauteur.

II.2.1.4. Mode de dispersion

Les types de dissémination des diaspores de toutes les espèces ligneuses recensées ont été déterminés et classés suivant la nomenclature de Danserau & Lems (1957) en s'inspirant des travaux de Sonké (1998) et Doucet (2003).
- Espèces autochores : pas d'adaptions évidentes d'un quelconque agent externe de dispersion.
    - barochores (Bar) : diaspores caractérisées par leur masse et l'absence d'autres caractéristiques particulières ;
    - sclérochores (Scl) : diaspores sans caractère particulier et dont la masse est inférieure à un gramme ;
    - sémachores (Sem) : diaspores dispersées lors du balancement au gré du vent de la plante ;
    - auxochores (Aux) : diaspores déposées par la plante ;
    - ballocchores (bal) : diaspores éjectées par la plante.
- Espèces hétérochores : diaspores avec appendices, extrêmement légers ou enveloppés de couches charnues.
    - cyclochores (Cuc) : diaspores composées d'organes accessoires formant une masse sphérique volumineuse ;
    - saccochores) (Sac) : diaspores enrobés dans une enveloppe lâche ;
    - ptérochores (Pté) : diaspores avec des appendices ailés ;
    - pogonochores (Pog) : diaspores avec des appendices plumeux, soyeux ou des aigrettes ;
    - ascochores (Asc): diaspores de faible densité ;
    - sporochores (Spo) : diaspores minuscules ;
    - ixochores (Ixo): diaspores glanduleuses, visqueuses ;
    - acanthocores (Aca) : diaspores épineuses, avec des crochets ou poilues ;
    - sarcochores (Sar): diaspores avec une enveloppe tendre et charnue ;
    - pléochore (Pléo) : diapores munies de dispositifs de flottaison.

Pour les espèces hétérochores, on parlera d'anémochorie, de zoochorie et d'hydrochorie, lorsque la dispersion se fait par le vent, les animaux, et l'eau.

II.2.1.5. Caractérisation de la végétation

Deux approches d'analyse phytosociologique sont généralement utilisées pour définir les différents groupements végétaux. La première approche consiste à définir à priori les différents faciès de la végétation sur la base des expériences antérieures et des observations de terrain. Les relevées floristiques faits dans chaque type d'habitat permettent après analyse de vérifier les observations. La seconde approche consiste à déterminer à posteriori les différents groupements végétaux sur la base des données floristiques de différents relevés (Kent & Cocher, 1994).

Les deux approches ont été utilisées dans le cadre de ce travail. La première pour la caractérisation de l'état de sécondarisation de la mosaïque forestière du Dja, et la seconde approche a été utilisée pour la définition des différents groupements de la chronoséquence de la reconstitution post-agricole.

II.2.1.6. Mesure du diamètre des arbres

A l'aide d'un mètre ruban, la circonférence des arbres à hauteur de poitrine c'est-à-dire à 1,30 m du sol, a été mesurée. Le diamètre à hauteur de poitrine (DBH, Diamter at breast height) des arbres mesurés est obtenu plus tard par simple conversion. Pour les arbres à racines d'échasse, et à contreforts élevés, la circonférence était mesurée au-délà de 1,30 m du sol (Fig. 7). Pour les souches d'arbres ou arbustes végétant des rejets, la mesure a été faite sur les rejets et non sur la souche et ce, même quand la réitération des rejets se faisait à plus de 1,30 m au-dessus de la souche, soin était toutefois pris pour signaler chaque fois que la plante inventoriée est issue d'une réitération de souche d'arbre (Fig. 7).

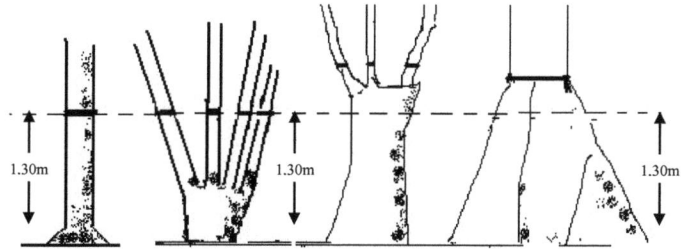

Fig. 7. Illustration des différents cas de mesures de circonférences des arbres (Adaptée de White & Edwards, 1999).

II.2.1.7. Estimation de la hauteur

Pour la mesure de la hauteur des arbres et des différentes strates de la végétation, une estimation visuelle a été faite. Une mesure de base facilement estimable suivant un pas de 2 m ou 5 m est ensuite dupliquée autant de fois jusqu'à la cime (Fig. 8).

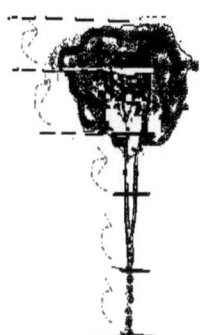

Fig.8. Illustration méthode d'estimation de la hauteur des arbres (Adaptée de White & Edwards, 1999).

II.2.1.8. Estimation du couvert

L'intensité du couvert végétal a été estimé selon la méthode points-quadrats (Greig-Smith, 1983, White & Edwards, 2000, Doucet 2003).

Cette méthode permet de noter la présence ou non de couvert pour différentes classes d'hauteurs : 2-9 m ; 10-19 m ; >19 m. Ceci permet d'obtenir un indice de couverture par classe (Fig. 9).

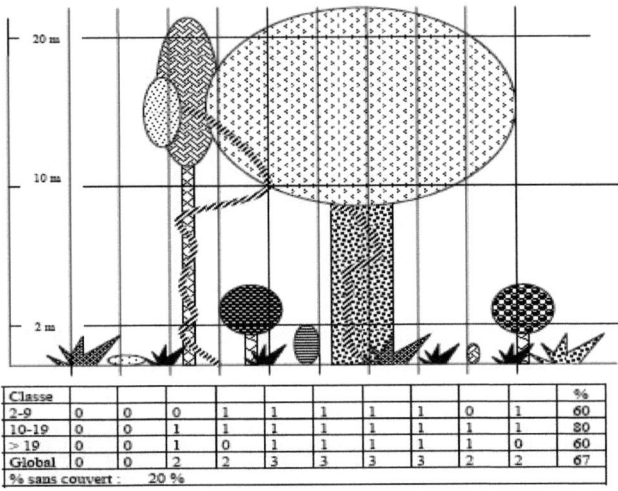

Méthode de calcul

- soit le point de quadrat « i » et T_i le nombre total de quadrats relevé,
- soient Cl_x ; Cl_y ; Cl_z les trois classes d'hauteurs considérées
- soit $n_{i,x}$, la note (1 ou 0) donnée au point de quadrat i pour la classe x
- soit $θ_i$ le nombre de quadrats où la somme
  $n_{i,x} + n_{i,y} + n_{i,z} = 0$

⇨ % recouvrement Cl_x ; $= Σ n_{i,x} / T_i × 100$
% du couvert Global $= Σ n_{i,x,y,z} / (T_i × 3) × 100$
% sans recouvrement $= θ_i / T_i × 100$

Fig. 9: Estimation du couvert (Doucet, 2003).

II.2.1.9. Inventaire des herbacées

Le coefficient d'abondance basé sur la classe de recouvrement de Braun-Blanquet a été utilisé pour l'inventaire des herbacées. La transformation en unité quantitative des valeurs semi-quantitatives proposée dans l'échelle de Braun-Blanquet a été faite à partir de la table de pondération proposée par Van der Maarel (tableau II). Il propose une échelle qui pondère les classes de recouvrement par une échelle de 1 à 9 (Legendre L. & P., 1984).

Tableau II. Classes de coefficient de recouvrement de l'échelle de BRAUN-BLANQUET et unité quantitative correspondante de l'échelle de Van der Maarel (Legendre L. & P., 1984).

Classes de recouvrement	Signification	Échelle Van der Maarel
r	Un individu	1
+	Recouvrement insignifiant	2
1	moins de 5 %	3
2	de 5 à 25 %	5
3	de 25 à 50 %	7
4	de 50 à 75 %	8
5	plus de 75 %	9

II.2.1.10. Estimation de la luminosité

L'indice d'éclairement direct est fondé sur l'estimation de l'éclairement direct du houppier ; le Crown position Index (CPI) proposé par Dawkins & Field (1978 in Debroux, 1998). Les valeurs de cet indice varient entre 1.0 et 5.0 (tableau III).

Tableau III. L'indice d'éclairement direct: *Crown position Index* (CPI) (Dawkins& Field, 1978, cit. Debroux, 1998)

Indice	Définition
5,0	Couronne complètement exposée à l'éclairement vertical et latéral dans un cône de 90° renversé sur le houppier
4,0	Eclairement vertical complet (=90 % de la projection verticale de la couronne) et éclairement latéral bloqué en

	tout ou partie du cône de 90° renversé
	Eclairement vertical partiel (10-90 % de la projection verticale de la couronne).
3,0	Pas d'éclairement vertical (<10 % de la projection verticale de la couronne), mais la couronne est éclairée latéralement (cône de 90° renversé)
2,5	Eclairement latéral élevé
2,0	Eclairement latéral moyen
1,5	Eclairement latéral faible
1,0	Pas d'éclairement direct

II.2.1.11. Estimation de la biomasse et du stock de carbone

L'estimation de la biomasse et du stock de carbone épigés des espèces ligneuses a été seule considérée. La biomasse végétale au-dessus du sol joue un rôle important dans les changements climatiques et dans les cycles biochimiques et géochimiques (Brown, 1997). La biomasse végétale permet d'estimer le potentiel de gaz carbonique pouvant être dégagé dans l'atmosphère en cas de déforestation.

Brown (1997) a décrit quelques méthodes d'estimation des biomasses des arbres. Le même auteur a élaboré des régressions pour l'estimation de la biomasse. Pearson et Brown (2005), ont complété les travaux de Brown (1997) et ont produit un guide de mesure et de suivi du carbone dans les forêts et les prairies herbeuses.

L'équation $Y = 42.69 - 12.800(D) + 1.242(D^2)$ adoptée est celle Brown (1997) et utilisée par la FAO (Anonyme, 2005) pour les arbres localisés dans les zones de forêt lors de l'inventaire national.

- Y est la biomasse par arbre en kg,
- D est le diamètre à hauteur de Poitrine en cm. La biomasse est calculée sur écorce, pour les arbres ≥ 10 cm.

- Le stock de carbone est obtenu à partir de la biomasse en utilisant un facteur de conversion de 0,5 (Pignard et *al.* 2000, cit. Anonyme, 2005).

II.2.2. Analyse des données

Les paramètres phytosociologiques utilisés pour les analyses structurales et floristiques sont inspirés des travaux de divers auteurs (Lejoly, 1993 ; Sonké, 1998 ; Curtis et *al.*, 1950) :

II.2.2.1. Indice de caractérisation botanique

- Densité relative (DeR)

$$\text{Densité relative (DeR)} = 100 \times \frac{\text{Nombre d'individus d'une famille ou d'une espèce}}{\text{Nombre total d'individus dans l'échantillon}}$$

- Diversité relative d'une famille (DiR)

$$\text{Diversité relative d'une faimmile (DiR)} = 100 \times \frac{\text{Nombre d'espèce d'une famille}}{\text{Nombre total des espèces de toutes les familles}}$$

- Dominance relative (DoR)

$$\text{Dominance relative} = 100 \times \frac{\text{Surface terrière d'une espèce ou d'une famille}}{\text{Surface terrière total d'individus dans l'échantillon}}$$

- **Fréquence relative (FrR)**

$$\text{Fréquence relative} = 100 \times \frac{\text{Fréquence d'une espèce}}{\text{Nombre total d'unité d'échantillons}}$$

- **Importance relative ou Importance value Index (IVI)**

L'importance relative d'une espèce correspond à la somme de sa densité, de sa dominance et de sa fréquence relative.

L'importance relative d'une famille correspond à la somme de sa densité relative, sa diversité relative et de sa dominance relative.

Contrairement aux autres indices qui peuvent théoriquement varier entre 0 et 100, cet indice peut être compris entre 0 et 300.

- **Indice de diversité**

La richesse spécifique (S), exprimée par le nombre total d'espèces observées (en valeur absolue).

Toutefois, à richesse et à densité spécifique égales, deux peuplements peuvent présenter les structures différentes, les espèces ayant les abondances différentes. Pour tenir compte de cet aspect, d'autres indices sont utilisés (Simpson, 1949 ; Shannon, 1948) : l'indice de Simpson (D) et l'indice de Shannon-Wiener (H).

- Indice de Shannon (H) = $-\sum_{i=1}^{S} p_i \ln p_i$

- Indice de Simpson (D) = $1 / \sum_{i=1}^{S} p_i^2$

Avec pi = n_i/N, soit la densité relative de l'espèce i dans l'échantillon, n_i = nombre d'individus de l'espèzces i, N = nombre total d'individus pour l'ensemble des espèces et, S = nombre d'espèces.

Pour le calcul des indices de diversité, le logiciel SPADE (MLE : *Minimum Likehood Estimator*) (Chao & Shen, 2003) a été utilisé.

II.2.2.2. Individualisation des groupements végétaux

- **Coefficient de similitude de sørensens (K)**

Ce coefficient de similarité permet de préciser si deux groupements floristiques uujkkjmpmlttappartiennent à une même communauté végétale. Il présente le pourcentage d'espèces communes à deux relevés (Sørensens, 1948).

$$K = 100 \times \frac{2C}{A+B}$$

A = nombre total des espèces du premier groupement
B = nombre total des espèces du deuxième groupement
C = nombre total des espèces communes au deux groupement
Si k est supérieur à 50 %, alors les groupements comparés appartiennent à une même communauté végétale.

- **Indice de similitude de NNESS**

L'indice de similitude de NNESS permet de comparer en minimisant les biais, le degré de similitude de la composition floristique de deux relevés (*i et j)* sur la base de jeu de données de taille *k* identique et tiré au hasard dans chaque relevé. La formule de cet indice est la suivante :

$$NNSSE_{ij/k} = ESS_{ij/k} / [(ESS_{ij/k} + ESS_{ij/k})/2]$$

Où, $ESS_{ij/k}$ est le nombre d'espèces communes attendues d'un tirage au hasard (sans remplacement) de k individus du relevé i et de k individus du relevé j (Gallagher, 1999, cit. Senterre 2005).

Le programme BiodivR 1.0 (Hardy, 2005) pour le calcul des indices de similitude de NNESS a été utilisé.

- Ordination par les analyses multivariées

La méthode d'analyses multivariées en phytosociologie permet de mettre en évidence les principaux groupements floristiques sur la base du binôme relevés/espèces. On effectue généralement une analyse des correspondances (CA : *Correspondant Analysis* ou DCA : *Detrended Corespondence Analysis)*, encore appelée analyse factoriel par correspondance (AFC).

D'autres méthodes d'analyses multivariées existent, notamment l'analyse en composantes principales (PCA) ou PCA (*Principal Component Analysis*), la *Redundacy Analysis (RDA)*, qui ont été longtemps utilisées par les phytosociogistes pour différencier les différents groupements en fonction de leur compositions spécifiques et en fonction des paramètres mésologiques (Legendre L. & P., 1984 ; Kent & Coker, 1994 ; Jongman et *al.*, 1995 ; Dufrêne, 2003 ; Senterre, 2005).

Les analyses multivariéess ont été effectuées grâce au logiciel PC-ORD 4.0. Les ordinations ont été construites selon l'approche indirecte c'est-à-dire sur la base des relevés/espèces. Les facteurs environnementaux observés ont été projetés à posteriori dans le schéma. Ainsi il a été utilisé dans le cadre des analyses, soit le PCA *(Principal Components Analysis)* ou le CA *(Correspondence Analysis)*.

- Classification des données floristiques / construction du dendrogramme de ressemblance. (Clustering)

La méthode de construction de dendrogramme, consiste à classer les différents relevés en fonction des variances observées entre eux, en considérant le calcul d'indices de similarités. Plusieurs options d'indice peuvent être choisies dans cette classification : la "Distance de "bary – Curtis", la "Distance métrique de Canberra", la "Distance Euclidienne", "l'indice de Sorensens".

La construction de dendrogramme dans le cadre de cette étude a été basée sur la moyenne des groupes (UPGMA : Unweighted Pair Group Mean Average) et l'indice de distance de *Bary-Curtis* avec l'aide du logiciel PC-ORD 0.4.

- **Identification des espèces indicatrices**

Pour l'identification des espèces indicatrices des différentes communautés isolées, il a été fait recours au logiciel IndVal 2.0 (Dufrêne & Legendre, 1997).

Selon le principe développé dans IndVal, une espèce est considérée comme indicatrice d'un groupe de relevés si elle lui est :
- fidèle (donc absente ou relativement moins fréquente dans les autres groupes de relevés)
- constante (présente dans la majorité des relevés de ce groupe).

La valeur indicatrice $IndVal_{ki}$ d'une espèce *k* vis-à-vis d'un groupe de relevé *i* se calcule comme suit :

$IndVal_{ki} = (A_{ki} \times B_{ki} \times 100)$ exprimé en % où

$A = N$ individus $_{ki}$ / N individu $_k$: moyenne des abondances de l'espèce *k* au sein des relevés du groupe de relevés *i* par rapport à tous les groupes = mesure de la fidélité ;

$B = N$ sites$_{ki}$ / N sites $_i$: nombre de relevés occupés par l'espèce *k* parmi ceux du groupe *i* = mesure de la constance.

La valeur indicatrice calculée, IndVal, s'exprime en %. Comme cet indice peut se calculer pour les différents niveaux hiérarchiques d'une classification, on peut identifier le niveau pour lequel l'espèce est la plus indicatrice.

II.2.2.3. Analyse statistique

Le logiciel STATISTICA 6.0. (Statistica, 2005) a été utilisée pour effectuer les différents tests statistiques et la recherche des corrélations.

II.2.3. Caractérisation et état de secondarisation de la forêt du Dja

II.2.3.1. Site de l'étude

L'étude sur l'état de la secondarisation de la forêt du Dja a été menée dans deux sites distincts en périphérie nord de la Réserve de Biosphère du Dja. Le premier site d'étude est situé dans l'UFA10 047 (Unité Forestière d'Aménagement, Cote, 1993) cédée actuellement en concession par l'Etat camerounais à la société forestière FIPCAM qui l'exploite. Ce site a fait l'objet d'une exploitation forestière industrielle depuis les années 1972. Un à deux cycles de passage de l'exploitation y ont été opérés. L'exploitation forestière est de type minier caractérisée par un écrémage de la forêt de quelques essences à fort potentiel économique, et à l'ouverture dans la forêt des bretelles de débardage et des pistes d'évacuation des grumes.

Le second se situe dans la réserve de Biosphère du Dja et n'a jamais fait l'objet d'une exploitation forestière industrielle. Les deux sites sont éloignés des lieux d'habitation actuels. Le village le plus proche se situe à près de 15 km (Fig. 10).

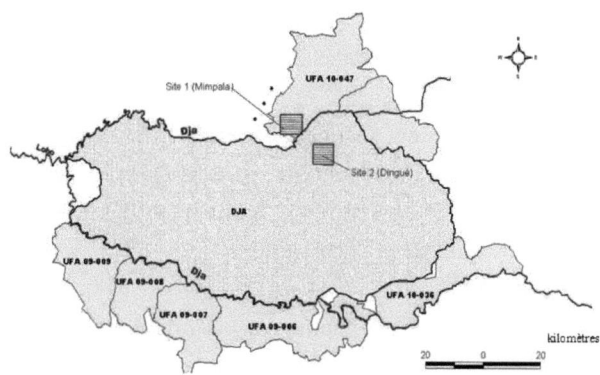

Fig. 10. Site d'étude pour la caractérisation et l'état de sécondarisation de la forêt du Dja.

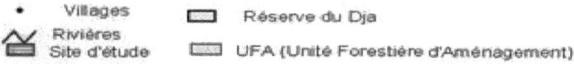

II.2.3.2. Caractérisation des différents faciès de végétation

Des transects longs de 6 km et équidistants de 600 m ont été ouverts dans le site de Mimpala. Dans le site de Dingué, la longueur et l'équidistance des transects ont été quelque peu revus à 5 km et 500 m respectivement, pour des raisons d'efficience et de rendement optimal des guides locaux.

104 km de transects au total ont été ouverts dont 54 km dans le site de Mimpala et 50 km dans le site de Dingué. Les transects sont marqués tous les 25 m par un jalon indicateur. Les types de végétation traversés le long des transects et la distance sur le transect ont été enregistrés.

La superficie des deux sites explorés est de 5000 ha ce qui représente 0,1 % de la superficie totale de la réserve du Dja qui est de 526 000 ha.

La caractérisation des différents faciès de la végétation a été faite le long de transects. La méthode d'étude de la végétation utilisée est inspirée de White et Edwards (2000). On note tout au long des transects, les types de végétation traversés et leurs distances.

Huit faciès de végétation ont été définis sur une base visuelle en considérant les caractéristiques d'ordres : temporel basés sur la dynamique forestière, (forêts secondaires âgées..), floristique (présence des espèces dominantes), édaphique (forêts marécageuses…), et physionomique (hauteur et ouverture de la canopée, degré de couverture du sous-bois, stratification de la végétation).

Ces faciès sont :
- FDM : Forêt dense mature peu ou pas perturbée caractérisée par son sous-bois ouvert, avec la strate arbustive dominée par les espèces des genres *Rinorea* et *Drypetes*.
- FDSA : Forêt dense secondaire âgée, avec sous-bois moins ouvert ; *FDS*, forêt dense secondaire avec une canopée discontinue et la présence de grandes tâches de Marantacées : (*Ataenidia conferta, Megaphrynium macrostachyum*) plus prononcées que la forêt dense secondaire âgée.
- FSJ : forêt secondaire jeune avec un sous-bois touffu, la strate dominante atteint à peine 15 m.
- RAP : Raphiale sur sol hydromorphe caractérisée par une forte densité de *Raphia mobuttorum*, plusieurs espèces de *Marantaceae* et *Zingiberaceae* à l'instar de *Halopegia azura, Marantochloa purpurea*.
- RIP : Forêt ripicole, forêt de zone de transition entre la forêt de terre ferme et les raphiales, périodiquement inondée.
- CL : Clairières sur sols hydromorphes ou prairies marécageuses, se retrouvent dans les enclaves mal drainées de la forêt ; elle est dominée par les espèces herbacées telle que *Kyllinga tenuifolia*.
- PI : Anciennes pistes forestières, avec une forte densité de *Marantaceae* et de *Zingiberaceae*.

II.2.3.3. Inventaire floristique

Un inventaire floristique a été fait sur les placettes circulaires de 5 m de rayon au début de chaque transect et à tous les 250 m. Cette méthode est inspirée de l'approche *"radius circulars quadrats"* de Dewalt et *al.* (2003). 435 placettes correspondant à une surface totale de 3,41 ha, ont été inventoriées. Tous les arbres de DBH $\geq$ à 10 cm ont été mesurés et identifiés. La hauteur de la canopée, c'est-à-dire la hauteur de la strate dont la cime continue est la plus élevée, a également été estimée. Afin de minimiser les erreurs d'estimation, toutes les estimations ont été faites par le même observateur.

Pour les herbacées, seules les espèces de la famille des Marantacées, des Zingibéracées et des Costacées ont été inventoriées compte tenu de la place de ces derniers comme marqueurs d'identification de l'état de secondarisation des forêts (White et *al.*1993). Chaque espèce a été affectée d'un coefficient d'abondance en utilisant l'échelle de classe de recouvrement de Braun-Blanquet et l'échelle de transformation en unité quantitative Van der Maarel (Legendre L. & P., 1984). Pour la suite, pour ne pas alourdir le texte, il a été fait référence uniquement aux Zingibéracées pour indiquer à la fois les espèces des familles des Costacées et Zingiéracées.

II.2.3.3. Inventaire des réseaux de piste d'éléphants

Tout au long des transects, les réseaux de pistes d'éléphants traversés ont été comptés. Il a été délibérément considéré comme appartenant à un même réseau, toutes les pistes d'éléphants situées à moins de 100m les unes des autres. La distinction des différents sentiers d'éléphants en fonction de leur importance n'a pas cependant été faite comme ont pu le faire Vanleeuwe & Gauthier (1998). De même, tous des débris de plantes et les arbres écorcés par les éléphants pour leur consommation ont été recensés sur une bande de 10 m de part et d'autre des transects.

II.2.3.3. Inventaire d'indices d'anciennes présences humaines

Les indices visibles d'anciennes présences humaines le long des transects ont été recensés. Ce sont des vestiges de grandes fosses d'antan utilisés comme pièges et appelés *"ngùla"* chez les *Badjoués* (Koch,1968), les populations de grands palmiers (*Elaeis guineensis*) en pleine forêt atteignant 25 à 30 m de hauteur, de vieux individus restant d'anciennes parasoleraies (*Musanga cecropioides*), les grandes essences compagnes de l'homme telles que le fromager (*Ceiba pentandra*), et l'*Essesang (Ricinodendron heudelotii)* (Letouzey, 1968), les pieds de *Funtumia elastica* avec ancienne cicatrice de saignée du fait de leur sève exploitée jadis pour la production du caoutchouc.

II.2.4. Evaluation de l'impact de la perturbation de la végétation par les éléphants sur la distribution spatiale des gorilles

Au début des travaux, l'objectif de regarder de près le rôle de la perturbation de la végétation par les éléphants et la distribution spatiale des gorilles n'était pas fixé. L'idée d'explorer de près les relations qui pourraient exister entre la distribution spatiale des nids de gorilles et les faciès de végétation spécifiques liés à la perturbation des éléphants est survenue des premières observations empiriques faites sur le terrain lors de la collecte des données.

Un dispositif simple a été ainsi mis en place par suite pour collecter des informations afin de mieux étayer ce constat.

II.2.4.1. Site d'étude

Le comptage des nids de gorilles s'est fait dans le site de Mimpala (cf. § II.2.3.1. ci-dessus). Ce site est situé à près de 10 km à vol d'oiseau de la limité nord de la réserve du Dja. Il est situé dans l'UFA 10 -047 (Cote, 1993).

II.2.4.2. Comptage des nids de gorille

La méthode de comptage de nid proposée par Plumptre & Reynolds (1996) a été utilisée. Tout au long des transects deux guides locaux dont le rôle principal a été de détecter les nids de gorilles de part et d'autre du transect ont été suivis et contrôlés. Les nids ont été comptés sur 54 km de transects.

La vitesse de progression était inférieure ou égale à 1km/h. Quand un nid était découvert, les autres nids appartenant au même groupe étaient localisés. Les nids situés à moins de 20 m l'un de l'autre et de catégorie d'âge similaire, ont été considérés comme faisant partie d'un même groupe malgré les différences pouvant exister au niveau des classes d'âges (Tutin et Fernandez 1984).

Seuls les nids observés au niveau du sol ont été considérés. Les travaux antérieurs dans la zone ont montré que les gorilles construisent préférentiellement leur nid au niveau du sol (Williamson & Usongo, 1998 ; Dupain et *al.*, 2004).

II.2.4.3. Identification de la végétation préférentielle des éléphants

L'identification de la végétation préférentielle des éléphants est essentiellement basée sur le réseau des pistes d'éléphants recensé dans la végétation considérée. Le comptage du réseau de piste d'éléphants a été fait suivant la méthodologie décrite ci-dessus (cf. § II.2.3.3.).

II.2.5. Etude de la dynamique de la reconstitution post-agricole de la forêt du Dja

Différentes méthodes d'analyse permettent d'appréhender les phénomènes dynamiques de la reconstitution forestière après destruction (Le part & Escarre 1983). La méthode d'étude synchronique (ou approche indirecte) basée sur l'observation et l'analyse des parcelles d'âges variés, séparées dans l'espace, est la plus utilisée parce que plus facilement réalisable (Ross, 1954 ; Mitja & Hladjik, 1989). Par ailleurs, la méthode diachronique (ou approche directe) qui nécessite des études et un suivi à long terme est rarement utilisée.

La méthode synchronique a été retenue pour l'étude de la dynamique de la végétation. Toutefois, Mitja & Hladjik (1989) dans leur étude sur les aspects de la reconstitution de la végétation dans deux jachères en zone forestière à Makonda au Gabon, ressortent clairement les limites de cette méthode et recommandent qu'elle soit utilisée avec prudence. En effet l'analyse structurale et floristique de la végétation n'est pas dépendante uniquement de l'âge de la parcelle. D'autres facteurs comme le nombre de cycle culturaux antérieurs et l'évolution de l'environnement immédiat ont une influence sur la vitesse de reconstitution.

II.2.5.1. Identification des sites d'anciens villages

Les sites abandonnés d'anciens villages ou *Ngûnou* (en langue locale *Badjoué*) ont été choisi pour mener l'étude de la dynamique de reconstitution post-agricole de la forêt du Dja. Ces sites d'anciens villages se présentent comme des mosaïques constituées de faciès de végétation d'âges différents.

En effet, les populations de la forêt du Dja, les *Badjoué*, bien qu'actuellement sédentarisées, reviennent dans leurs anciens sites pour y exercer les travaux champêtres, les activités de chasse et de piégeage ou pour y créer des plantations. Les considérations socioculturelles font que les *Bajoué* restent liés à la terre de leurs ancêtres. De plus, les *Ngûnou* sont fertiles d'après les informations reçues de la population.

Ces anciens villages abandonnés se présentent comme des sites expérimentaux intéressants de l'approche synchronique de l'étude de la dynamique de reconstitution secondaire.

12 sites d'anciens villages au total ont été identifiés dans le terroir du village Doumo-pierre en périphérie nord de la Réserve de Biosphère du Dja (Fig. 11). Pour chaque site, les parcelles ont été délimitées en fonction des différents âges d'abandons après culture.

II.2.5.2. Evaluation des âges des parcelles

Des enquêtes ont été menées dans le village *Doumo-Pierre* en vue d'identifier les sites d'anciens villages qui seront retenus pour l'étude. La méthode de MARP (méthode accélérée de recherche participative) complétée par les descentes sur le terrain a été utilisée. Deux villageois âgés de 62 et 58 ans ont été pris comme guides. Ils avaient une parfaite maîtrise de l'histoire du village et pouvaient se souvenir des parcelles donc l'âge d'abandon allait jusqu'à 70 ans. Les phénomènes sociaux tels que les naissances, les morts ou les mariages ont été utilisés comme repère par ces derniers. Les discussions avec d'autres informateurs du village ont permis de recouper les informations.

Les premiers stades de la reconstitution post-agricole sont fortement influencés par les différents cycles culturaux pratiqués. Le processus de reconstitution est fréquemment interrompu à différents stades en fonction des types de cultures pratiqués.

Dans chaque site d'ancien village, une identification des différentes parcelles de champs abandonnés été faite. Les différentes parcelles étaient ensuite délimitées avec l'aide de nos informateurs. Les parcelles d'inventaires étaient alors circonscrites à l'intérieur de ces parcelles. Des observations étaient notées sur le type de traitement subi par la parcelle.

Tableau IV. Superficies et âges d'abandon des différentss des parcelles par sites Sites d'anciens villages.

Site ancien village	Code parcelle	Code relevé	Age d'abandon approximatif (année)	Superficie (m²)	Observations
ADJAZE	11	111	30	1600	Jeune forêt secondaire sur sol labouré
		112	30	1600	Jeune forêt secondaire sur sol labouré
		113	30	1600	Jeune forêt secondaire sur sol labouré
ADJUPLA	21	211	35	1600	Jeune forêt secondaire sur sol labouré
		212	35	1600	Jeune forêt secondaire sur sol labouré
		213	35	1600	Jeune forêt secondaire sur sol labouré
BITOU	31	311	30	1600	Jeune forêt secondaire sur sol labouré
	32	321	50	1600	Forêt secondaire sur sol labouré
		322	50	1600	Forêt secondaire sur sol labouré
	33	331	6	200	Jachère sur sol labouré
		332	6	200	Jachère sur sol labouré
	34	341	3	125	Jachère sur sol labouré
	35	351	8	200	Jachère sur sol labouré
		352	8	200	Jachère sur sol labouré
	36	361	3	225	Jachère sur sol labouré
	37	371	8	200	Jachère sur sol labouré
		372	8	200	Jachère sur sol labouré
BOM	41	411	40	1600	Forêt secondaire sur sol non labouré
		412	40	1600	Forêt secondaire sur sol non labouré
		413	40	1600	Forêt secondaire sur sol non labouré
		414	40	1600	Forêt secondaire sur sol non labouré
		415	40	1600	Forêt secondaire sur sol non labouré
	42	421	40	1600	Forêt secondaire sur sol labouré
		422	40	1600	Forêt secondaire sur sol labouré
		423	40	1600	Forêt secondaire sur sol labouré
		424	40	1600	Forêt secondaire sur sol labouré
	43	431	100	1600	Vieille forêt secondaire
		432	100	1600	Vieille forêt secondaire
		433	100	1600	Vieille forêt secondaire
		434	100	1600	Vieille forêt secondaire
		435	100	1600	Vieille forêt secondaire
		436	100	1600	Vieille forêt secondaire
DOUMO ETINE	51	511	16	200	Vieille jachère sur sol labouré
		512	16	200	Vieille jachère sur sol labouré
	52	521	0,5	225	Jeune jachère sur sol labouré
	53	531	50	1600	Forêt secondaire
	54	541	100	1600	Vieille forêt secondaire
	55	551	25	1600	Jeune forêt secondaire
	56	561	35	1600	Jeune forêt secondaire
		562	35	1600	Jeune forêt secondaire
EMPEHE	61	611	22	1360	Jeune forêt secondaire sur sol labouré
		612	22	800	Jeune forêt secondaire sur sol labouré
	62	621	100	800	Vieille forêt secondaire
	63	631	22	1600	Jeune forêt secondaire sur sol labouré
	64	641	3	250	Jachère sur sol labouré sur sol labouré
	65	651	0,5	200	Jeune jachère sur sol labouré

	66	661	1	250	Jeune jachère sur sol labouré
	67	671	23	1600	Jeune forêt secondaire sur sol labouré
		672	23	1600	Jeune forêt secondaire sur sol labouré
KALESSOMO	71	711	25	1600	Jeune forêt secondaire sur sol non labouré
		712	25	1600	Jeune forêt secondaire sur sol non labouré
		713	25	1600	Jeune forêt secondaire sur sol non labouré
		714	25	1600	Jeune forêt secondaire sur sol non labouré
		715	25	1600	Jeune forêt secondaire sur sol non labouré
		716	25	1600	Jeune forêt secondaire sur sol labouré
MENOH	81	811	8	200	Jachère sur sol labouré
		812	8	200	Jachère sur sol labouré
		813	8	200	Jachère sur sol labouré
	82	821	12	200	Vieille jachère sur sol labouré
		822	12	200	Vieille jachère sur sol labouré
		822	12	200	Vieille jachère sur sol labouré
	83	831	4	225	Jachère sur sol labouré
	84	841	8	200	Jachère sur sol labouré
		842	8	200	Jachère sur sol labouré
	85	851	27	1600	Jeune forêt secondaire sur sol labouré
METOL	91	911	11	1600	Vieille jachère sur sol non labouré
		912	11	1600	Vieille jachère sur sol non labouré
MIDIMUALUP	101	1011	100	1600	Vieille forêt secondaire
		1012	100	1600	Vieille forêt secondaire
		1013	100	200	Vieille forêt secondaire
	102	1021	50	1400	Forêt secondaire
		1022	50	1600	Forêt secondaire
MITA'AH	111	1111	150	1600	Vieille forêt secondaire
		1112	150	1600	Vieille forêt secondaire
		1113	150	1600	Vieille forêt secondaire
		1114	150	1600	Vieille forêt secondaire
		1115	150	1600	Vieille forêt secondaire
NKOUAKANE	121	1211	5	1200	Jachère sur sol labouré
	122	1221	50	1600	Forêt secondaire
		1222	50	1600	Forêt secondaire
	123	1231	13	1200	Vieille jachère sur sol labouré
		1232	13	1600	Vieille jachère sur sol labouré
	124	1241	22	1600	Jeune forêt secondaire sur sol labouré
		1242	22	1600	Jeune forêt secondaire sur sol labouré
	125	1251	25	1600	Jeune forêt secondaire sur sol labouré
	126	1261	22	1600	Jeune forêt secondaire sur sol labouré
		1262	22	1600	Jeune forêt secondaire sol non labouré
		1263	22	1600	Jeune forêt secondaire sur sol non labouré
	127	1271	100	1600	Vieille forêt secondaire
		1272	100	1600	Vieille forêt secondaire
TOTAL				**107 660**	

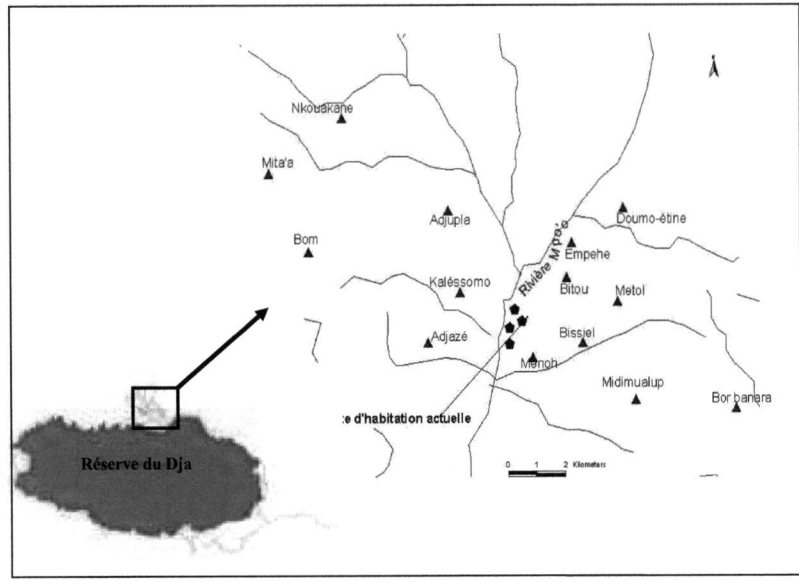

Fig. 11. Localisation des sites d'anciens villages étudiés en périphérie nord de la Réserve du Dja.

II.2.5.3. Inventaire floristique

Les quadrats carrés de 40 m de côté inspirés de la méthode de Fogiel et *al.* (1998), ont été délimités dans les parcelles de différents âges d'abandon. Un inventaire complet des individus de DBH (diamètre à hauteur de poitrine ou au-dessus des contreforts) supérieur ou égal à 10 cm a été effectué. En plus du diamètre des arbres qui est mesuré, leur hauteur et leur indice d'éclairement sont estimés. Les arbres morts sur pied étaient également recensés.

Dans une première sous-parcelle de 40 x 10 m les gaulis, individus de DBH inférieurs à 10 cm et d'hauteur supérieure à 1 m, ont été inventoriés.

Enfin, 2 autres sous-parcelles carrées plus petits de 5m de côté ont été délimités pour l'inventaire de régénération. Les plantules (hauteur inférieure ou égale à 1 m) des espèces ligneuses ont été recensées en estimant leurs hauteurs.

Les herbacées ont été également recensées dans les sous-parcelles de 5 m x 5 m et affectées d'un coefficient d'abondance en utilisant l'échelle de classe de recouvrement de Braun-Blanquet (Legendre L. & P., 1984) (Fig. 12).

Dans certains cas, il n'a pas été possible de délimiter des parcelles de 40 x 40 m du fait de l'étroitesse de la parcelle notamment pour les jachères d'âges d'abandon relativement jeunes. Afin de garantir l'homogénéité des parcelles, des parcelles inférieures à 1600 m^2 ont été délibérément délimitées. Dans ces cas des parcelles de 10 x 20 m ou de 5 x 5 m pour les très jeunes jachères essentiellement dominées par les herbacées ont été délimitées. Ces cas marginaux ont été pris en compte dans l'analyse des résultats.

Un effort était fait pour positionner dans la fiche de collecte les individus d'espèces ligneuses inventoriés. Pour cela chaque parcelle a été quadrillée en bande de 10 m. Un inventaire systématique par bandes successives de 10 m x 40 m des parcelles afin de mieux quadriller les individus à positionner a été fait. Chaque individu étant positionné, ceci a permis pour les espèces non identifiées et dont la collecte des échantillons botaniques n'était pas facile, de redescendre plus tard sur le terrain en compagnie d'autre botanistes.

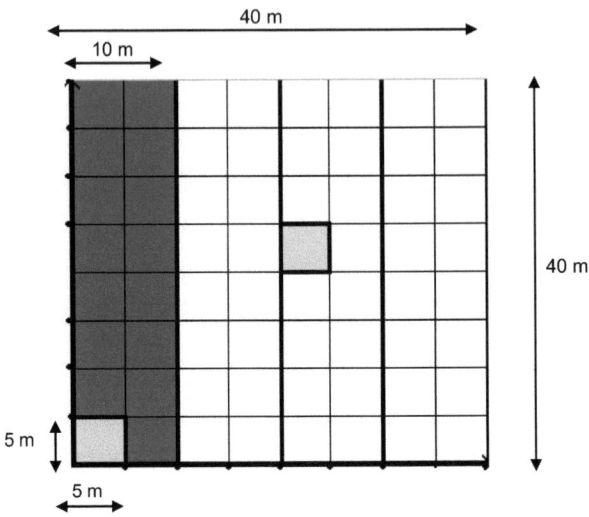

Fig. 12. Dispositif expérimental pour les inventaires.

II.2.5.4. Estimation du temps de reconstitution de la forêt après perturbation

Le modèle utilisé par Liebsch et *al.* (2008) en forêt néotropicale d'Amérique latine a été utilisé pour estimer le temps de reconstitution de la végétation après perturbation post-agricole.

Sur la base des paramètres structuraux et floristiques caractéristiques de la forêt mature avoisinante connus, ces auteurs ont estimé le temps nécessaire pour que les parcelles perturbées recouvrent les caractéristiques de la forêt originale. La simulation est essentiellement basée sur l'analyse de la régression logarithmique entre l'âge d'abandon des parcelles et l'évolution des paramètres considérés.

Dans le cadre de ce travail, les données obtenues par Sonké (1998) dans la forêt du Dja ont été la base d'analyse. Deux paramètres ont été retenus :

- proportion des espèces caractéristiques de la forêt primaire (82,7 %) ;
- proportion des espèces de *Caesalpiniaceae* de la forêt hétérogène du Dja (4,4 %).

En effet, Les *Caesalpiniaceae* constitueraient le stade ultime de l'évolution de la forêt du Dja (Doucet, com. pers.). Le caractère grégaire des espèces de cette famille a été prouvé (Loutezey, 1968 ; Doucet et *al.,* 1996 ; Wieringa, 1999). Pour cela, Deux raisons sont avancées : la première est relative au mode de dispersion majeur de cette famille, la ballochorie. Celle –ci permet d'expédier la graine à plus de soixante mètres du producteur (Van der Burgt, 1997). La seconde a trait à la nécessité pour certaines espèces de se développer sur sols contaminés par les ectomycorhizes (Doucet et *al.,* 1996). Tout ceci a justifié le choix pour la prise en compte de la proportion des espèces de cette famille pour l'estimation du temps de reconstitution de la forêt.

Il a été tenue compte dans les calculs, d'une variation de plus ou moins 5% des paramètres écologiques considérées afin de donner une plage d'estimations du temps de rconstitution.

II.2.6. Etude de la dynamique de régénération des essences de bois d'œuvre commerciales

Pour l'étude de la dynamique des essences commerciales au cours de la reconstitution, une gamme précise d'essences précises et actuellement les plus demandées sur le marché et dont l'aire de distribution coïncide avec la zone d'étude a été ciblée. La classification proposée par l'ONADEF (Anonyme, 1991) a été adoptée. Elle différencie en fonction de l'importance économique de ces essences commerciales en « principale 1 », « principale 2 » et « secondaires ». La liste des espèces retenues est présentée dans le tableau suivant (tableau V).

Tableau V. Liste de quelques essences commerciales importantes de la région d'étude.

Espèces	Noms pilotes	Espèces	Noms pilotes
Principales 1		**Secondaires**	
Baillonella toxisperma	Moabi	*Alstonia boonei*	Emien
Diospyros crassiflora	Ebène	*Amphimas ferrugineus*	Lati
Entandrophragma angolense	Tiama	*Antrocaryon klaineanum*	Onzabili K
Entandrophragma candollei	Kossipo	*Canarium schweinfurthii*	Aiélé
Entandrophragma cylindricum	Sapelli	*Ceiba pentandra*	Ceiba
Entandrophragma utile	Sipo	*Coelocaryon preussii*	Ekouné
Guarea cedrata	Bossé clair	*Cylicodiscus gabonensis*	Okan
Guarea Thompsonii	Bossé foncé	*Desbordesia glaucescens*	Alep
Lovoa trichilioides	Dibétou	*Erythropleum ivorense*	Tali
Milicia excelsa	Iroko	*Funtunia elastica*	Mutondo
Nesgordonia papaverifera	Kotibé	*Petersianthus macrocarpus*	Abalé
Triplochiton scleroxylon	Ayous	*Piptadeniastrum africanum*	Dabéma
		Pterocarpus soyauxii	Padouk
Principales 2		*Pycnanthus angolensis*	Ilomba
Aningeria altissima	Aningré A	*Staudtia kamerunensis*	Niové
Disthemonanthus benthamianus	Movingui	*Terminalia superba*	Fraké
Sterculia oblonga	Eyong		
Nauclea diderrichii	Bilinga		

Le dispositif d'inventaire utilisé est le même que celui décrit à la section II.2.5.3. Afin de réduire les erreurs d'identification des plantules, un herbier des plantules avec un accent particulier sur les espèces ciblées a été préalablement constitué. Ceci s'est fait par la recherche active des plantules sous les semenciers. Le soutien des guides *Baka* (pygmées de la périphérie Nord et Est de la Réserve du Dja) a été obtenu à cet effet. Le document de De La Mensbruge (1966) sur les plantules a été également très utile.

II.2.6. Evaluation de l'importance de la forêt secondaire sur le système traditionnel de cueillette des produits forestiers non ligneux

Une enquête de perception a été menée auprès de la population du village sur la base d'un guide d'entretien, pour évaluer l'importance des différentes formations de la végétation dans la collecte des plantes utiles.

Chaque enquêté a été demandé de citer les plantes utiles par catégories d'usages traditionnels prédéfinies. Les catégories d'usages considérées ont été, les plantes utilisées dans l'artisanat, la construction des cases, l'alimentation, la médecine populaire. Les plantes utilisées comme bois de chauffe, les arbres à chenilles et les champignons comestibles ont aussi été recensés.

Les plantes utilisées dans l'alimentation se sont référées, soit aux fruitiers sauvages, soit aux plantes non cultivées utilisées comme condiments ou à des feuilles consommées comme légume.

Les plantes utilisées en médecine populaire ont concerné les plantes reconnues par la plupart des habitants du village comme utiles et fréquemment utilisées pour soigner des maladies courantes comme : le paludisme, la diarrhée, les céphalées, la toux et les vers intestinaux (Betti, 2004).

Pour les champignons comestibles, seuls les noms vernaculaires donnés par les populations ont été considérés.

Un coefficient d'importance est affecté à chaque plante citée par les enquêtés selon une échelle à quatre valeurs :

- (1) pour les plantes utilisées à défaut quand on n'a pas le choix ;

- (2) pour les plantes peu importantes ;

- (3) pour les plantes importantes ;

- (4) pour les plantes très importantes, de "premier choix" dans la catégorie d'usage considérée.

Les plantes recensées ont été classées en fonction de leur zone de prédilection par les villageois en considérant les quatre faciès majeurs suivants identifiés chez les *Bajoué* (De Wachter, 1995) :
- (i) *Ebour*, jeune ou vieille jachère âgée de 4 à 11 ans dominée soit par l'adventice *Chromolaena odorata* au stade de jeune jachère et par le parasolier (*Musanga cecropioides*) au stade de vielle jachère;
- (ii) *Kalkwomo*, correspondant à la forêt secondaire, avec les espèces caractéristiques telles que : *Zanthoxylum gilletii*, *Pentaclerathra macrophylla*, *Terminalia superba*;
- (iii) *Ekomo* : correspondant à la forêt mature peu ou pas perturbée ;
- (iv) *Zam* : correspondant à la forêt marécageuse à raphiale.

"Valeur utile" "VU" des différents types de végétation.

La "Valeur Utile" "*VU*" (*use-value*) de chaque type de végétation pour les différentes catégories d'usages des plantes a été calculée. La formule ci-dessous utilisée pour le calcul de la valeur utile est inspirée et adaptée de Oliver & Gentry (1993) :

$$VU_{xy} = \frac{\sum_{i}^{N_i} \sum_{e}^{n_e} \delta_e xyi}{N_i}$$

n_e = nombre d'espèces recensées
N_I : nombre total d'interviewés

Où VUxy est la "valeur utile" du type de végétation "x" pour la catégorie d'usage "y" considérée et δexyi est le coefficient affecté à l'espèce "e" par l'interviewé "i".

CHAPITRE III. RESULTATS ET DISCUSSIONS

III.1. RESULTATS

III.1. 1. CARACTERISATION DE LA FORET DU DJA

III.1.1.1. Faciès de végétation

De manière globale pour l'ensemble des deux sites, 12 types de végétations ont été identifiés. Outre les 8 types préalablement définis, une observation minutieuse de la physionomie de la forêt a permis de distinguer quatre autres types de végétation dont : la forêt secondaire jeune clairsemée (FSJC), elle se rencontre ici en poches peu étendues dans la forêt, la hauteur de sa strate dominante atteignant à peine 5 m est continue, les arbres qui émergent de la couche dense inextricable du sous-bois apparaissent de manière très éparse et sont de grande taille (pouvant atteindre 25 m et plus) ; la végétation touffue, constituée essentiellement d'espèces suffrutescentes, peu étendue et rencontrée principalement sur les berges de certains cours d'eau qualifié de fourré galerie (GA), et enfin les trouées forestières (TF), chablis naturels crées par la chute de grands arbres ou les trouées forestières à éléphants (TF-él) qui sont des ouvertures dans la forêt créée et/ou entretenue par les éléphants.

Les faciès résultant des actions anthropiques récentes notamment, les jeunes jachères, les champs et les cacaoyères, sont absents de nos sites.

Tableau VI. Proportion* des différents faciès de végétation.

<small>* La proportion de chaque type de végétation est obtenue en faisant le rapport entre la distance couverte par végétation considérée et la distance totale de l'ensemble des transects.</small>

Faciès de la végétation	Site 1 (Mimpala)	Site 2 Dengué	Moyenne (Site 1et 2)
Forêt dense mature (FDM)	17 %	14 %	15 %
Forêt dense secondaire âgée (FDSA)	23 %	24 %	23 %
Forêt dense secondaire (FDS)	23 %	15 %	19 %
Forêt secondaire jeune (FSJ)	5 %	10 %	7 %
Forêt secondaire jeune clairsemée	1 %	9 %	5 %

(FSJC)			
Forêt ripicole (RIP)	7 %	10 %	9 %
Raphiale (RAP)	8 %	9 %	8 %
Fourré galerie (GA)	1 %	2 %	1 %
Clairière (Prairie marécageuse) (CL)	0,1 %	2 %	1 %
Piste forestière (PI)	2 %	0 %	1 %
Trouée forestière (TF)	2 %	2 %	2 %
Trouée forestière à éléphant (TF-él)	4 %	5 %	5 %

Les chiffres révèlent une prédominance des formations secondarisées aussi bien dans le site situé à l'extérieur de la Réserve (Mimpala), que dans le site situé dans la réserve et n'ayant jamais fait l'objet d'une exploitation forestière industrielle (Dingué) (tableau VI). Soit 52 % et 58 % respectivement. Le test de Wilcoxon, n'a pas montré de différence dans la distribution des proportions des différents types de la végétation entre les deux sites ($Z = 0,05$, $p = 0,9$). Toutefois, on note quelques éléments de différence concernant les types peu présents ; notamment, un pourcentage plus important à la fois des clairières sur sols hydromorphes et des forêts secondaires jeunes clairsemées sur le site à l'intérieur de la Réserve.

III.1.1.2. Composition floristique et similitude entre les faciès de végétation

Pour l'ensemble des deux sites, 1222 individus d'arbres (DBH ≥ 10 cm) dans les 435 placettes circulaires de 78,5 m^2 ont été recensés au total. Environ 96 % des individus ont été identifiés jusqu'au niveau générique et 85 % jusqu'au niveau spécifique. Un total de 184 espèces appartenant à 38 familles a été inventorié.

Les familles les plus représentatives en terme d'espèces (richesse spécifique) sont : les Euphorbiacées (30), Rubiacées (14), les Annonacées (13), les Ceasalpiniacées (13) les Méliacées (11).

En terme d'individus (densité relative), les familles les plus représentées sont : les Euphorbiacées (217 individus dominés par *Plagiostyles africana* 23 % ; *Uapaca paludosa* 9 %), les Apocynacées

(123 individus, dominée par *Tabernaemontana crassa* 91 %), les Olacacées (112 individus, dominés par *Strombosiopsis tetrandra,* 45,5 % ; *Heisteria zimmereri* 23,2 % ; *Strombosia pustulata* 22,3 %*),* les Annonacées (108 individus dominés par *Greenwayodendron suaveolens* 38,8 % ; *Annikia chlorantha* 22,22 % ; *Anonidium mannii* 20,37 %) (Fig. 13).

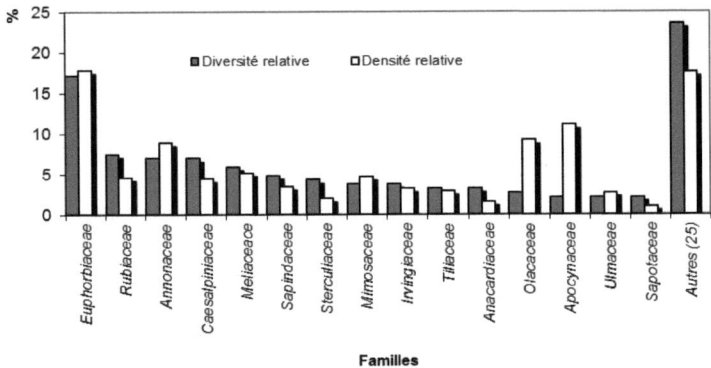

Fig. 13. Diversité et densité relatives des principales familles dans l'ensemble des deux sites.

■ Diversité relative   □ Densité relative

En considérant les surfaces terrières, les familles les plus dominantes sont : les Euphorbiacées, les Lecythidacées, les Tiliacées et les Olacacées avec respectivement 18 %, 11 %, 8 % et 6 % des surfaces basales totales. Les espèces ayant une forte dominance sont par ordre décroissant des surfaces terrières à l'hectare : *Petersianthus macrocarpus* (2,9 m^2/ha), *Duboscia macrocarpa* (2 m^2/ha), *Uapaca paludosa* (1,9 m^2/ha), *Desbordesia glaucescens* (0,9 m^2/ha).

En prenant en considération l'importance relative des familles, les 5 familles les plus représentées sont : les Euphorbiacées, les Apocynacées, les Annonacées, les Olacacées et les Méliacées (Fig. 14).

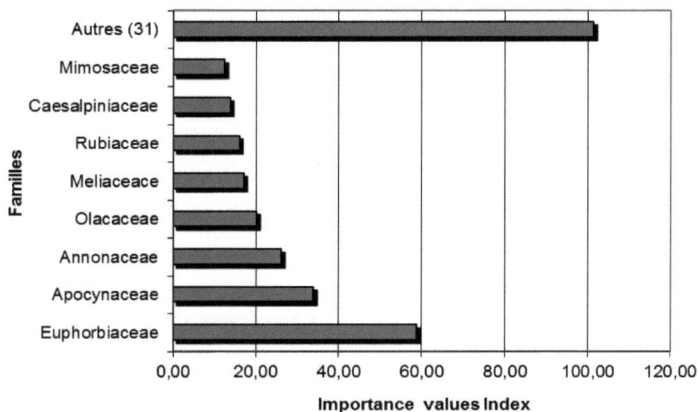

Fig. 14. Importance relative des familles dans l'ensemble des deux sites.

Les arbres de diamètre ≤ à 20 cm constituent 53 % de tous les individus. Alors que les arbres de diamètre ≥ à 70 font 0,6 % des individus, ils représentent 40 % de la surface basale de tous les arbres (Fig. 15).

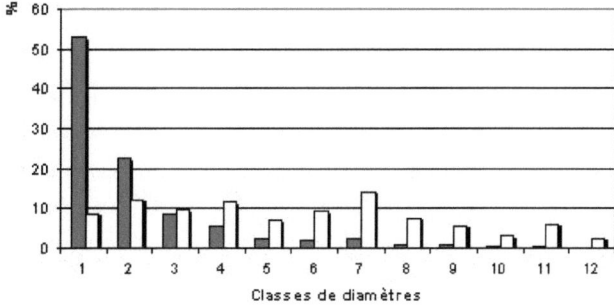

Fig. 15. Structure dendrométrique des arbres dans l'ensemble des deux sites
(Classe [1] = 10 – 19 cm).

■ Tiges   □ Surfaces basales

L'indice de diversité de Shannon pour toute la zone d'étude est estimé à 5,81, le tableau XVI donne les différents indices de diversité obtenus par sites et par type de faciès.

Le calcul de l'indice de similitude de Sorensens entre les sites de *Mimpala* et de *Dengué* a donné une valeur Is = 65 > à 50, donc une grande similarité floristique de ces sites.

L'indice de similitude de NNESS entre ces deux sites montre également une similarité supérieure à 60 %. Cette forte similarité pour l'indice de NNESS se confirme aussi bien pour les petites que les grandes valeurs de k ($NNSES_{k=20}$ = 0,63 ; $NNSES_{k=100}$ = 0,65). L'analyse des faciès de végétation a été faite par la suite en considérant de manière globale l'ensemble des deux sites.

Les coefficients de similarité de Sorensens et de NNESS (tableaux VII et VIII) ne permettent pas de différencier les faciès de forêt dense mature (FDM), forêt dense secondaire âgée (FDSA) et forêt dense secondaire (FDS). Aussi bien pour les petites valeurs que les grandes valeurs de k, les indices de similitude de NNESS sont supérieurs à 50 %. Le calcul de ces indices est essentiellement basé sur la composition floristique. Les autres critères liés à la physionomie et à la structure de la végétation (la hauteur de la canopée dominante, la couverture du sous-bois, l'abondance des Marantacées dans le sous-bois) qui ont été pris en compte lors de la caractérisation sur le terrain, ont permis de différencier ces faciès.

Tableau VII. Indice de similitude de Sorensens entre les faciès de végétation.

FDPM: Forêt dense mature ; FDSA : Forêt dense secondaire âgée ; FDS : Forêt dense secondaire ; FSJ : Forêt secondaire jeune ; FSJM : Forêt secondaire jeune à Marantacées; RIP : Forêt ripicole ; RAP : Raphiale ; GA : Fourré galerie ; CL : Clairière (Prairie marécageuse) ; PI : Piste forestière ; TF : Trouée forestière.

	FDP	FDSA	FDS	FSJ	FSJM	GA	PI	RA	RIP	TF
Indice de Sorensens										
FDM										
FDSA	57,9									
FDS	58,2	67,2								
FSJ	25	33,8	35,6							
FSJM	38,4	45,9	44,7	35,44						
GA	21,05	17,4	19,2	20,4	22,2					
PI	15,2	13,7	13,8	17,4	19,6	19,04				
RA	19,6	17,8	18,01	21,4	19,6	19,4	14,3			
RIP	35,5	38,4	37,3	14,7	28	14,3	8,9	23,37		
TF	35,4	37,6	39,8	23,3	29,1	11,6	10,2	14,1	23,9	
Nombre d'espèces en commun										
FDM										
FDSA	51									
FDS	51	62								
FSJ	15	22	23							
FSJM	24	31	30	14						
GA	10	9	10	5	6					
PI	7	7	7	4	5	2				
RA	10	10	10	6	6	3	2			
RIP	25	29	28	7	14	5	3	9		
TF	34	38	40	17	22	7	6	9	20	

Tableau VIII. Indice de similitude de NNESS entre les faciès de végétation.

FDPM: Forêt dense mature ; FDSA : Forêt dense secondaire âgée ; FDS : Forêt dense secondaire ; FSJ : Forêt secondaire jeune ; FSJC : Forêt secondaire jeune clairsemée; RIP : Forêt ripicole ; RAP : Raphiale ; GA : Fourré galerie ; CL : Clairière (Prairie marécageuse) ; PI : Piste forestière ; TF : Trouée forestière ; TF-él : Trouée forestière à éléphant

	NNESS (k = 20)										NNESS(k = 100)									
	FDM	FDSA	FDS	FSJ	FSJC	GA	PI	RA	RIP	TF	FDM	FDSA	FDS	FSJ	FSJC	GA	PI	RA	RIP	TF
FDSA	0,61										0,53									
FDS	0,60	0,63									0,52	0,57								
FSJ	0,27	0,27	0,35																	
FSJC	0,33	0,37	0,39	0,34																
GA																				
PI																				
RA	0,20	0,14	0,18	0,21	0,14															
RIP	0,36	0,29	0,29	0,17	0,21		0,23													
TF	0,51	0,55	0,56	0,41	0,46			0,22	0,25											

III.1.1.3. Hauteur de la canopée

Une différence significative a été obtenue de la comparaison des hauteurs moyennes de la canopée dominante des différents types de végétation (ANOVA ; ddl =10 ; F= 39,1 ; p< 0,00). Le test de Newman-keuls a ensuite permis de différencier les groupes homogènes. La forêt dense mature (FDM) est clairement différenciée (Fig. 16, tableau IX).

Tableau IX. Hauteur de la canopée des différents faciès.

FDPM: Forêt dense mature ; FDSA : Forêt dense secondaire âgée ; FDS : Forêt dense secondaire ; FSJ : Forêt secondaire jeune ; FSJC : Forêt secondaire jeune clairsemée; RIP : Forêt ripicole ; RAP : Raphiale ; GA : Fourré galerie ; CL : Clairière (Prairie marécageuse) ; PI : Piste forestière ; TF : Trouée forestière ; TF-él : Trouée forestière à éléphant

Végétation	Hauteur (m)					
	N	Moy	Min	Max	Ecart-T	CV
FDM	59	32	20	60	8	26
FDSA	92	27	10	40	5	19
FDS	82	20	5	25	4	20
FSJ	22	11	3	25	6	56
FSJC	34	6	3	15	3	53
GA	8	7	2	10	3	44
PI	3	16	3	35	12	76
RAP	43	11	5	20	5	42
RIP	39	21	3	35	7	35
TF	11	11	2	40	9	82
TF-el	41	11	2	45	10	84

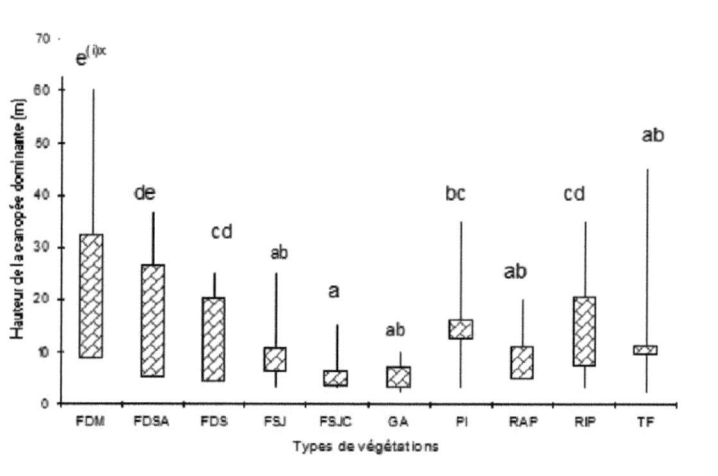

Fig. 16. Distribution de la hauteur de la canopée dominante dans les différents faciès de végétation.

(i) : les lettres différentes indiquent les différences significatives

FDM : Forêt dense mature ; FDSA : Forêt dense secondaire âgée ; FDS : Forêt dense secondaire ; FSJ : Forêt secondaire jeune ; FSJC : Forêt secondaire jeune clairsemée; RIP : Forêt ripicole ; RAP : Raphiale ; GA : Fourré galerie ; CL : Clairière (Prairie marécageuse) ; PI : Piste forestière ; TF : Trouée forestière.

III.1.1.4. Recouvrement de végétation

Le tableau X suivant donne les différents indices de recouvrement de la végétation à différentes hauteurs. Les formations secondaires jeunes sont caractérisées par une forte couverture des strates inférieures (< à 10 m de hauteur). De manière globale, la forêt mature est autant couverte que les forêts denses secondaires (Fig. 17).

Tableau X. Indice de recouvrement des différents faciès de végétation à différentes classes d'hauteurs.

FDPM: Forêt dense mature ; FDSA : Forêt dense secondaire âgée ; FDS : Forêt dense secondaire ; FSJ : Forêt secondaire jeune ; FSJC : Forêt secondaire jeune clairsemée; RIP : Forêt ripicole ; RAP : Raphiale ; GA : Fourré galerie ; CL : Clairière (Prairie marécageuse) ; PI : Piste forestière ; TF : Trouée forestière.

Classes hauteurs (m)	Types de végétation									
	FDM	FDSA	FDS	FSJ	FSJC	RIP	RAP	GA	TF	PI
2 à 9 m	15,1	15,56	44	85	100	34,2	66,7	10	76,4	66,67
10 à 19 m	66	60	79,8	22	0	50	10	0	9,09	16,67
> à 19 m	49,1	44,44	9	0	0	7,89	0	0	7,27	16,67
% de couverture global	43,4	40	44,2	33	17,54	30,7	25,6	30	83,6	33,3
% sans couvert	0,63	1,111	0,37	1,2	0	7,29	5,56	3,7	6,67	0,00

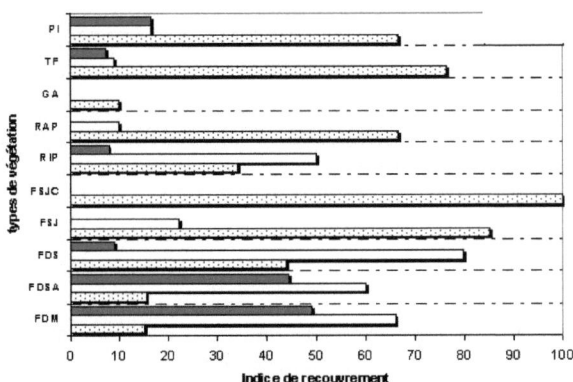

Fig. 17. Indice de recouvrement des différents faciès de végétation par strate.

FDM : Forêt dense mature ; FDSA : Forêt dense secondaire âgée ; FDS : Forêt dense secondaire ; FSJ : Forêt secondaire jeune ; FSJC : Forêt secondaire jeune clairsemée; RIP : Forêt ripicole ; RAP : Raphiale ; GA : Fourré galerie ; CL : Clairière (Prairie marécageuse) ; PI : Piste forestière ; TF : Trouée forestière ; TF-él : Trouée forestière à éléphant

☐ 2 -- 9   ☐ 10 -- 19   ■ >19

III.1.1.5. Abondance et distribution des Marantacées et des Zingibéracées dans les différents faciès de végétation

Le test de la variance a montré une distribution non homogène de l'abondance des espèces des familles de Marantacées et de Zingibéracées dans les différents faciès de la végétation (ANOVA, ddl = 10 ; F= 3,037 ; p= 0,001). Toutefois, l'analyse post-hoc par le test de Newman-keuls des échantillons deux à deux, permet de différencier uniquement la forêt dense secondaire des autres types de végétation. Pour le reste, les différences non significatives ont été observées (tableau XI).

Tableau XI. Comparaison de l'abondance des Marantacées et des Zingibéracées dans les différents types de végétation (Test post-hoc de Newman-keuls).
FDM : Forêt dense mature ; FDSA : Forêt dense secondaire âgée ; FDS : Forêt dense secondaire ; FSJ : Forêt secondaire jeune ; FSJC : Forêt secondaire jeune clairsemée; RIP : Forêt ripicole ; RAP : Raphiale ; GA : Fourré galerie ; CL : Clairière (Prairie marécageuse) ; PI : Piste forestière ; TF : Trouée forestière ; TF-él : Trouée forestière à éléphant
* différence significative (P< 0,05)   ** différence très significative (P<0,01)

	FDM	FDS	FDSA	FSJ	FSJC	GA	PI	RAP	RIP	TF
FDM										
FDS	0,04*									
FDSA	0,28	0,25								
FSJ	0,94	0,03*	0,34							
FSJM	0,96	0,01**	0,26	0,96						
GA	0,81	0,00**	0,08	0,83	0,58					
PI	0,82	0,00**	0,08	0,86	0,79	0,93				
RAP	0,94	0,02*	0,28	0,81	0,96	0,85	0,90			
RIP	0,78	0,04*	0,21	0,93	0,93	0,71	0,71	0,91		
TF	0,95	0,02*	0,27	0,92	0,91	0,78	0,87	0,88	0,92	
TF-él	0,93	0,04*	0,36	0,81	0,95	0,79	0,81	0,88	0,93	0,92

La figure 18 suivante donne l'abondance moyenne par relevé des Marantacées et des Zingibéracées par type de végétation. Cette dernière est obtenue en faisant le rapport de la somme totale des coefficients d'abondance (convertis suivant la table de Van der Maarel) des espèces de Zingiberacées ou de Marantacées et le nombre total de relevés par type de végétation.

Le sous-bois des formations forestières secondaires est marqué par une forte présence des espèces de Marantacées et de Zingibéracées. Les Zingibéracées sont nettement moins présentes dans la forêt mature.

La plus grande valeur de la richesse spécifique des Marantacées et des Zingibéracées est observée dans les forêts à sous-bois humide (notamment les forêts ripicoles) (tableau XIII).

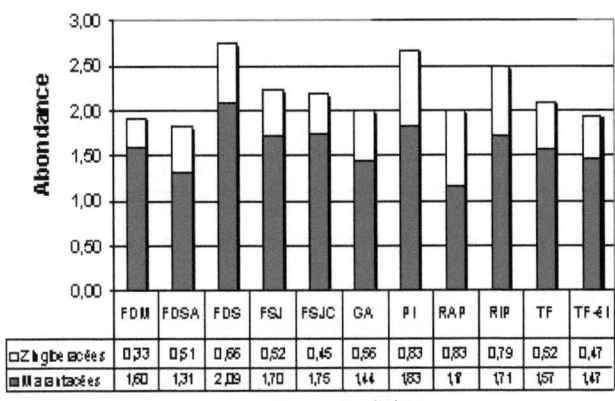

Fig. 18. Abondance des Marantacées et des Zingibéracées dans les différents types de végétation.

FDM : Forêt dense mature ; FDSA : Forêt dense secondaire âgée ; FDS : Forêt dense secondaire ; FSJ : Forêt secondaire jeune ; FSJC : Forêt secondaire jeune clairsemée; RIP : Forêt ripicole ; RAP : Raphiale ; GA : Fourré galerie ; CL : Clairière (Prairie marécageuse) ; PI : Piste forestière ; TF : Trouée forestière ; TF-él : Trouée forestière à éléphant

■ Marantacées □ Zingiberacées

Le tableau XII ci-desous donne par faciès de végétation, l'importance des espèces de Marantacées et de Zingibéracées. Les espèces d'*Aframomum* apparaissent comme des marqueurs des formations secondaires jeunes et perturbées. Les espèces de Marantacées suivantes : *Ataenidia conferta, Megaphrynium macrostachyum, Thalia welwitschii,* sont caractéristiques des formations forestières intermédiaires.

Haumania danckelmaniana est aussi bien présente dans les formations forestières secondaires que matures. *Marantochloa purpurea et Marantochloa holostachya* sont caractéristiques des formations édaphiques sur sols hydromorphes.

Tableau XII. IVI (Important value Index) des espèces de Marantacées et de Zingibéracées dans les différents types de végétation.

FDM : Forêt dense mature ; FDSA : Forêt dense secondaire âgée ; FDS : Forêt dense secondaire ; FSJ : Forêt secondaire jeune ; FSJC : Forêt secondaire jeune claisemée; RIP : Forêt ripicole ; RAP : Raphiale ; GA : Fourré galerie ; CL : Clairière (Prairie marécageuse) ; PI : Piste forestière ; TF : Trouée forestière ; TF-él : Trouée forestière à éléphant

Végétation	FDM	FDS	FDSA	FSJ	FSJC	GA	PI	RAP	RIP	TF	TF-él
Nombre de relevé	59	92	82	22	34	8	3	43	39	11	42
Richesse spécifique	12	13	11	12	11	11	9	13	18	12	13
Nom latin espèces						Importance Value Index (IVI)					
Aframomum spp.	45,1	76,6	33,8	103	72,4	99,3	104	46,5	66,2	110	102
Ataenidia conferta (K. Schum.) K. schum.	35	89,2	76,4	83	102	90,2	91,7	23	61,9	50,8	68,3
Costus dewevrei De Wild. & T.Durand	0	2,77	0	0	0	0	0	8,04	3,2	0	3,34
Costus dinklagei K.Schum.	0	0	0	0	0	0	0	35	28,8	0	0
Halopegia azurea (K. Schum.) K. Schum	0	0	0	0	0	13,1	0	86	27,1	0	0
Haumania danckelmaniana (J. Braun & K. Schum.) Milne Red-h.	132	117	127	110	129	102	68,8	8,04	44,8	124	148
Hypselodelphys scadens Loius & Mullend	21,5	31,9	23,5	33,5	28,3	13,1	72,9	4,02	19,2	10,5	23,4
Hypselodelphys zenkeriana (K.Schum.) Milne Red-h.	2,64	8,32	3,14	8,69	16,7	24,2	18,8	39,6	18	5,74	0
Marantochloa cordifolia (K.Schum.) Koechlin	0	0	0	0	0	0	0	8,04	6,59	0	0
Marantochloa filipensis (Benth.) Hutch.	0	1,39	0	0	0	18,8	0	0	0	0	0
Marantochloa holostachya (Bak.) Hutch.	3,85	0	0	4,34	0	0	0	0	10,3	0	0
Marantochloa purpurea (Ridl.) Milne Red-h.	0	0	0	0	0	13,1	0	128	60	0	0
Megaphrynium macrostachyum (Benth.) Milne Red-h.	7,91	27,2	23,5	68,2	78,3	52,3	68,8	0	18,6	51,8	29,3
Megaphrynium trichogynum Koechlin	7,91	13,6	3,82	8,69	10,8	0	0	9,59	5,74	2,94	
Renealmia spp.	2,64	6,67	3,14	4,34	11,7	13,1	0	0	12,2	5,74	0
Sarcophrynium brachystachys (benth.) K.Schum.	7,91	6,93	12,5	4,34	0	11,1	18,8	4,02	9,02	23	0
Sarcophrynium prionogonium K.Schum.	7,91	12,2	7,84	4,34	11,7	0	0	3,45	9,59	5,74	6,29
Sarcophrynium schweinfurthianum (kuntze) Milne Red-h.	52,3	51	48,4	45,2	28,3	24,2	37,5	26,4	73,3	49,7	42,7
Thalia welwitschii Ridl.	0	0	0	0	5,83	0	0	0	0	0	0
Trachyphrynium braunianum (K. Schum.) Baker	0	0	0	0	0	0	0	0	3,2	0	0

Le calcul de l'*Importance Value Index* (IVI) ici, prend en compte uniquement la fréquence et la densité relative. Les Marantacées et les Zingibéracées sont plus abondantes dans les faciès perturbés de la végétation. Elles sont aussi bien représentées dans les forêts à sous-bois et sols humides. Leur abondance diminue avec la maturité de la forêt.

III.1.1.6. Carte de l'analyse factorielle

La carte de l'analyse multivariée obtenue après la mise en commun des données de la composition et de l'abondance floristique de chaque faciès de la végétation, révèle une opposition entre les formations jeunes et la forêt dense secondaire âgée et mature (Fig. 19).

Les axes 1 et 2 contribuent respectivement à 24,5 % et 15,6 % à expliquer la variance observée entre les différents faciès. L'isolement de la forêt ripicole marque la forte influence du facteur édaphique lié au caractère hydromorphe du sol.

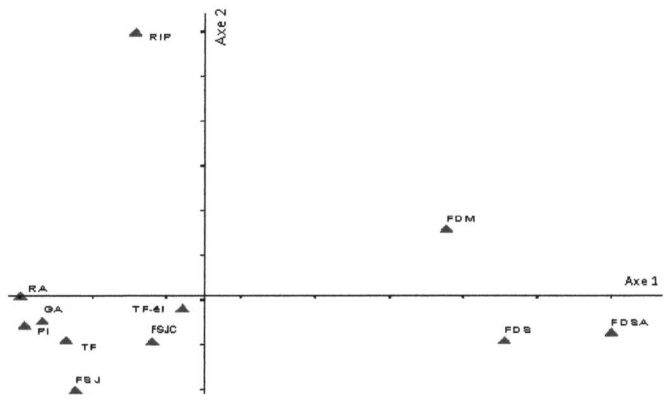

Fig. 19. Carte d'analyse factorielle (PCA) des différents types de végétation basée sur la composition floristique de l'ensemble des deux sites (Mimpala et Dingué).

FDM : Forêt dense mature ; FDSA : Forêt dense secondaire âgée ; FDS : Forêt dense secondaire ; FSJ : Forêt secondaire jeune ; FSJC : Forêt secondaire jeune claisemée; RIP : Forêt ripicole ; RAP : Raphiale ; GA : Fourré galerie ; CL : Clairière (Prairie marécageuse) ; PI : Piste forestière ; TF : Trouée forestière ; TF-él : Trouée forestière à éléphant

III.1.1.7. Distribution des réseaux de pistes d'éléphants

L'action des éléphants est très marquée dans les deux sites, en moyenne 2,68 réseaux de pistes /km ont été recensés dans le site 1 (Mimpala) contre 3,74/km dans le site 2 (Dengué). Dans la forêt ripicole, la forêt marécageuse et les clairières, les empreintes sont denses et omniprésentes. Ces milieux ne se prêtent pas au dénombrement des pistes d'éléphants et n'ont donc pas été pris en compte dans l'estimation.

Les réseaux de pistes d'éléphants recensés ne présentent pas une distribution au hasard au sein de la végétation (χ^2 = 34 ; p< 001) (tableau XIII).

Tableau XIII. Répartition réseaux de pistes d'éléphants dans les différents types de végétation.

Type de végétation	Nombre piste éléphants		Indice préférence
	Observée (O)	Théorique (T)	(O-T)/T
Forêt dense mature	60	62,16	-0,03475
Forêt dense secondaire âgée	89	75,48	+0,17912
Forêt dense secondaire	121	99,9	+0,21121
Forêt secondaire jeune	48	28,86	+0,66320
Forêt secondaire jeune clairsemée	47	42,18	+0,11427
Ancienne piste forestière	6	2,22	+1,70270
Trouée forestière	58	39,96	+0,45145
ddl= 6 ; Chi-2 = 34,7; p< 001			

En considérant l'indice de préférence de visite d'un type de végétation par les éléphants, on remarque qu'ils ont une préférence pour les formations forestières jeunes dont les anciennes pistes forestières et les trouées forestières (Fig. 20). 194 trouées ont été recensées avec environ 2 trouées/km. Dans 35 % des cas, ces trouées ont été perturbées par les éléphants (réseaux de pistes, empreintes, arbres cassés/écorcés). Ils contribuent ainsi par leurs actions à agrandir ou à entretenir ces trouées.

Le faible indice de préférence observé pour les forêts secondaires jeunes "clairsemées" est contraire aux résultats auxquels on se serait attendu. En effet ce faciès de la végétation constitue une niche alimentaire importante pour les éléphants. Ces derniers l'utilisent pour leur alimentation et donc n'y développent pas nécessairement de réseaux permanents de pistes.

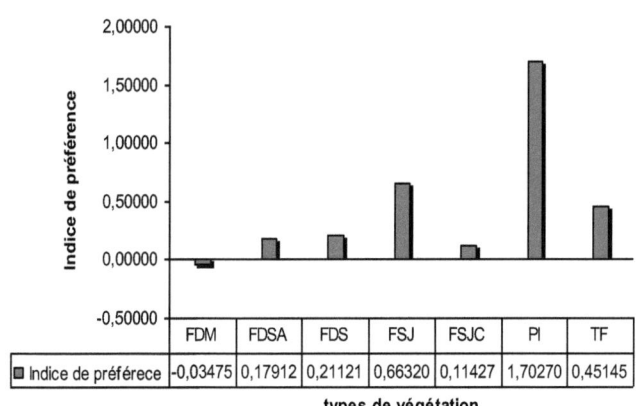

Fig. 20. Indices de préférence de visite des différents types de végétation par les éléphants, sur base de la densité des réseaux de pistes.

FDM : Forêt dense mature ; FDSA : Forêt dense secondaire âgée ; FDS : Forêt dense secondaire ; FSJ : Forêt secondaire jeune ; FSJC : Forêt secondaire jeune clairsemée; PI : Piste forestière ; TF : Trouée forestière

28 espèces de plantes consommées par les éléphants ont été recensées tout au long des transects (tableau XIV).

Tableau XIV. Quelques espèces dont les organes végétatifs (écorces, tige, feuilles) sont consommés par les éléphants.

Espèces	Forme biologique	Partie consommée	Nbre de fois Observées	Fréquence
Petersianthus macrocarpus	Grand arbre	Ecorce	52	25,0
Pentaclethra macrophylla	Grand arbre	Ecorce	40	19,2
Abizia adianthifolia	Arbre moyen	Ecorce	14	6,7
Antrocaryon klaineanum	Grand arbre	Ecorce	12	5,8
Ompholocarpum procerum	Grand arbre	Ecorce	10	4,8
Amphimas pterocarpoides	Grand arbre	Ecorce	8	3,8
Cylicodiscus gabunensis	Grand arbre	Ecorce	8	3,8
Gambeya lacourtiana	Grand arbre	Ecorce	6	2,9
Irvingia grandifolia	Grand arbre	Ecorce	6	2,9
Pteleopsis hylodendron	Arbre moyen	Ecorce	6	2,9
Caloncoba glauca	Arbuste	Feuille	4	1,9
Macaranga barteri	Arbre moyen	Ecorce	4	1,9
Plagiostyles africana	Arbre moyen	Feuille	4	1,9
Tetracera podotricha	Liane (à eau)	Ecorce	4	1,9
Tetrapleura tetraptera	Arbre moyen	Ecorce	4	1,9
Allanblackia floribunda	Arbre moyen	Ecorce	2	1,0
Abizia glaberrima	Arbre moyen	Ecorce	2	1,0
Anonidium mannii	Arbre moyen	Ecorce	2	1,0
Milicia excelsa	Grand arbre	Ecorce	2	1,0
Cissus dinklagei	Liane (à eau)	Tige	2	1,0
Drypetes sp.	Arbuste	Feuille	2	1,0
Entandrophragma angolense	Grand arbre	Ecorce	2	1,0
Annikia chlorantha	Arbre moyen	Ecorce	2	1,0
Entada gigas	Liane	Ecorce	2	1,0
Erythrophleum suaveolens	Grand arbre	Ecorce	2	1,0
Irvingia gabonensis	Grand arbre	Ecorce	2	1,0
Lecaniodiscus cupanioides	Arbre moyen	Ecorce	2	1,0
Greenwayodendron suaveolens	Arbre moyen	Ecorce	2	1,0

III.1.1.8. Indices d'anciennes présences humaines dans la forêt

Près d'une soixantaine d'indices visibles de l'action de l'homme dans un passé plus ou moins récent a été rencensée. Les *ngùla*, vestiges de fosses utilisées par les ancêtres *Badjoué* pour la chasse, et les taches de grands palmiers étaient les plus présents avec respectivement 43 % et 28 % des indices recensés (tableau XV).

Tableau XV. Indice d'anciennes présences humaines dans la forêt.

⁽ⁱ⁾*ngùla* : fosses/ tranchées anciennement utilisées comme pièges d'animaux.
⁽ⁱⁱ⁾ Autres : grands pieds de Fromager (*Ceiba pentandra*) et d'Essesang (*Ricinodendron heudelotii*) et des pieds d'hévéa sauvage (*Funtumia elastica*) avec d'anciennes cicatrices de saignées.

Végétation	Indices d'anciens Sites				Total
	Ngùla$^{(i)}$	Taches grands palmiers	Parasoleraies	Autres$^{(i)}$	
Forêt dense secondaire	13	10	1	9	33
Forêt dense secondaire âgée	5	2	0	2	9
Forêt secondaire jeune	8	2	2	3	15
Forêt secondaire jeune clairsemée	6	7	2	2	17
Total	32	21	5	16	74

III.1.1.9. Description des différents faciès de la végétation

III.1.1.9.1. Faciès de forêt dense mature

Cette forêt présente la physionomie typique des forêts denses humides. Elle est caractérisée par son sous-bois ouvert. La strate arbustive (6 m et moins) est dominée par les espèces des genres *Rinorea* et *Drypetes*. Les espèces telles que: *Trichilia rubescens*, *Microdesmis puberula*, *Diospyros hoyleana* sont bien présentes dans cette strate. Les Marantacées et Zingibéracées sont peu présentes dans le sous-bois. Elles apparaissent toujours de façon éparse, très diffuse. La strate arborescente moyenne (comprise entre 25 et 35 m) est constituée d'arbres dont les cimes forment la canopée dominante plus ou moins continue (tableau X). Plusieurs espèces y sont dénombrées. Les plus abondantes sont: *Carapa procera*, *Greenwayodendron suaveolens*, *Heisteria zimmereri*, *Pentaclethra macrophylla*, *Plagiostyles africana*, *Strombosia pustulata*, *Strombosiopsis tetrandra*. Parmi les espèces d'arbres juste inférieures à cette strate on trouve majoritairement, *Santiria trimera, Anthonotha macrophylla, Calpocalyx* sp. Les émergents (35 m et plus) de diamètre supérieurs à 90 cm sont représentés par les espèces telles que: *Piptadeniastrum africanum, Pachyelasma tessmannii, Uapaca paludosa Omphalocarpum procerum*...

Cette forêt se situe généralement sur les pentes non loin des cours d'eau. La présence de grandes lianes y est aussi très caractéristique.

III.1.1.9.2. Faciès de forêt dense secondaire âgée

Cette forêt présente à première vue l'aspect de la forêt dense mature. Cependant, quelques traits caractéristiques l'en distinguent. Le sous-bois est plus ou moins ouvert avec des taches de Marantacées dont les plus fréquentes sont: *Ataenidia conferta, Sarcophrynium schweinfurtii.* La canopée dominante se situe entre 20 et 30 m. Elle est dominée par les espèces de la famille des Annonacées (*Greenwayodendron suveolens, Anonidium mannii, Annikia chlorantha* par ordre d'abondance). Les autres espèces bien fréquentes dans cette strate sont: *Strombosiopsis tetrandra, Heisteria zimmereri, Plagiostyles africana, Uapaca* spp.. Dans la strate arborescente inférieure (< 20 m) on trouve encore des espèces telles que: *Myrianthus arboreus, Maesobotrya klaineanum* qui sont très caractéristiques des formations secondaires jeunes.

Les émergents peu présents sont constitués par les espèces suivantes: *Nauclea diderrichii, Terminalia superba, Uapaca paludosa, Cola lateritica, Alstonia boonei.* On rencontre par endroit des taches inextricables dominées par les espèces lianescentes notamment, *Laccosperma secundiflorum.* De nombreux auteurs considèrent ce faciès comme une variante de la forêt dense primaire.

Cependant de nombreux indices d'anciennes présences humaines tels que : des vestiges de grandes fosses d'antan utilisées comme piège et appelés *ngùla* chez les *Badjoué*, les taches de grands palmiers en plein forêt atteignant 25 à 30 m de haut, recensés dans ce faciès permettent d'affirmer que ce dernier résulte non seulement de la dynamique de reconstitution interne de la forêt suites aux phénomènes naturels, mais aussi des perturbations d'origine anthropique dans un passé plus ou moins récent.

III.1.1.9.3. Faciès de forêt dense secondaire

Cette forêt se distingue particulièrement de la précédente par son sous-bois plus riche et plus diversifié en Marantacées. On y note la présence de grandes taches d'*Ataenidia conferta* ou de *Sarchophrynium* spp. Les autres Marantacées fréquemment rencontrées sont: *Haumania danckelmaniana, Megaphrynium macrostachyum.*

Alchornea floribunda (Euphorbiacée) en association à quelques Acanthacées telles que: *Mariopsis* sp. sont des arbrisseaux fréquemment rencontrés dans le sous bois.

La structure de ce faciès est caractérisée par deux strates (< à 10m et celle comprise entre 10 et 20m) ; la strate arborescente supérieure étant pratiquement absente (tableau X).

La strate arborescente (comprise entre 15 et 20 m) constitue la canopée dominante. Celle-ci peut cependant atteindre 30m. Les espèces suivantes y sont fréquentes: *Myrianthus arboreus, Greenwayodendron suaveolens, Strombosiopsis tetrandra, Corynanthe pachyceras, Plagiostyles africana, Anonidium mannii, Funtumia elastica.* Les émergents très discontinus sont caractérisés par: *Petersianthus macrocarpus, Duboscias macrocarpus, Distemonanthus benthamianus, Uapaca paludosa.* La strate arbustive est dominée par *Tabernaemontana crassa.*

III.1.1.9.4. Faciès de forêt secondaire jeune

Elle est caractérisée par son sous-bois touffu, avec une abondance de Marantacées et de Zingiberacées. Ce sont notamment: *Haumania danckelmaniana, Ataenidia conferta, Aframomum* spp. On note la présence abondante des arbustes suffrutescents telles que *Alchornea laxiflora, Alchornea floribunda.* La strate dominante atteint à peine 15 m et est dominée par *Tabernemontana crassa.* On note également la présence des espèces telles que: *Myrianthus arboreus, Desplatsia* spp., *Zanthoxylum gilletii.* De ce fourré émergent très rarement quelques individus encore en croissance des espèces telles que : *Pycnanthus angolensis, Petersianthus macrocapus, Funtumia elastica, Celtis mildbraedii.*

III.1.1.9.5. Faciès de forêt secondaire jeune clairsemée

Le sous-bois est très touffu. Les Marantacées et les Zingibéracées y sont abondantes et dominées par les espèces suivantes: *Haumania danckelmaniana, Hypselodelphis* spp., *Aframomum* spp.. La hauteur de la strate dominante très continue, atteint à peine 10 m. Les arbustes sont dominés par *Tabernaemontana crassa.* On note ici la présence de nombreuses traces d'éléphants (empreintes de pattes au sol, jeunes arbustes cassés à hauteurs de 2 à 5 m) ; la végétation immédiatement avoisinante est celle des forêts secondaires plus âgées ; les arbres qui émergent de la couche dense inextricable du sous-bois apparaissent de manière très isolés, sont de grande taille (pouvant atteindre 30m et plus) et sont plus caractéristiques des forêts secondaires âgées. Ce sont: *Celtis mildbraedii, Discoglypremna caloneura, Pentaclethra macrocarpa.* Au-dessus de 5 à 10m, on observe une grande ouverture qui lorsqu'elle n'est pas entrecoupée par les poches de forêt secondaire peut aller jusqu'à 300 m.

III.1.1.9.6. Raphiale

Cette formation végétale est dominée sur un sol très hydromorphe par les espèces du genre *Raphia* et notamment par le *Raphia monbuttorum* dont le feuillage forme une couche plus ou moins continue à 10m environ de hauteur. La densité des arbres ici est très faible. Les quelques espèces qu'on y rencontre sont entre autre: *Strombosiopsis tetrandra, Uapaca* spp.. Quelques espèces de Marantaceées, de Zingiberacées et de Costacées y sont caractéristiques : *Halopegia azura, Marantochloa purpurea, Costus dinklagei, costus dewerei, Costus lucanusianus.*

III.1.9.7. Faciès de forêt ripicole

C'est un faciès de la forêt dense humide qui borde les cours d'eau. Il se caractérise aussi comme la forêt des zones de transition entre la forêt de terre ferme et les raphiales. Cette forêt est périodiquement inondée. Le degré d'hydrophilie du sol suit un gradient de plus en plus important quand on va de la berge de la forêt de terre ferme vers la raphiale. La densité des arbres ici est plus grande que dans les raphiales et la canopée dominante se situe généralement entre 15 et 20 m. On note la présence des grands arbres dont les plus fréquents sont: *Pterocarpus soyauxii, Strombosiopsis tetrandra, Uapaca guineensis, Macaranga schweinfurthii.* Les arbustes assez fréquents sont: *Lasiodiscus manni, Rinorea oblongifolia, Anthonotha macrophylla.* La plus grande diversité de Marantacées et de Zingibéracées est observée dans cette forêt où on rencontre à la fois les espèces caractéristiques de forêt de terre ferme et de raphiale. Les espèces les plus abondantes sont: *Ataenidia conferta, Marantochloa purpurea* et *Halopegia hazurea.*

III.1.1.9.8. Piste forestière

La végétation de la piste forestière du site date à peine d'une quinzaine d'années. Elle est caractérisée par une forte densité des Marantacées et des Zingiberacées. Les espèces d'arbres rencontrées varient en fonction de la grandeur de la piste et de l'âge. Sur des piste plus ou moins grandes les arbustes rencontrés sont essentiellement pionnières (*Macaranga* spp., *Xylopia aethiopica, Glyphaea brevis...*) ou encore des gaulis d'espèces héliophiles longevives telles que: *Terminalia superba, Xylopia hypolampra.* Sur des pistes beaucoup plus petites ou des bretelles, on dénote encore une prédominance des espèces résiduelles de la forêt avoisinante telles que: *Anonidium mannii, Strombosiopsis tetrandra.*

III.1.1.9.9. Trouées forestières

Ce sont des chablis naturels créés par la chute de grands arbres et dont la cicatrisation passe par une phase initiale très dense dominée par *Haumania danckelmaniana*. En fonction de la grandeur de la trouée, on y rencontre les Zingibéracées (*Aframomum* spp.). Ces trouées sont généralement envahies par *Laccosperma secundiflorum* (le phénomène de phototropisme positif étant très marqué) et/ou par *Barteria nigritana* var. *fistulosa* dont la fourmi qui y est inféodée (*Tetraponera aethiops*) contribue à maintenir l'ouverture en empêchant la croissance de toute autre espèce sur un rayon de près de 5m.

Les trouées qui représentent près de 2 % de la couverture forestière contribuent à modifier la morpho-structure de la forêt. Pour l'ensemble des deux sites, en moyenne 2 chablis/km y inclus ceux perturbés par les éléphants ont été comptabilisés.

III.1.1.9.10. Trouées forestières à éléphant

Ce sont des poches d'ouvertures créées dans la forêt par les éléphants. Elles peuvent aussi résulter de l'agrandissement d'un chabli naturel par les éléphants. Elles s'étalent généralement sur un rayon compris entre 5 et 15 m et représentent une proportion non négligeable du site d'étude. Elles sont également caractérisées par un sous-bois dense dominé par les Marantacées et les Zingibéracées. Ces trouées sont assez fréquentes sous de grands arbres tels que: *Duboscia macrocarpa, Antrocaryon klaineanum,* dont les éléphants consomment les fruits.

III.1.1.9.11. Fourré galerie

C'est une végétation touffue qu'on rencontre quelquefois sur les berges des cours d'eau. Elle atteint à peine 10 m de haut et est essentiellement constituée d'espèces suffrutescentes (*Alchornea floribunda, Alchornea cordifolia*) et lianescentes (*Maniophyton fulvum*). Marantacées et Zingibéracées y sont présentent mais pas en taches denses. Les grands arbres y sont pratiquement absents ou très épars. On y note la présence quelquefois des rotangs (*Lacospema secundiflorum, Eremospatha macrocarpa*).

III.1.1.9.12. Clairière (Prairie marécageuse)

Ces prairies marécageuses se retrouvent dans les enclaves mal drainées, généralement dans les raphiales. Elles y sont distribuées en poches de rayon variant entre 5 et 40m (pour les plus grandes). Elles apparaissent comme l'une des phases initiales d'une dynamique d'atterrissement (comblement) des bas-fonds marécageux résultant des phénomènes géomorphologiques aboutissant, à la mise en place des raphiales ou des forêts ripicoles. Elles peuvent aussi résulter d'un phénomène de succession régressive suite à la création de grandes ouvertures dans les raphiales du fait de l'action des éléphants.

La végétation ici est essentiellement constituée des herbacées, dominées par les Cypéracées, les Poacées et les Fougères. De ces espèces on peut citer: *Kyllinga tenuifolia, Fuirena umbellata, Rhynchospora corymbosa (Cyperaceae), Acroceras zizaznioides (Poaceae), Cyclosorus gonglyodes, Pteris* sp. (Fougère). Une rubiacée semi-ligneuse, *Stipularia africana* est également très fréquente dans ces prairies.

Tableau XVI. Liste des espèces recensées et fréquence d'apparition dans les différents types de végétation dans les sites de Mimpala et de Dingué.

Classes de fréquence d'apparition
- - : Espèces non présentes dans les relevés
- + : Espèces présentes dans 1 – 4 % des relevés
- I : Espèces présentes dans 5 - 9 % des relevés
- II : Espèces présentes dans 10 -14 % des relevés
- III : Espèces présentes dans 15 – 19 % des relevés
- IV : Espèces présentes dans 20 - 24 % des relevés
- V : Espèces présentes dans 25 % ou plus des relevés

FDM : Forêt dense mature ; FDSA : Forêt dense secondaire âgée ; FDS : Forêt dense secondaire ; FSJ : Forêt secondaire jeune ; FSJC Forêt secondaire jeune clairsemée ripicole ; RAP : Raphiale ; GA : Fourré galerie ; CL : Clairière (Prairie marécageuse) ; PI : Piste forestière ; TF : Trouée forestière ; TF-él : Trouée forestière à éléphant

Noms latins	Familles	Mimpala (Site 1)											Dengue (Site 2)									
		Site1	FDM	FDSA	FDS	FSJ	FSJM	GA	RA	RIP	TF	TF-él	PI	Site 2	FDM	FDSA	FDS	FSJ	FSJM	GA	RA	RIP	TF	TF-él
Nombre de relevés		225	33	40	50	6	16	3	26	17	8	23	3	210	26	42	42	16	18	5	17	22	3	19
Nombre d'espèces recensées		132	54	62	60	19	23	5	9	32	12	34	9	145	53	63	62	22	22	8	10	37	9	27
Nombre d'individus recensés		617	115	134	164	26	38	5	12	43	16	54	10	605	98	145	144	43	35	9	15	70	10	36
L'indice de Shannon-Wiener (H')		5,49	3,72	3,89	3,67	2,67	3,07	1,61	2,27	3,34	2,51	3,38	2,16	5,4	3,85	3,75	3,67	2,89	2,83	2,04	2,15	3,34	2,16	2,96
Indice de Simpson (D)		0,01	0,33	0,03	0,04	0,09	0,06	0,2	0,11	0,04	0,09	0,04	0,12	0,01	0,03	0,04	0,05	0,07	0,09	0,14	0,14	0,05	0,12	0,09
Equitabilité de Piélou (Q)		0,83	0,79	0,81	0,77	0,74	0,71	0,7	0,76	0,8	0,77	0,8	0,75	1,15	0,82	0,77	0,76	0,77	0,75	0,71	0,72	0,77	0,75	0,75

Noms latins	Familles	Site1	FDM	FDSA	FDS	FSJ	FSJM	GA	RA	RIP	TF	TF-él	PI	Site 2	FDM	FDSA	FDS	FSJ	FSJM	GA	RA	RIP	TF	TF-él
Afzelia bella Harms	Caesalpiniacées	-	-	+	-	-	-	-	-	-	-	-	-	-	-	+	+	-	-	-	-	-	-	-
Albizia adianthifolia (Schum).W.F. Wight	Mimosaceae	-	-	-	-	-	-	-	-	-	-	+	-	-	-	+	-	-	-	-	-	-	-	-
Albizia glaberrima (Schum&Thonn.) Benth	Mimosaceae	-	-	-	-	-	-	-	-	I	-	-	-	-	I	-	-	-	-	-	-	I	-	-
Alchornea laxiflora (Benth.) Pax&K;-Hoffm.	Euphorbiaceae	-	-	-	-	I	-	-	-	-	-	-	-	-	-	-	-	-	-	-	-	-	-	-
Allanblackia floribunda Oliv.	Clusiaceae	-	-	-	-	-	-	-	-	-	-	-	-	-	+	-	-	-	-	-	-	-	-	-
Allophylus africanus P.Beauv.	Sapindaceae	-	-	-	-	-	-	-	-	-	-	-	-	-	-	-	-	-	II	-	-	-	-	-
Allophylus sp.	Sapindaceae	-	-	-	-	I	-	-	-	-	-	-	-	-	-	-	-	-	-	-	-	-	-	-
Alstonia boonei De Wild.	Apocynaceae	-	-	+	-	-	-	V	-	-	-	-	-	-	-	-	+	-	-	-	-	-	-	-
Amphimax pterocarpoides Harms	Papilionaceae	-	-	-	-	-	-	-	-	-	-	-	-	-	+	-	+	-	I	-	-	-	-	-

102

Species	Family											
Angylocalyx pynaertii De Wild.	Papilionaceae	-	-	-	-	-	-	-	+	-	-	-	-
Anonidium mannii (Oliv.)Engl.&Diels	Annonaceae	I	II	-	-	I	-	-	+	-	-	II	-
Anopyxis klaineana (Pierre) Engl.	Anisophylleaceae	-	-	-	-	-	-	-	+	-	-	-	I
Anthonotha cladantha (Harms) Léonard	Caesalpiniacées	II	+	-	-	+	-	-	-	-	-	-	-
Anthonotha macrophylla Pal. Beauv.	Caesalpiniacées	-	-	-	-	-	-	-	-	-	I	-	-
Antidesma lachriatum Müll Args ubsp) laciniatum	Euphorbiaceae	-	-	-	-	-	-	-	II	-	-	-	-
Antidesma sp.	Euphorbiaceae	-	-	-	-	-	+	-	+	-	-	-	-
Barteria fistulosa Mast	Passifloraceae	-	-	-	I	-	+	-	II	-	I	-	-
Beilschmiedia sp.1	Lauraceae	-	-	-	-	-	-	-	+	-	I	-	-
Beilschmiedia sp.2	Lauraceae	-	+	-	-	-	-	-	+	-	-	I	-
Blighia welwitschii (Hiern) Radlk.	Sapindaceae	-	I	-	I	-	-	-	-	III	-	-	-
Brideila grandis Pierre ex Hutch.	Euphorbiaceae	-	-	-	-	-	-	-	+	-	I	-	-
Caloncoba glauca (P.Beauv.)Gilg.	Flacourtiaceae	-	+	-	-	-	-	-	-	-	-	IV	-
Calpocalyx dinklagei Harms	Mimosaceae	-	-	-	-	-	-	-	+	-	-	-	-
Canarium schweinfurthii Engl.	Burseraceae	-	-	-	-	-	I	-	+	-	-	IV	I
Carapa procera DC	Meliaceae	I	I	-	V	-	-	-	+	V	III	-	I
Ceiba pentandra (L.) Gaertn.	Bombacaceae	-	-	-	-	-	-	I	-	-	-	-	-
Celtis adolfi-friderici Engl.	Ulmaceae	-	-	-	-	-	-	+	+	-	-	-	-
Celtis mildbraedii Engl.	Ulmaceae	I	+	-	II	-	+	V	-	-	III	I	-
Celtis tessmannii Rendle	Ulmaceae	I	+	-	-	-	-	-	+	-	II	IV	-
Celtis zenkeri Engl.	Ulmaceae	-	-	-	-	-	-	-	+	-	-	-	-
Caesalpiniaceae sp.	Caesalpiniacées	-	-	-	-	I	-	+	-	-	-	-	-
Cleistopholis glauca Pierre ex.Engl.&Diels	Annonaceae	-	-	-	-	-	-	V	-	-	-	I	-
Cleistopholis patens (Benth.)Engl.&Diels	Annonaceae	-	-	-	-	+	-	-	-	-	-	-	-
Coelocaryon preussii Warb.	Myristicaaceae	-	+	-	-	-	-	-	-	-	-	-	-
Cola acuminata (P.Beauv.) Schott & End.	Sterculiaceae	-	+	-	I	-	-	-	+	-	II	-	-
Cola laterita K.Schum.	Sterculiaceae	-	+	-	I	-	-	-	+	-	-	-	-
Cola sp.1	Sterculiaceae	-	-	-	-	-	-	-	-	-	-	I	-
Cola sp.2	Sterculiaceae	-	-	-	-	-	-	-	-	-	-	-	I
Corynanthe pachyceras K.Schum.	Rubiaceae	I	+	-	-	I	-	-	+	-	-	-	-
Dacryodes edulis (G.Don)H.J.Lam	Burseraceae	+	+	-	-	-	-	-	-	IV	-	-	-
Dacryodes sp.	Burseraceae	-	-	-	-	-	-	-	-	-	-	-	-

103

Species	Family																
Desbordesia glaucescens (Engl.)Van Thiegh.	Irvingiaceae	+	-	-	-	-	-	-	-	-	-	-	-	-	-	-	-
Desplatsia chrysochlamys (Mildbr.&Burrey)Mildbr	Tiliaceae	-	-	=	-	-	-	-	-	-	-	-	-	-	-	-	-
Desplatsia dewevrei (De Wild.&Th. Dur.) Burret	Tiliaceae	-	-	+	-	-	-	-	-	-	-	-	-	-	-	-	-
Dialium sp.1	Caesalpiniacées	-	+	+	-	-	+	-	-	-	-	+	-	-	-	=	-
Dialium sp.2	Caesalpiniacées	-	+	+	-	-	-	-	-	-	-	-	-	-	-	-	-
Diospyros crassiflora Hiern	Ebenaceae	-	-	+	-	-	-	-	+	+	-	-	-	-	-	-	-
Diospyros hoyleana F. White	Ebenaceae	-	-	-	-	-	-	-	-	-	-	-	-	-	-	-	-
Discoglypremna caloneura (Pax) Prain	Euphorbiaceae	-	-	+	-	-	-	-	-	+	-	-	-	-	-	-	-
Distemonanthus benthamianus Baill.	Caesalpiniaceés	-	-	+	-	-	-	-	-	+	-	-	-	-	-	-	-
Drypetes capillipes (Pax) Pax & Hoffm.	Euphorbiaceae	+	+	-	-	-	-	-	-	+	-	-	-	-	-	-	-
Drypetes gossweileri S. Moore	Euphorbiaceae	-	-	+	-	-	-	-	IV	III	+	-	-	-	-	-	-
Drypetes inaequalis Hutch.	Euphorbiaceae	-	-	+	-	-	-	-	-	-	-	-	-	-	=	-	-
Drypetes laciniata (Pax) Hutch.	Euphorbiaceae	+	-	-	-	-	-	-	-	-	-	-	-	-	-	-	-
Drypetes molunduana Pax & K.Hoffm.	Euphorbiaceae	+	-	-	-	-	-	-	-	-	-	-	-	-	-	-	-
Drypetes sp.1	Euphorbiaceae	-	+	-	-	-	-	-	+	+	-	-	-	-	-	-	-
Drypetes sp.2	Euphorbiaceae	-	+	-	-	-	-	-	-	-	+	-	-	-	-	-	-
Drypetes sp.3	Euphorbiaceae	+	-	+	-	-	-	-	+	-	-	-	-	-	-	-	-
Drypetes tessmanniana (Pax) Pax & K Hoffm	Euphorbiaceae	-	-	-	-	-	-	-	-	-	+	-	-	-	-	-	-
Duboscia macrocarpa Bocq.	Tiliaceae	+	-	-	1	-	-	-	-	-	-	-	-	-	-	-	-
Duboscia viridiflora (K.Schum) Mildbr.	Tiliaceae	-	-	-	-	-	-	-	+	-	-	-	-	-	-	-	-
Enantia chlorantha Oliv.	Annonaceae	+	-	+	-	-	-	-	-	=	-	-	-	-	-	-	-
Entandrophragma angolense (Welw.) C.D.C	Meliaceae	-	+	-	-	-	-	-	+	-	-	-	-	-	-	-	-
Entandrophragma cylindricum (Sprague) Sprague	Meliaceae	-	-	-	-	-	+	-	-	+	-	-	-	-	-	-	-
Eriboma oblongum (Mast) Pierre ex. Germain	Sterculiaceae	-	-	+	-	-	+	-	+	-	-	-	-	-	-	-	-
Eriocoelum macrocarpum Gilg ex Radlk.	Sapindaceae	-	+	+	-	-	-	-	+	-	-	-	-	-	-	-	-
Euphorbiaceae sp.	Euphorbiaceae	-	-	-	-	-	-	-	-	-	-	-	-	-	-	-	-
Fernandoa adolphi friderici Gilg.& Mildbr.	Bignoniaceae	+	+	-	-	1	-	-	-	-	-	=	-	-	-	-	-
Funtumia africana (Benth.) Stapf	Apocynaceae	-	-	-	1	-	-	-	+	=	-	-	-	-	-	-	-
Funtumia elastica (Preuss) Stapf	Apocynaceae	-	-	+	-	-	-	-	+	-	-	-	-	-	-	-	-
Gambeya africana (G. Don ex Bak) Pierre	Sapotaceae	-	+	+	-	-	+	-	+	-	-	-	-	-	-	-	-
Gambeya lacourtiana (De Wild) Aubr	Sapotaceae	-	-	-	-	-	+	-	IV	=	+	-	-	-	IV	1	=
Glyphaea brevis (Spreng.) Monachino	Tiliaceae	-	-	-	-	-	V	-	-	-	-	-	-	-	-	-	-

104

Species	Family
Grossera sp.1	Euphorbiaceae
Grossera sp.2	Euphorbiaceae
Guarea thompsonii Sprangue & Hutch	Meliaceae
Guarea cedrata (A. Chev.) Pellegr.	Meliaceae
Hallea ciliata (Aubr.et Pell.) F. Leroy	Rubiaceae
Heinsia crinita (Afzel.) G. Taylor	Rubiaceae
Heisteria zimmereri Engl.	Olacaceae
Homalium letestui Pellegr.	Flacourtiaceae
Hylodendron gabunensis Taubert	Caesalpiniacées
Indéterminé1	Indéterminée
Indéterminé 2	Indéterminée
Indéterminé 3	Indéterminée
Indéterminé 4	Indéterminée
Indéterminé 5	Indéterminée
Euphorbiaceae sp.1	Euphorbiaceae
Meliaceae sp.1	Meliaceae
Indéterminé 6	Indéterminée
Irvingia gabonensis (Aurey-Lecomte ex Rorke) Baill.	Irvingiaceae
Irvingia grandifolia (Engl.)Engl.	Irvingiaceae
Irvingia sp.	Irvingiaceae
Isolona hexaloba (Pierre) Engl. &Diels	Annonaceae
Keayodendron bridelioides (Hutch.& Dalz) Léandri	Euphorbiaceae
Klainedoxa gabonensi Pierre	Irvingiaceae
Klainedoxa grandifolia (Engl.) Engl.	Irvingiaceae
Klainedoxa microphylla (Pellegr.) Gentry	Irvingiaceae
Lasiodiscus mannii Hook f.	Rhamnaceae
Lecaniodiscus cupanioides Planch.ex benth	Sapindaceae
Lepidobotrys staudtii Engl.	Lepidobotryaceae
Leptonychiasp.	Sterculiaceae
Lovoa trichilioides Harms	Meliaceae
Macaranga schweinfurthii Pax	Euphorbiaceae
Meesobotrya klaineana (Pierre) J. Léonard	Euphorbiaceae

Species	Family																														
Maesopsis eminii Engl.	Rhamnaceae	-	-	-	-	-	-	-	-	-	-	-	-	-	-	-	-	-	-	-	-	-	-	-	-	-	-	-	-	-	-
Mammea africana Sabine	Clusiaceae	-	-	-	-	-	-	-	-	-	-	-	-	-	-	-	-	-	-	-	-	-	-	-	-	-	-	-	-	-	-
Mareyopsis longifolia (Pax) Pax & Hoffm.	Euphorbiaceae	-	-	-	-	-	1	-	-	-	-	-	-	-	-	IV	=	+	-	-	-	-	-	-	-	+	-	=	-	1
Massularia acuminata (G. Don) Bullock ex Hoyle	Rubiaceae	-	-	-	-	-	-	-	-	-	-	-	-	-	-	-	+	+	-	-	-	-	-	-	-	-	-	-	-	-
Milicia excelsa (Welw.)C.C. berg	Moraceae	-	-	-	-	-	-	-	-	-	-	-	-	-	-	-	-	-	-	-	-	-	-	-	1	-	-	-	-	1
Mimosaceae sp.	Mimosaceae	-	-	-	-	-	-	-	-	-	-	-	-	-	-	-	-	-	-	-	-	-	-	-	-	-	-	-	-	-
Musanga cecropioides R.Br.	Cecropioidaceae	-	-	-	-	-	-	-	-	-	-	-	-	-	-	-	-	-	-	-	-	-	-	-	-	-	-	-	-	-
Myrianthus arboreus P. Beauv.	Cecropioidaceae	-	1	-	=	-	1	-	-	-	-	-	-	-	-	III	IV	III	-	-	1	-	-	-	-	-	V	-	-	1
Nauclea diderrichii (De Wild) Merrill	Rubiaceae	+	1	-	-	-	-	-	-	-	-	-	-	-	-	=	+	=	-	-	-	-	-	-	-	-	-	=	-	-
Nauclea pobeguinii (Popeguin ex Pellegr.) Petit	Rubiaceae	-	-	-	-	-	-	-	-	-	-	-	-	-	-	-	-	-	-	-	-	IV	-	-	-	-	-	-	-	-
Nesogordonia papaverifera (A. Chev.) Cap.	Sterculiaceae	-	-	-	-	-	-	-	-	-	-	-	-	-	-	-	+	-	-	+	-	-	-	-	-	-	-	=	-	-
Ochthocosmus africanus Hook.f.	Ixonanthaceae	-	-	-	-	-	-	-	-	-	-	-	-	-	-	+	-	-	-	-	-	-	-	-	-	-	-	-	1	-
Odyendyea gabuonensis (Pierre) Engl.	Simaroubaceae	-	-	-	-	-	-	-	-	-	-	-	-	-	-	-	-	+	-	-	-	-	-	-	-	-	-	-	-	-
Omphalocarpum procerum P. Beauv.	Sapotaceae	+	-	-	-	-	-	-	-	-	-	-	-	-	-	-	-	=	-	1	-	-	-	-	-	-	-	-	-	-
Ongokea gore Pierre	Olacaceae	-	-	+	-	-	-	-	-	-	-	-	-	-	-	-	+	+	-	-	-	-	-	-	-	-	-	-	-	1
Campylospermum sp	Ochnaceae	-	-	+	-	-	-	-	-	-	-	-	-	-	-	-	-	-	-	-	-	-	-	-	-	-	-	-	-	-
Pachyelasma tessmannii (Harms) Harms	Caesalpiniaceae	+	-	-	-	-	-	-	-	-	-	-	-	-	-	-	-	-	-	-	-	-	-	-	-	-	-	-	-	-
Pachypodanthium staudtii (Engl. & Diels)	Annonaceae	+	-	+	-	-	1	-	-	-	-	-	-	-	-	-	-	-	-	-	-	-	-	-	-	-	-	-	-	1
Pauridiantha dewevrei (De Wild. & Thom Durand) Bremek	Rubiaceae	-	-	-	-	-	-	1	-	+	-	-	-	-	-	-	-	-	-	-	-	-	-	-	-	-	-	-	-	1
Pauridiantha micrantha (Hiern) Bremek.	Rubiaceae	+	+	-	-	-	1	-	-	-	-	-	-	-	-	+	-	-	-	-	-	-	-	-	-	-	-	-	-	-
Pauridiantha cf.soyauxii	Rubiaceae	-	-	-	-	-	-	-	-	-	-	-	-	-	-	+	-	-	-	-	-	-	-	-	-	-	-	-	-	-
Pentaclethra macrophylla Benth.	Mimosaceae	1	-	=	+	-	-	-	-	1	-	-	-	-	-	-	-	-	-	1	-	-	-	-	-	-	-	-	-	1
Petersianthus macrocarpus (beauv.) Liben	Lecythidiaceae	III	-	-	V	-	IV	V	-	-	1	-	-	-	-	+	+	=	-	1	-	-	-	-	-	-	-	-	1	=
Picralima nitida (Stapf.) Th. Cur.	Apocynaceae	-	+	-	-	-	-	-	-	-	-	-	-	-	-	-	-	-	-	-	-	-	-	-	-	-	-	-	-	-
Piptadeniastrum africanum (Hook.f.) Brenan.	Mimosaceae	+	+	+	+	-	-	-	-	-	-	-	-	-	-	+	-	1	-	-	-	-	-	-	-	-	-	-	-	-
Plagiostyles africana (Müll. Arg.) Pax.&k.Hoffm.	Euphorbiaceae	+	=	1	-	-	-	-	-	1	-	-	-	-	-	IV	V	V	V	V	-	N	-	-	-	-	-	1	-	V
Polyalthia suaveolens Engl.& Diels	Annonaceae	IV	III	=	-	-	1	-	-	1	-	-	-	-	-	V	1	V	1	-	-	-	-	-	-	-	-	-	-	-
Pteleopsis hylodendron Mildbr.	Combretaceae	+	-	-	-	-	-	-	-	-	-	-	-	-	-	-	-	-	-	-	-	-	-	-	-	-	1	-	-	-
Pterocarpus soyauxii Taub.	Papilionaceae	-	-	-	-	-	-	-	=	-	+	-	-	-	-	-	-	-	-	-	-	-	-	-	-	-	-	-	-	-
Pycnanthus angolensis (Welw.) Warb.	Myristicaceae	-	-	-	1	-	-	-	-	-	-	-	-	-	-	-	-	-	-	-	-	-	-	-	-	-	-	-	1	=
Radlkofera calodendron Gilg	Sapindaceae	1	-	+	+	-	-	-	-	-	-	-	-	-	-	+	-	-	-	-	-	-	-	-	-	-	-	-	-	-
Ricinodendron heudelotii (Baill.) Heckel	Euphorbiaceae	+	-	-	-	-	1	-	-	1	-	-	-	-	-	1	=	+	-	-	1	-	-	-	-	-	-	=	-	-

Species	Family
Rinorea dentata (P. Beauv.) Kuntze	Violaceae
Rinorea oblongifolia (C.H. Wright) Marqua	Violaceae
Rothmannia megalostigma (Wernh.) Keay	Rubiaceae
Rothmannia sp.	Rubiaceae
Santiria trimera (Oliv.) Aubrév.	Burseraceae
Sapindaceae sp.	Sapindaceae
Sorindeia sp.	Anacardiaceae
Sorindeia grandifolia Engl.	Anacardiaceae
Staudtia kamerunensis Warb.	Myristicaceae
Sterculia rhinopetala K. Schum.	Sterculiaceae
Sterculia tragacantha Lindl.	Sterculiaceae
Strombosia grandifolia Hook.f	Olacaceae
Strombosia pustulata Oliv.	Olacaceae
Strombosiopsis tetrandra Engl.	Olacaceae
Symphonia globulifera L.	Clusiaceae
Synsepalum longicuneatum De Wild.	Sapotaceae
Syzygium rowlandii Sprague	Myrtaceae
Tabernaemontana crassa Benth.	Apocynaceae
Terminalia superba Engl. & Diels	Combretaceae
Tessmannia africana Harms	Caesalpiniaceae
Tessmannia anomala (Micheli) Harms	Caesalpiniacées
Tetrapleura tetraptera (Schumn.& Thunn.)Taub.	Mimosaceae
Trichoscypha acuminata Engl.	Anacardiaceae
Tricalysia soyauxii K. Schum.	Rubiaceae
Tricalysia sp.	Rubiaceae
Trichilia rubens Oliv.	Meliaceae
Trichilia tessmannii Harms	Meliaceae
Trichilia welwitschi C.D.C	Meliaceae
Trichoscypha abut Engl. & Brehmer	Anacardiaceae
Turraeanthus africanus (Welw. ex. C.D.C)Pellegr.	Meliaceae
Uapaca acuminat (Hutch.)Pax.& Hoffm.	Euphorbiaceae
Uapaca guineensis Müll. Arg.	Euphorbiaceae

Species	Family																										
Uapaca heudelotii Baill.	Euphorbiaceae	-	-	-	-	-	-	-	-	-	+	=	-	-	-	-	-	-	-	-	-	-	-	-	-	-	-
Uapaca paludosa Aubrev. Léandry	Euphorbiaceae	I	I	-	+	-	-	-	-	-	-	I	-	-	-	-	-	+	-	-	-	-	-	-	-	-	I
Uapaca staudtii Pax.	Euphorbiaceae	-	-	-	-	-	-	-	-	-	+	-	-	-	-	-	-	+	-	-	-	-	-	-	-	-	-
Uapaca vanhoutei De Wild.	Euphorbiaceae	I	+	-	-	-	-	-	-	-	-	-	-	-	-	-	-	+	-	-	-	-	-	-	-	-	-
Uvariopsis le-testui Pellegr.	Annonaceae	+	-	-	-	-	-	-	-	-	-	-	-	-	-	-	-	+	-	-	-	-	-	-	-	-	-
Vitex grandifolia Gürk.	Verbenaceae	-	-	-	-	-	-	-	-	-	-	+	-	I	+	-	-	+	-	-	-	-	-	IV	-	-	-
Vitex sp.	Verbenaceae	-	-	-	-	-	I	-	-	-	-	-	+	I	-	-	-	-	-	-	-	-	-	-	-	-	I
Xylopia aethiopica (Dun). A. Rich.	Annonaceae	-	-	-	-	-	-	-	-	-	-	-	-	I	-	-	-	-	-	-	-	-	-	-	-	-	-
Xylopia hypolampra Mildbr.	Annonaceae	-	-	-	-	-	-	-	-	-	-	-	-	-	-	-	-	-	-	-	I	-	-	-	-	-	-
Xylopia rubescens Eigl.&Diels	Annonaceae	-	-	-	-	-	I	-	-	-	-	-	-	-	-	-	-	-	-	-	-	-	-	-	-	-	-
Xylopia staudtii Eigl.&Diels	Annonaceae	-	-	-	-	-	-	-	-	-	-	-	-	-	+	-	-	+	-	-	-	-	-	-	-	-	-
Zanthoxylum heitzi (Aubrév. & Pellegr.)P.G. Waterman	Rutaceae	-	-	-	-	-	-	-	-	-	-	-	-	-	-	I	-	-	-	-	-	-	-	-	-	-	-
Zanthoxylum gilletii (De Wild.) P.G. Waterman	Rutaceae	-	-	-	I	-	-	-	-	-	-	-	+	-	-	-	-	-	-	-	-	-	-	-	-	I	-
Zanthoxylum tessmannii (Engl.) JF Ayafor	Rutaceae	-	-	-	-	-	-	-	-	-	-	-	+	-	-	-	-	+	-	-	-	-	-	-	-	-	-

III.1.2. DISTRIBUTION DES NIDS DE GORILLE DANS LES DIFFERENTS FACIES DE VEGETATION

64 nids de gorille répartis dans 23 groupes ont été recensés. La moyenne de nids par groupe est de 3. Une grande variation du nombre de nids par groupe est observée (max : 10, min : 1, CV : 85 %). La densité de nids de gorille est estimée à 38,1/km². La distribution des nids de gorilles recensés ne présente pas une distribution au hasard au sein de la végétation ($\chi^2 = 158$; p< 001) (tableau XVII).

Tableau XVII. Distribution des nids de gorilles et les réseaux de pistes d'éléphants dans les différents faciès de végétation (site de Mimpala) : comparaisons des données observées aux données attendues/théoriques.

Faciès de la végétation (site Mimpala)	Proportion (pi)	Nombre de groupes de nids de Gorilles			Réseaux de pistes éléphants*		
		Observé (O)	Théorique (T)	Indice préférence	Observé (O)	Théorique (T)	Indice préférence
			(n*pi)	(O-T)/T		(n*pi)	(O-T)/T
Forêt dense mature (FDM)	17	0	11	-1,0	25	33	-0,25
Forêt dense secondaire âgée (FSDA)	23	2	15	-0,9	68	45	0,52
Forêt dense secondaire (FDS)	23	4	15	-0,7	50	45	0,11
Forêt secondaire jeune (FSJ)	5	12	3	2,8	10	10	0,03
Forêt secondaire jeune Clairsemée (FSJC)	1	8	1	11,5	3	2	0,54
Trouée forestière (TF)	8	4	5	-0,2	15	16	-0,04
Trouée forestière à éléphant (TF-élé)	4	13	3	4,1	18	8	1,31
Piste forestière (PI)	2	1	1	-0,2	6	4	0,54
Forêt ripicole (RIP)	8	5	5	0,0	-	-	-
Raphiale (RAP)	8	13	5	1,5	-	-	-
Fourré galerie (GA)	1	2	1	2,1	-	-	-
Clairière (CL)	0,0	0	0	-	-	-	-
Total (n)	100	64	64		195	195	

*Les pistes d'éléphants n'ont pas été comptés dans les faciès de végétation sur sol hydromorphe

Les gorilles ont une forte préférence pour les formations végétales secondaires jeunes. L'indice de préférence pour les forêts secondaires jeunes clairsemées est de 11,5 (tableau XVII). Ces formations sont caractérisées par la richesse de leur sous-bois en herbacées de la famille des Marantacées et Zingibéracées.

Les données obtenues montrent également que les gorilles ont une préférence certaine pour les formations sur sols hydromorphes pour la construction des nids (indice de préférence = 1,5, tableau XVII).

De manière globale, une corrélation significative n'a pas été observée entre l'indice de préférence des végétations utilisées par les gorilles pour la construction de leurs nids et l'indice de préférence des végétations visitées par les éléphants. Le coefficient « r » de Pearson entre ces deux variables est de 0,26 (p = 0,52).

Toutefois en considérant de manière spécifique les faciès de végétation ayant été perturbés par les éléphants à l'instar des trouées à éléphant et les poches de forêt secondaires jeunes clairsemées, le test de chi2 permet de noter une préférence pour ces faciès par rapport aux autres faciès (χ^2 = 6,9 ; p< 005). La figure 21 ci-dessous permet d'illustrer cette préférence.

Comme il a été relevé dans le plus haut que les trouées forestières à éléphant sont des ouvertures créées par les éléphants, et/ou résultant de l'agrandissement des chablis naturels. Les forêts secondaires jeunes clairsemées résulteraient de l'action combinée de l'homme dans un passé plus ou moins récent et de celle des éléphants sur la végétation. Il s'agit généralement des sites d'anciens villages.

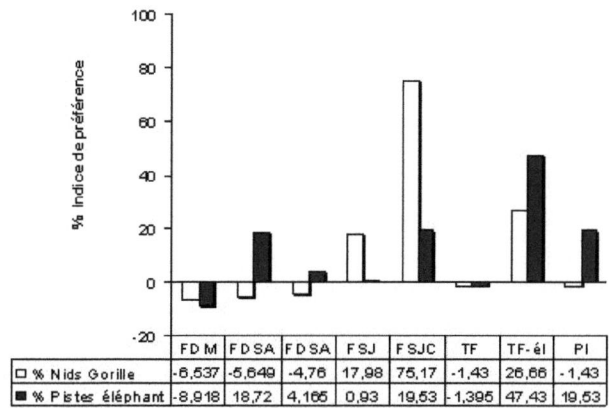

Fig. 21. Préférence (en pourcentage) des différents faciès de végétation pour la :
    (i)   construction des nids de gorilles et,
    (ii)   (ii) visite des éléphants.

□ % Nids Gorille ■ % Pistes éléphant

FDM : Forêt dense mature ; FDSA : Forêt dense secondaire âgée ; FDS : Forêt dense secondaire ; FSJ : Forêt secondaire jeune ; FSJC : Forêt secondaire jeune clairsemée ; PI : Piste forestière ; TF : Trouée forestière ; TF-él : Trouée forestière à éléphant

III.1.3. DYNAMIQUE DE RECONSTITUTION POST-AGRICOLE

III.1.3.1. Typologie des communautés

La définition des différents groupements est essentiellement basée sur les données globales d'espèces ligneuses épurées d'espèces rares (marquées par la présence de moins de deux individus dans l'ensemble des données d'inventaire). L'analyse de la carte factorielle basée sur les herbacées et les nanophanérophytes du sous-bois a été ensuite faite pour vérifier la cohérence avec les groupements précédemment isolés.

III.1.3.1.1. Analyse des cartes factorielles

Les espèces ligneuses de diamètre supérieur ou égal à 10 cm ont été inventoriées sur 10,8 ha dans 90 relevés floristiques de 40 x 40 m pour la plupart. Les gaulis de diamètre inférieur à 10 cm ont été recensés sur 2,7 ha. L'inventaire de régénération et des herbacées a été mené dans 319 sous-parcelles de 5 m x 5 m.

Pour faciliter l'analyse des données, chaque relevé est représenté par les parcelles de différents âges suivant le code mentionné au tableau V. La *Detrended Correspondence Analysis* (DCA) a été choisie. Cette analyse de correspondance permet de classer les parcelles/espèces selon leur affinité. Le résultat est le diagramme d'ordination dans le plan factoriel des axes 1 et 2.

Les figures 22 et 23 présentent la carte factorielle et le dendrogramme de classification hiérarchique obtenu après mise en commun des données de la composition et de l'abondance floristique des espèces ligneuses des différentes parcelles.

La matrice "relevés/espèces" est constituée de 42 parcelles x 247 espèces (soit 68,2 % de l'ensemble des espèces ligneuses inventoriées, celles dont le nombre de présences est inférieur à 2 ayant été exclues). La discrimination des groupes, envisagée sur la base du critère présence - absence des espèces, s'effectue selon des plans définis par d'axes factoriels de valeur propre décroissante.

Les valeurs propres de 0,22 ; 0,13 et 0,11 ont été obtenues pour les axes 1, 2 et 3 du graphique d'ordination. Avec une inertie totale de 2,6, les axes 1 et 2 contribuent respectivement à 11, 4 % et 5 % à expliquer la variabilité observée entre les différentes parcelles.

Sur le graphique d'ordination, on peut voir apparaître un effet important de l'âge. D'après le cœfficient de corrélation de Pearson, l'âge des parcelles est négativement corrélé à l'axe 1 ($r = -0,7$) alors qu'il est positivement corrélé à l'intensité lumineuse ($r = 0,6$).

Les valeurs propres sont toutes inférieures à 0,5, ce qui dénote une faible séparation des espèces le long des axes. Bien que les différents groupes aient été différenciés, ils s'organisent plutôt selon un continuum avec un certain chevauchement entre les différentes classes d'âges.

La carte factorielle obtenue sur la base des données de la composition et de l'abondance floristique des herbacées et nanophanérophytes du sous-bois (50 espèces x 42 Parcelles), permet clairement de différencier les groupements des stades de la succession secondaire des vieilles formations secondaires jusqu'aux parcelles âgées de 20 ans. Après cet âge, la différenciation des différents groupements sur la base des herbacées n'est plus aisée (Fig. 24).

Les parcelles jeunes situées en pleine ambiance forestière ont très tôt une strate herbacée similaire à celle de la forêt avoisinante (Groupe II).

Les valeurs propres de 0,59, 0,23 et 0,18 ont été obtenues respectivement pour les axes 1, 2 et 3 de l'ordination. Avec une inertie totale de 4,22, la variance expliquée par chacun des axes correspond respectivement à 11,38 %, 4,99 % et 4,42 %.

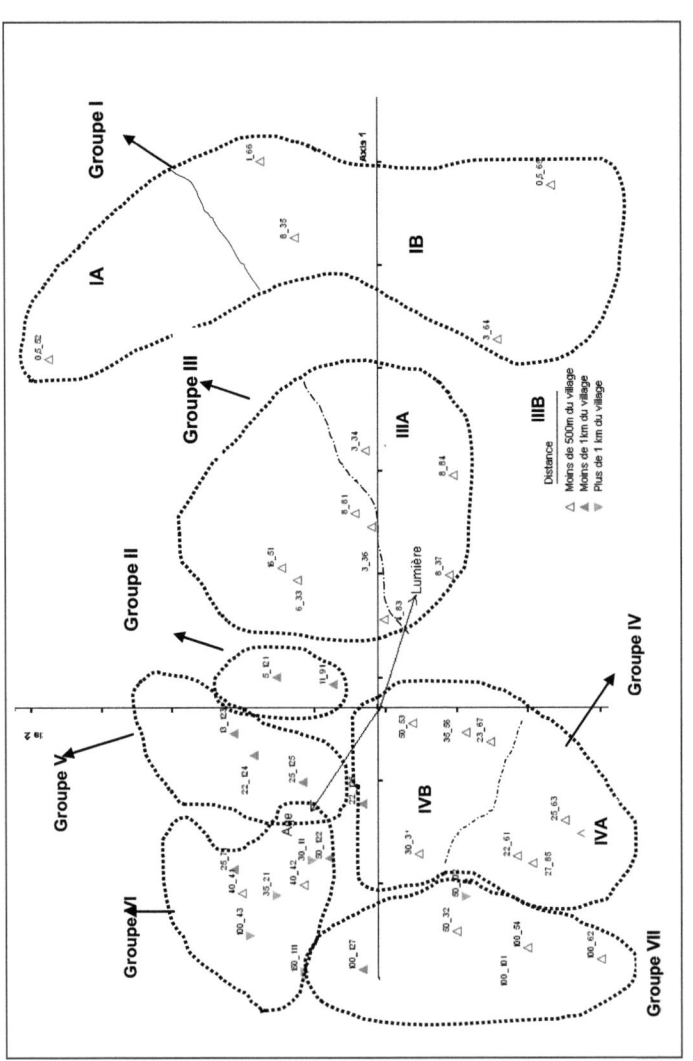

Fig. 22. Carte d'analyse factorielle (DCA) des données floristiques d'espèces ligneuses (247 Espèces x 42 Parcelles). (X_Y : X= âge de la parcelle et Y= le code de la parcelle).

Distance du village : △ Moins de 500m du village ▲ Moins de 1km du village ▼ Plus de 1 km du village

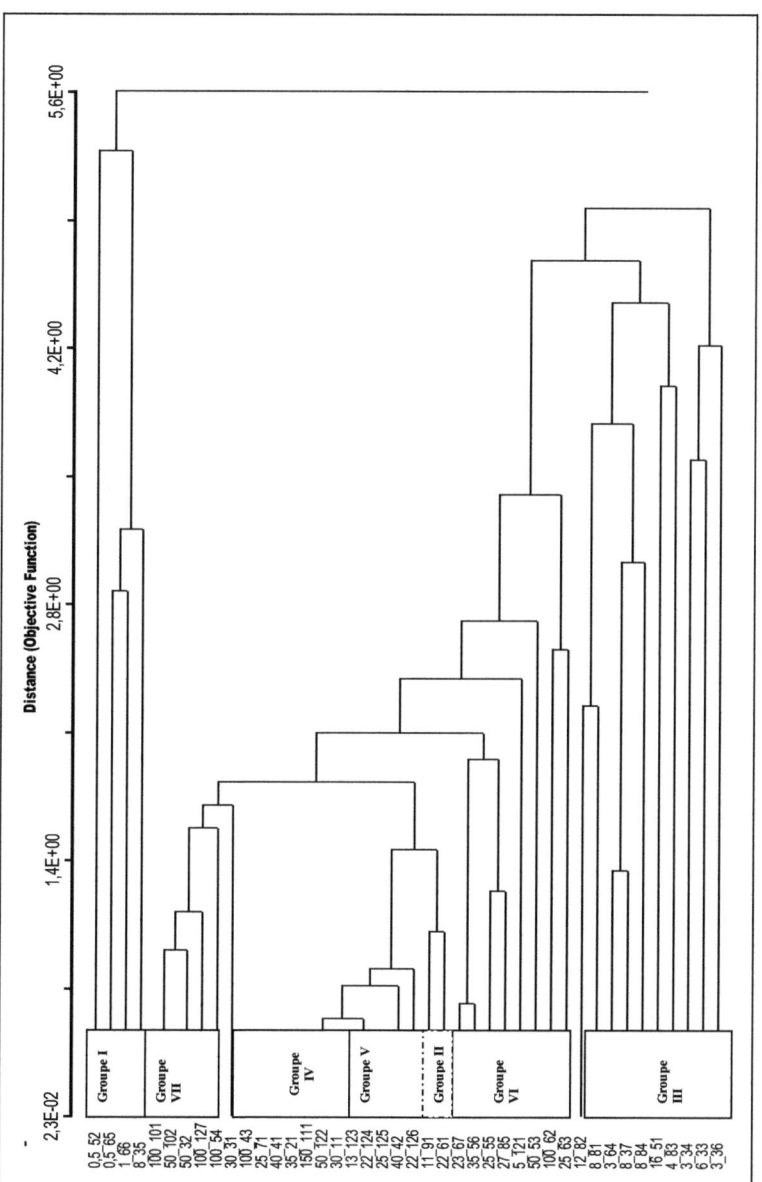

Fig. 23. Dendrogramme de classification hiérarchique des parcelles sur la base des données floristiques globales (247espèces x 42 parcelles) suivant l'indice de distance de Bary-Curtis.

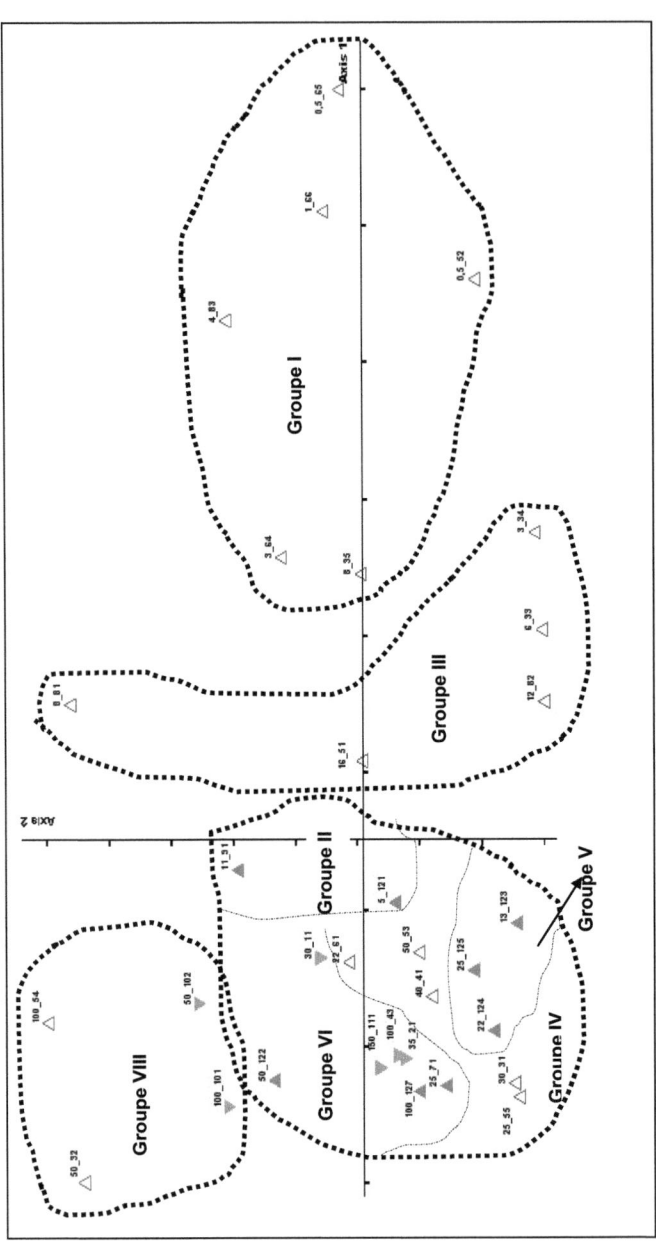

Fig. 24. Carte d'analyse factorielle (DCA) des données floristiques d'espèces herbacées et nanophanérophytes du sous-bois (150 espèces x 42 Parcelles) (X_Y : X= âge de la parcelle et Y= le code de la parcelle).Distance du village

△ Moins de 500m du village ▲ Moins de 1km du village ▽ Plus de 1 km du village

III.1.3.1.2. Groupements de communautés

L'examen de la carte factorielle et du dendrogramme (Fig. 22 et 23), permet de discriminer, avec plus ou moins de précision, sept principaux groupes de relevés, identifiés, après référence aux classes d'âges et aux conditions stationnelles des parcelles correspondantes.

- Groupe I : Constitué des parcelles âgées de moins d'un an à 3 ans, situées près des villages sur des sols appauvris par plusieurs cycles de jachères. Ce groupement est essentiellement constitué des adventices de culture, particulièrement dominé par *Chromolaena odorata*.
- Groupe II : Parcelles dont l'âge varie de 5 à 11 ans situées en pleine ambiance forestière et sur des sols peu dénudés marquées par une faible colonisation de *Chromolaena odorata* au niveau des herbacées. Les autres herbacées telles que *Brillantaisia vogeliana*, *Mostuea brunonis*, s'y installent assez rapidement. La présence des espèces forestières avoisinantes rend difficile la différentiation de cette unité physionomique.
- Groupe III : Regroupe les parcelles de jachères d'âges de 3 à 15 ans sur sols ferrallitiques. Il est caractérisé par la présence des Herbacées lianescentes : *Cnestis ferruginea*, *Paullina pinnata*, *Jateorhiza macrantha*.
- Groupe IV : Regroupe les parcelles âgées de 20 à 40 ans. Groupement à *Macaranga* spp. et *Magaritaria discoidea*. Ces parcelles sont pour la plupart situées sur les sols labourés non loin du village. Un cas marginal, la parcelle 53 abandonnée il y' 50 ans (site de Doumo-étine), se trouve dans ce groupe. Ceci pourrait s'expliquer par la forte influence anthropique sur cette parcelle du fait de sa proximité du village et du caractère xérique du sol.
- Groupe V : Regroupe les parcelles âgées de 20 à 25 ans sur sols à horizons humifères épais, situées en pleine ambiance forestière. La parcelle 123 âgée de 13 ans dans le site de Nkouakane loin du village

actuel et située dans une ambiance forestière se trouve dans ce groupe.
- Groupe VI : Parcelles d'âge compris entre 30 et 50 ans. Il marque les forêts secondaires évoluées.
- Groupe VII : Parcelles d'âges supérieurs à 50 ans. Les conditions mésologiques de la forêt mature au niveau du sol sont atteintes.

Dans le souci de rapprocher les parcelles de classes d'âges proches au sein des groupes, certains groupes ont été subdivisés en sous-groupes ou unités. Le tableau suivant présente les différents groupements et unités discriminés. L'identification des espèces indicatrices caractéristiques des différentes communautés est expliquée dans le paragraphe suivant.

Tableau XVIII. Différents groupements différenciés.

Végétation	Groupements	Unités	Groupes	Classes d'âges	Parcelles
Végétation pionnière	Groupement à *Chromolaena odorata*	Unité à *Commelina benghalensis* et *Phyllanthus amarus*	GPIA	0 - 1 an	52
		Unité à *Chromolaena odorata*	GPIB	1 - 3 ans	35; 64; 65; 66
	Groupement à *Harungana madagascariensis* et *Brillantaisia vogeliana*		GPII	5 – 11 ans	91; 121
	Groupement à *Trema orientalis*	unité à *Rauvolfia vomitoria* et *Cnestis ferruginea*	GPIII A	3- 10 ans	33; 34; 36; 51 ; 81; 83
		Unité à *Trema orientalis* et *Ficus exasperata*	GPIII B	8 - 15 ans	37; 82; 84
Végétation jeunes forêts secondaires	Groupement à *Bridelia grandis*	Unité à *Porterandia cladantha* et *Jateorhiza macrantha*	GP IVA	20 - 25 ans	55; 61; 63; 85
		Unité à *Antidesma membranaceum* et *Bridelia grandis*	GP IVB	25 - 40 ans	31; 53; 56; 67
	Groupement à *Sorindeia grandifolia* et *Laportea aestuan*		GP V	20 - 25 ans	123; 124; 125; 126

Végétation forêts secondaires âgées	Groupement à Terminalia superba et Olyra latifolia	GP VI	30 - 50 ans	11; 21; 41; 42; 43; 71; 111; 122
	Groupement à *Rinoria oblongifolia* et *strombosia grandifolia*	GP VII	Plus de 50 ans	32; 54; 62; 101; 102; 127

III.1.3.1.3. Espèces indicatrices des groupements

Les espèces indicatrices sont celles qui résument le mieux chacune des communautés discriminées. Il est utopique de penser pouvoir résumer une communauté par une ou deux espèces. On remarque que les groupements ne sont pas toujours caractérisés par des éléments propres. Il s'agit dans cette démarche de donner un nom court qui correspond mieux à la vision de la réalité et auquel on pourra faire référence. Ainsi les espèces mises en exergue ne sont pas nécessairement celles ayant la plus grande valeur indicatrice calculée. Il a été pris en compte la valeur absolue du nombre d'individus dans les parcelles ou l'absence/rareté de l'espèce considérée dans les autres groupements.

Le tableau XIX ci-dessous présente les meilleures espèces caractéristiques des différentes communautés de la classification hiérarchique. Pour chaque espèce, la valeur indicatrice calculée, "IndVa"1 est donnée. Pour les raisons pratiques, il a été traité séparément les espèces ligneuses d'une part et les herbacées, les nanophanérophytes et les lianes d'autre part. En effet le programme utilisé IndVal 2.0 n'acceptant que 300 espèces.

Tableau XIX. Tableau phytosociologique synthétique des espèces caractérisant le mieux à des degrés variés, les différents groupements végétaux.

Pour chaque groupement, les données sont présentées en deux parties. D'une part les espèces ligneuses et d'autre part les herbacées, lianes et nanophanérophytes.

Pour chaque espèce, deux valeurs (X/Y) sont données. Où X = la somme des individus de cette espèce dans le groupement et Y = le nombre total de relevés où l'espèce est présente dans le groupement en question.

Nom latin	Type B.	IndVal	Gp.IA	Gp.IB	Gp.II	Gp.IIIA	Gp.IIIB	Gp.IVA	Gp.IVB	Gp.V	Gp.VI	Gp.VII
			Groupe VII à *Rinoria oblongifolia et strombosia grandifolia*									
Ligneux												
Anopyxis klaineana (Pierre) Engl.	MgPh	100.00	0/0	0/0	0/0	0/0	0/0	0/0	0/0	0/0	0/0	1/1
kaeyodendron brideliloides (Hutch & Dalz) Léandri	MsPh	100.00	0/0	0/0	0/0	0/0	0/0	0/0	0/0	0/0	0/0	1/1
Klainedoxa gabonensis Pierre	MgPh	100.00	0/0	0/0	0/0	0/0	0/0	0/0	0/0	0/0	0/0	2/2
Maria sp.	McPh	100.00	0/0	0/0	0/0	0/0	0/0	0/0	0/0	0/0	0/0	1/1
Monodora myristica (Gaertn.) Duanal	MsPh	100.00	0/0	0/0	0/0	0/0	0/0	0/0	0/0	0/0	0/0	1/1
Pachyelasma tessmannii (harms) Harms	MgPh	100.00	0/0	0/0	0/0	0/0	0/0	0/0	0/0	0/0	0/0	2/2
Syzygium rolandii (Engl.) Mildbr.	MsPh	100.00	0/0	0/0	0/0	0/0	0/0	0/0	0/0	0/0	0/0	4/2
Turreanthus africanus (Welw. Ex C. DC.) Pellegr.	MgPh	100.00	0/0	0/0	0/0	0/0	0/0	0/0	0/0	0/0	0/0	5/3
Uvariopsis le-testui Pellegr.	McPh	87.50	0/0	0/0	0/0	0/0	0/0	0/0	0/0	0/0	1/1	7/4
Tabernaemontana inconspicua Stapf	McPh	83.33	0/0	0/0	0/0	0/0	0/0	1/1	0/0	0/0	0/0	5/3
Trichoscypha abut Engl. & Brehmer	McPh	75.00	0/0	0/0	0/0	0/0	0/0	0/0	1/1	0/0	1/1	6/2
Rinorea oblongifolia (C.H. Wright) Marqua	McPh	74.51	0/0	0/0	0/0	0/0	0/0	0/0	1/1	1/1	11/5	38/4
Deimbollia cf rambaensis	McPh	66.67	0/0	0/0	0/0	0/0	0/0	2/1	1/1	0/0	0/0	6/4
Ouratea elongata (Oliv.) Engl.	McPh	66.67	0/0	0/0	0/0	0/0	0/0	0/0	0/0	0/0	1/1	2/2
Strombosia grandifolia Hook.f.	MsPh	57.89	0/0	0/0	0/0	0/0	0/0	1/1	3/2	0/0	4/2	11/3
Coelocaryon preussii Warb.	MsPh	57.35	0/0	1/1	1/1	4/2	0/0	10/4	6/3	2/2	5/3	39/6
Erythrophleum suaveolens (Guil. & Perr.) Brenan	MgPh	57.14	0/0	0/0	0/0	0/0	0/0	3/1	0/0	0/0	0/0	4/3
Antidesma laciniatum Müll. Arg.	McPh	55.56	0/0	0/0	0/0	0/0	0/0	0/0	0/0	0/0	4/1	5/2
Santiria trimera (oliv.) Aubrév.	MsPh	43.33	0/0	0/0	0/0	0/0	0/0	6/3	0/0	0/0	11/5	13/5
Anthonotha cladantha (Harms) Léonard	MsPh	42.86	0/0	1/1	0/0	0/0	0/0	1/1	3/2	0/0	1/1	6/3
Lovoa trichilioides Harms	MgPh	42.86	0/0	0/0	0/0	1/1	0/0	0/0	0/0	2/2	2/2	3/2

Species	Type	%								
Plagiostyles africana (Mill.Arg.) Prain	MsPh	41.45	0/0	0/0	1/1	0/0	13/3	14/2	34/3	51/6	80/6
Entandrophragma candollei Harms	MgPh	40.00	0/0	0/0	0/0	0/0	2/2	1/1	2/1	1/1	4/2
Guarea cedrata (A.Chev.) Pellegr.	MgPh	36.84	0/0	0/0	0/0	0/0	3/2	2/2	1/1	6/4	7/4
Guarea thompsonii Sprague & Hutch.	MgPh	36.36	0/0	1/1	0/0	0/0	3/2	0/0	1/1	2/2	4/3
Herbacées, Nanophytes, lianes											
Eremospatha hookeri (G. Mann & H. Wendl.)	Phgrv	100.00	0/0	0/0	0/0	0/0	0/0	0/0	0/0	0/0	2/1
Psychotria sp.	NnPh	100.00	0/0	0/0	0/0	0/0	0/0	0/0	0/0	0/0	1/1
Strophanthus sp.	Phgrv	100.00	0/0	0/0	0/0	0/0	0/0	0/0	0/0	0/0	1/1
Sarcophrynium brachystachys (benth.) K.Schum.	Herb	83.33	0/0	0/0	0/0	0/0	0/0	0/0	2/1	0/0	10/2
Geophila afzelii Heim	Herb	66.67	0/0	0/0	0/0	0/0	2/1	0/0	2/1	0/0	8/1
Laccosperma opacum (G. Mann & H. Wendl.) Drude	Phgrv	55.00	0/0	0/0	1/1	0/0	4/2	0/0	0/0	2/1	11/3
Artabotrys rhopalocarpus Le Thomas	Phgrv	33.96	0/0	0/0	10/2	0/0	3/1	2/1	1/1	16/	18/5

Groupe VI à Terminalia superba et Olyra latifolia

Ligneux

Species	Type	%								
Tricalysia soyauxii K. Schum.	McPh	97.56	0/0	0/0	0/0	0/0	0/0	0/0	1/1	40/4	0/0
Rauvolfia macrophylla Stapf	MsPh	98.97	0/0	0/0	1/1	0/0	0/0	0/0	0/0	32/6	0/0
Greenwayodendron suaveolens (Engl. & Diels) Verdc.	MsPh	95.18	0/0	0/0	0/0	0/0	0/0	0/0	0/0	79/8	4/3
Pauridiantha efferata N. Hallé	McPh	92.31	0/0	0/0	1/1	0/0	0/0	0/0	0/0	12/	0/0
Grossera macrantha Pax.	McPh	90.91	0/0	0/0	0/0	0/0	0/0	0/0	0/0	10/5	1/1
Diospyros hoyleana F. White	McPh	87.50	0/0	0/0	0/0	0/0	0/0	0/0	1/1	7/2	1/1
Duboscia macrocarpa Bocc.	MgPh	87.50	0/0	0/0	0/0	0/0	1/1	0/0	0/0	7/4	0/0
Leptonychia sp.	McPh	87.50	0/0	0/0	0/0	0/0	0/0	0/0	1/1	14/	1/1
Tricalysia sp.	McPh	87.50	0/0	0/0	0/0	0/0	0/0	0/0	5/2	42/5	1/1
Duboscia viridiflora (K.Schum.) Mild	MsPh	86.05	0/0	0/0	0/0	0/0	0/0	2/1	2/1	37/	2/2
Canthium sp.	McPh	85.71	0/0	0/0	0/0	0/0	2/1	0/0	0/0	12/2	0/0
Cephaelis densinervia (K. Krause) Hepper	McPh	84.62	0/0	0/0	0/0	0/0	3/2	0/0	0/0	22/	1/1
Heinsia crinita (Afzel.) G Taylor	McPh	82.05	0/0	0/0	0/0	0/0	1/1	0/0	5/2	32/	1/1
Massularia acuminata (G. Don) Bullock ex Hoyle	McPh	81.82	0/0	0/0	0/0	0/0	0/0	0/0	0/0	9/4	2/2
Drypetes tessmanniana (Pax) Hutch.	McPh	80.00	0/0	0/0	0/0	0/0	0/0	0/0	0/0	8/6	2/2
Entandrophragma angolenses (Welw.)C.D.C.	MgPh	80.00	0/0	0/0	0/0	0/0	0/0	1/1	0/0	8/3	1/1
Pauridiantha micrantha (Hiern) Bremek.	McPh	80.00	0/0	0/0	0/0	0/0	0/0	1/1	0/0	8/2	0/0
Trichoscypha acuminata Engl.	McPh	80.00	0/0	0/0	0/0	0/0	0/0	1/1	0/0	8/5	1/1
Albizia zygia (DC.) J.F.Macbr.	McPh	78.26	0/0	0/0	3/1	0/0	0/0	0/0	2/1	18/6	0/0
Annikia chlorantha (Oliv.) Stten & P.J. Maas	MsPh	76.47	0/0	0/0	0/0	0/0	0/0	0/0	0/0	13/	4/2
Strombosia pustulata Oliv.	MsPh	75.00	0/0	0/0	0/0	0/0	0/0	0/0	1/1	9/5	2/1
Uvariastrum pierranum Engl. & Diels	McPh	75.00	0/0	0/0	1/1	0/0	0/0	0/0	0/0	6/4	2/2
Xylopia hypolampra Mildbr.	MsPh	74.19	0/0	0/0	1/1	0/0	0/0	0/0	2/2	23/7	0/0
Trichilia rubescens Oliv.	McPh	73.52	0/0	0/0	0/0	0/0	6/3	8/2	21/3	186/8	32/6
Strombosia grandifolia Hook.f.	MsPh	73.33	0/0	0/0	0/0	0/0	4/3	0/0	0/0	33/7	8/2
Chytranthus mortehanii (De Wild.) de Voldere ex Hauman	McPh	72.73	0/0	0/0	0/0	0/0	2/1	0/0	0/0	8/5	1/1
Gambeya lacourtiana (De wild) Aubr.	MgPh	72.22	0/0	0/0	1/1	0/0	2/2	1/1	0/0	13/5	0/0
Coryanthe pachyceras K. Schum.	MsPh	71.43	0/0	0/0	1/1	0/0	3/2	1/1	5/3	35/6	4/2
Maranthes sp.	MsPh	71.43	0/0	0/0	0/0	0/0	0/0	0/0	0/0	5/3	2/1
Desplatsia mildbraedii Burret	McPh	70.59	0/0	0/0	0/0	0/0	0/0	0/0	0/0	12/5	5/3

Species	Type	Value								
Strombosiopsis tetrandra Engl.	MsPh	70.45	0/0	0/0	0/0	1/1	3/3	1/1	62/7	21/5
Nauclea diderrichii (De Wild) Merril	MgPh	70.00	0/0	1/1	0/0	1/1	0/0	1/1	7/3	0/0
Leea guineensis G. Don	McPh	69.23	0/0	0/0	1/1	0/0	1/1	4/3	18/5	0/0
Funtumia elastica (Preuss) Stapf	MsPh	67.65	0/0	2/1	6/2	0/0	16/4	27/4	138/8	2/2
Celtis mildbraedii Engl.	MgPh	66.67	6/2	1/1	3/2	4/2	0/0	0/0	2/2	0/0
Drypetes staudtii (Pax) Hutch.	McPh	66.67	0/0	0/0	0/0	0/0	0/0	0/0	4/3	2/1
Elaeis guineensis Jacq.	MsPh	66.67	0/0	0/0	0/0	0/0	0/0	3/1	10/4	2/2
Gardenia imperialis Schumach. &Thonn.	McPh	66.67	0/0	1/1	0/0	0/0	0/0	1/1	6/4	0/0
Omphalocarpum procerum P. Beauv.	MgPh	66.67	0/0	0/0	0/0	0/0	0/0	0/0	2/1	1/1
Pachypodanthium staudtii (Engl. & Diels)	MsPh	66.67	0/0	0/0	0/0	1/1	0/0	0/0	2/2	0/0
Pteleopsis hylodendron Mildbr.	MsPh	66.67	0/0	0/0	0/0	0/0	0/0	0/0	6/4	3/3
Glyphea brevis (Spreng.) Monachino	McPh	66.39	0/0	0/0	0/0	0/0	10/3	9/2	79/7	11/2
Ricinodendron heudelotii (Baill.) Pierre ex Heckel	MgPh	66.04	0/0	0/0	0/0	0/0	1/1	0/0	35/5	17/4
Bertiera racemosa (G. Don) K. Schum.	McPh	63.33	0/0	1/1	0/0	1/1	2/1	5/2	19/6	1/1
Cola laterita K. Schum.	McPh	63.16	0/0	0/0	0/0	3/1	3/2	0/0	12/5	1/1
Irvingia grandifolia (Engl.) Engl.	MsPh	62.50	0/0	0/0	0/0	0/0	1/1	0/0	5/4	1/1
Fernandoa adolphi friderici Gilg.& Mildbr.	MsPh	61.98	0/0	1/1	5/2	4/2	7/3	11/2	57/8	5/4
Oncoba welwitschii Oliv.	McPh	61.76	0/0	0/0	2/2	0/0	5/1	6/2	21/6	0/0
Anthonotha macrophylla Pal.Beauv.	MsPh	61.54	0/0	0/0	0/0	0/0	0/0	1/1	8/4	4/2
Desbordesia glaucescens(Engl.) Van Thiegh	MgPh	61.54	0/0	0/0	0/0	0/0	0/0	5/2	8/3	0/0
Tabernaemontana crassa Benth.	McPh	61.25	0/0	15/2	4/4	65/4	94/4	171/4	743/8	119/6
Maesobotrya klaineana (Pierre) J. Léonard	McPh	61.02	0/0	2/1	0/0	0/0	2/1	9/2	36/5	10/3
Desplatsia dewevrei (De Wild.& Th. Dur.) Burrey Entandrophragma cylindricum (Sprague)	McPh	60.27	0/0	0/0	2/1	1/1	16/3	5/3	44/8	4/2
Sprague	MgPh	58.33	1/1	0/0	0/0	1/1	0/0	0/0	7/3	3/2
Trichilia tessmannii Harms	MsPh	58.33	0/0	0/0	0/0	1/1	1/1	0/0	7/4	3/1
Terminalia superba Engl. & Diels	MgPh	58.06	0/0	1/1	1/1	0/0	5/3	13/4	36/7	5/2
Symphonia globulifera L. f.	MsPh	57.58	0/0	1/1	0/0	0/0	4/2	2/2	19/5	7/5

Herbacées, Nanophytes, lianes

Species	Type	Value								
Halopegia azurea (K. Schum.) K. Schum	Herb	84.62	0/0	0/0	0/0	0/0	0/0	0/0	11/2	2/1
Leea guineensis G. Don	Phgrv	80.00	0/0	0/0	0/0	0/0	1/1	0/0	4/1	0/0
Renealmia sp.	Herb	80.00	0/0	0/0	0/0	0/0	2/1	0/0	8/3	0/0
Ataenidia conferta (K. Schum.) K. schum.	Herb	68.75	0/0	10/1	0/0	0/0	0/0	0/0	22/4	0/0
Corymborkis corymbis Thouars.	Herb	66.67	0/0	1/1	0/0	0/0	0/0	1/1	6/4	1/1
Hypselodelphys scadens Loius& Mullend	Herb	66.67	1/1	0/0	0/0	0/0	0/0	0/0	2/2	0/0
Palisota ambigua (P.Beauv.) C.B. Clarke	Herb	66.67	2/1	1/1	0/0	0/0	0/0	0/0	8/3	1/1
Bertiera aethiopica Hiern	NnPh	62.50	0/0	0/0	0/0	0/0	0/0	0/0	5/4	3/2
Rourea obliquifoliolata Gilg	NnPh	60.00	0/0	0/0	0/0	0/0	0/0	4/2	12/	4/2
Streptogyna crinita Beauv	Herb	60.00	2/1	6/1	0/0	0/0	0/0	0/0	12/2	0/0
Tragia senegalensis Müll.Arg.	Herb	60.00	0/0	2/1	0/0	0/0	0/0	0/0	3/1	0/0
Olyra latifolia L.	Herb	57.14	0/0	1/1	2/1	4/2	2/1	5/1	44/7	19/3
Piper guineense Schum. & Thonn.	Herb	55.56	0/0	0/0	0/0	0/0	0/0	2/1	5/4	0/0

Species	Type	Value										
Palisota hirsuta (Thunb.) K. Schum.	Herb	55.00	0/0	0/0	2/1	0/0	0/0	0/0	0/0	5/2	11/4	0/0
Sarcophrynium brachystachys (benth.) K.Schum.	Herb	53.85	0/0	0/0	2/1	2/1	0/0	0/0	0/0	0/0	7/1	0/0
Landolphia sp1	Phgrv	52.38	0/0	0/0	3/2	0/0	0/0	1/1	0/0	2/1	11/6	4/2
Pseuderanthemum tunicatum (Afze.) Milne-Redh.	Herb	52.38	0/0	0/0	0/0	0/0	0/0	0/0	0/0	5/2	11/	5/1
Geophilla sp	Herb	52.00	0/0	0/0	2/1	0/0	5/1	0/0	5/1	7/2	26/5	5/1
Acacia sp.	Phgrv	50.00	0/0	0/0	0/0	1/1	0/0	0/0	1/1	0/0	3/3	0/0
Alchornea floribunda Müll.Arg	NnPh	48.28	0/0	0/0	3/1	0/0	0/0	7/2	2/1	3/1	28/6	15/3
Rhektophyllum mirabile NE Br.	Herb	48.15	0/0	0/0	0/0	0/0	0/0	0/0	2/1	11/3	13/5	1/1
Manniophyton fulvum Müll.Arg.	Phgrv	48.00	0/0	0/0	0/0	3/2	0/0	1/1	2/1	1/1	12/5	6/3
Grewia hookerana Exell & Mendonça.	Herb	43.75	0/0	0/0	0/0	2/1	2/1	1/1	1/1	3/2	7/5	1/1
Whitfieldia longifolia T.Anders.	Herb	43.24	0/0	0/0	4/2	0/0	0/0	0/0	2/1	2/1	16/5	13/4
Psychotria brassi Hiern	NnPh	41.46	0/0	0/0	2/1	0/0	0/0	1/1	5/1	6/3	17/6	10/3
Hypselodelphys zenkeriana (K.Schum.) Milne - Redh.	Herb	40.32	0/0	0/0	1/1	0/0	0/0	10/2	5/1	12/2	25/	9/3
Elaeis guineensis Jacq.	Herb	40.00	1/1	1/1	1/1	0/0	0/0	0/0	1/1	2/1	4/3	0/0
Hugonia sp.	Phgrv	36.36	0/0	0/0	2/1	0/0	0/0	2/1	0/0	2/2	4/4	1/1
Palisota mannii C.B. Clarke	Herb	36.36	0/0	7/2	4/1	12/3	0/0	2/1	2/1	0/0	20/	8/4
Asparagus racemosa Willd.	Herb	35.71	0/0	3/1	2/1	2/1	0/0	0/0	0/0	2/1	5/4	0/0
Bolbitis gemmifera (Hier.) C. Christensen	Herb	35.71	0/0	0/0	0/0	0/0	0/0	3/1	4/2	2/1	5/2	0/0
Strychnos sp.	Phgrv	35.29	0/0	0/0	1/1	4/2	0/0	4/2	0/0	1/1	12/5	12/4
Haumania danckelmaniana (J. Braun & K. Schum.)Milne-Redh.	Herb	33.61	0/0	0/0	10/2	7/1	2/1	14/2	8/2	15/3	40/	23/5
Tetracera sp.	Phgrv	33.33	0/0	0/0	2/1	2/1	2/1	0/0	0/0	2/1	5/4	2/1
Psychotria ebenis K. Schum.	NnPh	28.57	4/1	5/2	2/1	10/3	2/1	2/1	3/1	8/3	16/5	4/2
Cissus dinklagei Gilg & Brandt	Phgrv	27.27	0/0	4/2	3/2	2/1	0/0	0/0	2/1	3/2	6/4	2/2
Megaphrynium macrostachyum (Benth.) Milne - Redh.	Herb	22.78	0/0	16/2	2/1	2/1	0/0	5/1	14/2	10/2	18/	12/2
Groupe V à *Sorindeia grandifolia et Laportea aestuan*												
Ligneux												
Drypetes klainei Pierre ex Pax	McPh	100.00	0/0	0/0	0/0	0/0	0/0	0/0	0/0	1/1	0/0	0/0
Hallea ciliata (Aubr.et Pell.) F. Leroy	MsPh	100.00	0/0	0/0	0/0	0/0	0/0	0/0	0/0	1/1	0/0	0/0
Sorindeia grandifolia Engl.	MsPh	70.00	0/0	1/1	0/0	0/0	0/0	0/0	7/4	2/1	0/0	
Antrocaryon micraster A.Chev. & Guillaum.	MgPh	62.50	0/0	1/1	0/0	0/0	0/0	0/0	5/3	1/1	1/1	
Allophylus africanus P. Beauv.	McPh	57.14	3/1	1/1	0/0	0/0	0/0	2/2	8/3	1/1	0/0	
Entandrophragma utile (Dawe & Sprague) Sprague	MgPh	50.00	0/0	0/0	0/0	0/0	0/0	0/0	2/1	1/1	1/1	
Cordia platythyrsa Bak.	MsPh	44.07	0/0	9/2	2/2	0/0	3/1	26/4	16/	3/1		
Canarium schweinfurthii Engl.	MgPh	39.13	0/0	2/1	2/2	3/1	8/4	18/4	8/6	3/1		
Voacanga africana Stapf	McPh	33.33	0/0	0/0	2/1	2/1	2/2	3/2	0/0	0/0		
Discoglypremna caloneura (Pax) Prain	MsPh	30.77	0/0	0/0	0/0	2/1	10/2	12/3	7/5	1/1		
Schumanniophyton magnificum (K. Schum.)	McPh	30.00	0/0	1/1	0/0	3/2	1/1	3/1	3/2	1/1		

Species	Type	%										
Harms												
Macaranga spinosa Müll.Arg.	MsPh	26.64	0/0	14/2	16/2	11/3	23/3	37/4	39/3	61/4	21/8	7/4
Cleistopholis glauca Pierre ex Engl. & Diels	MsPh	22.73	0/0	0/0	2/2	2/2	2/1	0/0	4/2	5/2	5/2	2/2
Spathodea campanulata P.Beauv.	MsPh	22.22	0/0	0/0	0/0	1/1	0/0	1/1	1/1	2/2	2/2	2/1
Herbacées, Nanophytes, lianes												
Ancistrophyllum sp.	PhgrV	100.00	0/0	0/0	0/0	0/0	0/0	0/0	0/0	2/1	0/0	0/0
Centotheca lappacea (L.) Desv.	Herb	100.00	0/0	0/0	0/0	0/0	0/0	0/0	0/0	6/2	0/0	0/0
Cucumis melo L.	Herb	100.00	0/0	0/0	0/0	0/0	0/0	0/0	0/0	2/2	0/0	0/0
Leptactina pynaertii De Wild.	NnPh	100.00	0/0	0/0	0/0	0/0	0/0	0/0	0/0	1/1	0/0	0/0
Setaria barbata (Lam.) Kunth	Herb	100.00	0/0	0/0	0/0	0/0	0/0	0/0	0/0	5/1	0/0	0/0
Laportea aestuans (L.) Chew	Herb	58.33	0/0	0/0	3/1	0/0	0/0	0/0	0/0	7/2	2/1	0/0
Psychotria cf. tatistipula	NnPh	58.33	0/0	2/1	0/0	0/0	0/0	0/0	0/0	7/2	3/2	0/0
Scherbournia sp.	PhgrV	50.00	0/0	0/0	0/0	0/0	0/0	0/0	0/0	2/1	2/1	0/0
Pallia condensata C.B. Clarke	Herb	44.44	0/0	0/0	0/0	0/0	0/0	0/0	2/1	8/3	5/2	0/0
Costus afer Ker Gawler	Herb	38.89	5/1	0/0	0/0	6/3	0/0	3/1	0/0	7/2	7/2	0/0
Microlepia speluncae (L.) Moore	Herb	28.89	0/0	0/0	3/2	8/1	0/0	7/1	0/0	13/3	10/	4/2
Passiflora foetida L.	Herb	26.32	0/0	2/1	2/1	4/2	2/1	0/0	2/1	5/2	2/1	0/0

Groupe VI à *Bridelia grandis*
Unité IVA à *Porterandia cladantha* et *Jateorhiza macrantha*

Species	Type	%										
Ligneux												
Morinda lucida Benth	NnPh	100.00	0/0	0/0	0/0	0/0	0/0	1/1	0/0	0/0	0/0	0/0
Sorindeia sp.2	NnPh	66.67	0/0	0/0	0/0	0/0	0/0	2/1	0/0	0/0	0/0	1/1
Diospyros crassiflora Heirn	MsPh	50.00	0/0	0/0	0/0	0/0	0/0	2/2	0/0	0/0	2/1	0/0
Synsepalum longicuneatum De Wild.	MsPh	50.00	0/0	0/0	0/0	0/0	0/0	1/1	0/0	0/0	1/1	0/0
Zanthoxyllum hetzii (Aubr. & Pellegr.) Waterman	MsPh	36.36	0/0	0/0	2/1	1/1	1/1	8/3	2/1	0/0	6/4	2/1
Porterandia cladantha (K. Schum.) Keay	McPh	35.48	0/0	0/0	6/1	0/0	0/0	11/3	2/1	3/2	9/6	0/0
Celtis mildbraedii Engl.	MsPh	34.21	0/0	0/0	0/0	0/0	0/0	13/4	5/3	1/1	8/5	11/5
Dracaena arborea (Wild.)Link	MsPh	31.58	0/0	0/0	0/0	0/0	0/0	6/3	1/1	3/1	4/4	5/4
Irvingia gabonensis (Aurey-Lecomte ex O'Rorke) Bail.	MsPh	25.00	0/0	0/0	0/0	0/0	0/0	1/1	1/1	0/0	1/1	1/1
Herbacées, Nanophytes, lianes												
Jateorhiza macrantha (Hook.f.) Exelle & Mendouga	Herb	50.00	0/0	2/1	1/1	0/0	2/1	5/1	0/0	0/0	0/0	0/0
Friesodielsia gracilis (Hook.f.) Steenis	PhgrV	44.44	0/0	0/0	0/0	0/0	0/0	4/2	1/1	0/0	1/1	3/2
Nephthytis poissonii (Engl.) N.E.Br. var.poissonii	Herb	36.84	0/0	0/0	0/0	0/0	1/1	7/2	4/2	0/0	3/2	4/2

Unité IVB à *Antidesma membranaceum* et *Bridelia grandis*

Ligneux

Species	Type	%									
Neostenanthera myristicifolia (Oliv.) Exell.	McPh	100.00	0/0	0/0	0/0	0/0	0/0	0/0	1/1	0/0	0/0
Erythroxylum mannii Oliv.	MsPh	75.00	0/0	0/0	0/0	0/0	0/0	0/0	3/2	0/0	1/1
Mansonia altissima (A. Chev.) A. Chev. Var *kamerunica* Jacq. - Fél	MgPh	50.00	0/0	0/0	0/0	0/0	0/0	0/0	1/1	0/0	1/1
Octolobus sp.	McPh	50.00	0/0	0/0	0/0	0/0	0/0	0/0	1/1	0/0	1/1
Omphalocarpum elatum Miers	MgPh	50.00	0/0	0/0	0/0	0/0	0/0	0/0	1/1	0/0	1/1
Antidesma membranaceum Mull.Arg	McPh	46.15	0/0	0/0	0/0	0/0	2/1	0/0	6/2	0/0	3/1
Bridelia grandis Pierre ex Hutch	McPh	42.86	0/0	0/0	1/1	0/0	0/0	0/0	15/3	7/1	12/4
Hylodendron gabunensis taubert	MsPh	39.39	0/0	0/0	0/0	0/0	5/3	0/0	13/2	0/0	5/3
Donella pruniformis (Pierre ex. Engl.) Aubr.& Pellegr.	MgPh	33.33	0/0	0/0	0/0	0/0	0/0	0/0	1/1	1/1	1/1
Albizia adianthifolia (Schum) W.F. Wigth	MsPh	31.58	1/1	2/1	12/5	13/2	6/4	0/0	30/4	8/4	18/
Aningeria altissima (A.Chev) Aubr.& Pellegr.	MgPh	31.58	0/0	0/0	0/0	0/0	3/2	0/0	6/3	0/0	6/4
Beilschmiedia sp.	McPh	30.77	0/0	0/0	3/1	1/1	0/0	0/0	4/1	2/1	3/3
Treculia africana Desc.	MgPh	30.77	0/0	0/0	0/0	0/0	2/1	0/0	4/1	0/0	4/4
Ficus mucuso Welw. Ex Ficalho	MsPh	30.00	2/1	1/1	7/2	4/1	4/2	0/0	15/3	8/3	7/4
Amphimas ferrugineus Pierre ex.Pellegr.	MgPh	28.57	0/0	0/0	0/0	3/1	1/1	0/0	4/2	2/2	2/2
Sterculia tragacantha Lindl.	MgPh	26.53	0/0	1/1	1/1	0/0	9/3	0/0	13/4	6/4	11/5
Cleistopholis patens (Benth.)Engl.&Diels	MsPh	25.00	0/0	0/0	2/2	3/2	3/3	0/0	7/4	6/2	6/3
Margaritaria discoidea (Baill.) Webster	MsPh	21.98	2/1	1/1	12/2	6/4	13/3	5/2	20/4	18/4	14/5

Herbacées, Nanophytes, lianes

Species	Type	%									
Discorea bulbifera L.	Herb	100.00	0/0	0/0	0/0	0/0	0/0	0/0	1/1	0/0	0/0
Mamecylon sp.	Herb	100.00	0/0	0/0	0/0	0/0	0/0	0/0	1/1	0/0	0/0
Achomanes difformis (Blume) Engl	Herb	66.67	0/0	0/0	0/0	0/0	0/0	0/0	2/1	0/0	1/1
Elytraria marganita Vahl	Herb	50.00	0/0	0/0	0/0	0/0	0/0	0/0	2/1	2/1	0/0
Combretum sp.	Phgrv	33.33	0/0	0/0	1/1	1/1	0/0	0/0	4/1	1/1	4/4

Groupe III à *Trema orientalis*
Unité IIIA à *Rauvolfia Vomitoria et Cnestis ferruginea*

Ligneux

Species	Type	%									
Pachystela cf. *msolo*	McPh	100.00	0/0	0/0	2/1	0/0	0/0	0/0	0/0	0/0	0/0
Gardenia imperialis Schumach. &Thonn.	McPh	66.67	0/0	0/0	2/1	0/0	0/0	0/0	0/0	1/1	0/0
Oxyanthus unilocularis Hiern	McPh	60.00	0/0	0/0	3/1	0/0	0/0	0/0	0/0	2/1	0/0
Rauvolfia vomitoria Afz.	McPh	58.62	0/0	2/1	17/4	0/0	2/1	0/0	2/1	6/3	0/0

125

Species	Type	%									
Cleistopholis patens (Benth.) Engl.&Diels	MsPh	50.00	0/0	0/0	0/0	1/1	0/0	0/0	0/0	1/1	0/0
Sorindeia sp.1	McPh	27.27	0/0	0/0	0/0	3/1	0/0	0/0	1/1	2/2	3/3
Albizia glaberrima (Schum. &thonn.) Benth.	MsPh	19.05	0/0	2/1	2/1	4/2	4/2	2/2	4/1	4/3	1/1

Herbacées, Nanophytes, lianes

Centella asiatica (L.) Urb.	Herb	100.00	0/0	0/0	0/0	2/1	0/0	0/0	0/0	0/0	0/0
Chlorophytum sp.	Herb	100.00	0/0	0/0	0/0	12/3	0/0	0/0	0/0	0/0	0/0
Mapania sp.	Herb	100.00	0/0	0/0	0/0	2/1	0/0	0/0	0/0	0/0	0/0
Nephthytis gravenreuthii (Engl.) Engl.	Herb	83.33	0/0	0/0	0/0	2/1	0/0	0/0	0/0	0/0	0/0
Myrianthemum mirabile Gilg	Herb	70.00	1/1	0/0	0/0	5/1	0/0	0/0	0/0	0/0	0/0
Piper umbellatum L.	Herb	70.00	0/0	0/0	0/0	7/1	0/0	0/0	0/0	3/1	0/0
Chestis ferruginea Vahl ex DC	NnPh	40.63	0/0	2/1	2/2	13/5	0/0	0/0	3/2	5/4	7/3
Psychotria brassi Hiern	NnPh	40.00	0/0	0/0	0/0	2/1	0/0	0/0	0/0	1/1	2/2
Smilax kraussiana Meisn.	Herb	33.33	0/0	2/1	2/1	4/2	2/1	1/1	1/1	0/0	0/0
Paullina pinnata L.	Phgrv	31.58	2/1	0/0	2/1	6/2	0/0	0/0	3/2	6/4	0/0
Oxalis corriculata L.	Herb	29.41	7/1	2/1	5/1	10/3	5/1	0/0	5/1	0/0	0/0
Mostuea microphylla Gilg.	Herb	28.57	0/0	0/0	0/0	2/1	1/1	0/0	2/1	2/1	0/0
Aframomum spp.	Herb	20.43	3/1	9/3	12/2	19/4	5/2	8/2	12/3	18/6	2/1

Unité IIIB à *Trema orientalis* et *Ficus exasperata*

Ligneux

Trema orientalis (L.) Blume	NnPh	87.50	0/0	1/1	0/0	7/1	0/0	0/0	0/0	0/0	0/0
Vernonia conferta Benth.	NnPh	70.00	0/0	1/1	1/1	7/2	0/0	0/0	0/0	0/0	0/0
Ficus exasperata Vahl	McPh	61.11	0/0	0/0	0/0	11/1	2/1	1/1	1/1	1/1	0/0
Bridelia micrantha (Hochst) Baill.	McPh	46.15	1/1	0/0	2/2	12/2	1/1	1/1	1/1	8/4	0/0
Tetrorchidium didymostemon (Baill.) Pax ex Hoffm.	MsPh	35.00	0/0	4/2	0/0	7/2	5/4	0/0	2/2	2/2	0/0
Hypodaphnis zenkeri (Engl.) Stapf	McPh	28.57	0/0	0/0	0/0	2/1	2/2	1/1	0/0	1/1	1/1

Herbacées, Nanophytes, lianes

Scleria racemosa Poir.	herb	100.00	0/0	0/0	0/0	0/0	2/1	0/0	0/0	0/0	0/0
Milletia sp.	NnPh	50.00	0/0	0/0	0/0	0/0	1/1	0/0	0/0	0/0	1/1

Groupe II à *Mostuea brunonis* et *Brillantaisia vogellana*

Ligneux

Harungana madagascariensis Lam.ex Poir	McPh	100.00	0/0	0/0	4/1	0/0	0/0	0/0	0/0	0/0	0/0
Triplochiton scleroxylon K. Schum.	MgPh	50.00	0/0	0/0	1/1	0/0	0/0	1/1	0/0	0/0	0/0

Herbacées, Nanophytes, lianes

Species	Type	%										
Brillantaisia vogeliana (Nees) Benth.	Herb	100.00	0/0	0/0	1/1	0/0	0/0	0/0	0/0	0/0	0/0	0/0
Mostuea brunonis Didr. var. *brunonis*	Herb	100.00	0/0	0/0	2/1	0/0	0/0	0/0	0/0	0/0	0/0	0/0
Eremospatha hookeri (G. Mann & H. Wendl.)	Phgrv	66.67	2/1	0/0	0/0	0/0	0/0	0/0	0/0	2/1	1/1	0/0
Discorea sp.	Herb	40.00	0/0	0/0	4/1	0/0	0/0	0/0	0/0	2/1	2/2	0/0
Vitex thyrsiflora Baker	Phgrv	40.00	0/0	0/0	2/1	0/0	0/0	0/0	1/1	0/0	0/0	0/0
Oncocalamus mannii (H.Wendl.) H. Wendl.	Phgrv	33.33	0/0	0/0	1/1	0/0	0/0	0/0	0/0	1/1	0/0	1/1
Groupe I à *Chromoleana odorata*												
Unité IA à *Commelina benghalensis* et												
Phyllanthus amarus												
Herbacées, Nanophytes, lianes												
Caladium bicolor (Aiton) Vent.	Herb	100.00	2/1	0/0	0/0	0/0	0/0	0/0	0/0	0/0	0/0	0/0
Ipomoea batatas L.	Herb	100.00	2/1	0/0	0/0	0/0	0/0	0/0	0/0	0/0	0/0	0/0
Psychotria cf. *cyanopharynx*	NnPh	100.00	2/1	0/0	0/0	0/0	0/0	0/0	0/0	0/0	0/0	0/0
Pteris preussii Hier.	Herb	100.00	2/1	0/0	0/0	0/0	0/0	0/0	0/0	0/0	0/0	0/0
Xanthosoma mafaffa (L.) Schott.	Herb	100.00	0/0	2/1	0/0	0/0	0/0	0/0	0/0	0/0	0/0	0/0
***Commelina benghalensis* L.**	Herb	77.78	2/1	7/1	0/0	0/0	0/0	0/0	0/0	0/0	0/0	0/0
***Phyllanthus amarus* Schumach. & Thonn.**	Herb	76.92	2/1	10/2	1/1	0/0	0/0	0/0	0/0	0/0	0/0	0/0
Cassia mimosoides L.	NnPh	66.67	2/1	4/2	0/0	0/0	0/0	0/0	0/0	0/0	0/0	0/0
Costus afer Ker Gawle	Herb	66.67	0/0	4/1	0/0	2/1	0/0	0/0	0/0	0/0	0/0	0/0
Guaduella sp.	Herb	66.67	0/0	4/2	0/0	0/0	0/0	2/1	0/0	0/0	0/0	0/0
Manihot esculenta Crantz,	Herb	63.64	2/1	7/3	0/0	2/1	0/0	0/0	0/0	0/0	0/0	0/0
Spermacoce stachydea (De Cand.) Hutch. & Dazel												
Stachytarpheta angustifolia (Miller) Vahl	Herb	63.64	0/0	7/2	0/0	2/1	0/0	0/0	2/1	0/0	0/0	0/0
Sida rhombifolia L.	Herb	46.67	3/1	7/2	0/0	0/0	0/0	0/0	0/0	0/0	0/0	0/0
Gounia longipetala Hensl.	Herb	46.15	5/1	6/2	0/0	2/1	0/0	0/0	0/0	0/0	0/0	0/0
Alchornea laxiflora (Benth.) Pax & K.Hoffm.	Herb	40.00	2/1	2/1	0/0	0/0	0/0	0/0	0/0	0/0	1/1	0/0
	Herb	38.46	5/1	2/1	0/0	2/1	0/0	0/0	0/0	0/0	4/2	0/0
Unité IB à *Chromoleana odora*												
Herbacées, Nanophytes, lianes												
Cassia hirsuta L	NnPh	100.00	0/0	3/1	0/0	0/0	0/0	0/0	0/0	0/0	0/0	0/0
Centrosema pubescens Benth.	Herb	100.00	0/0	7/2	0/0	0/0	0/0	0/0	0/0	0/0	0/0	0/0
Discorea sp.	Herb	100.00	0/0	5/3	0/0	0/0	0/0	0/0	0/0	0/0	0/0	0/0
Xanthosoma mafaffa (L.) Schott.	Herb	100.00	0/0	2/1	0/0	0/0	0/0	0/0	0/0	0/0	0/0	0/0
Selaginella myosurus (SW.) Alston	Herb	50.79	0/0	32/4	0/0	8/1	0/0	0/0	0/0	9/2	0/0	0/0
Ageratum conyzoides L.	Herb	50.00	3/1	5/1	0/0	7/1	0/0	0/0	0/0	0/0	0/0	0/0
Cyperus sp.	Herb	50.00	0/0	2/1	0/0	2/1	0/0	0/0	0/0	0/0	0/0	0/0
Elaphantopus mollis kunth	Herb	50.00	0/0	2/1	0/0	2/1	0/0	0/0	0/0	0/0	0/0	0/0
***Chromoleana odorata* (L.) R.M. king & H.Robinson**	Herb	38.00	7/1	19/3	5/1	18/3	0/0	0/0	0/0	1/1	0/0	0/0
Costus afer Ker Gawler	Herb	37.50	0/0	3/1	0/0	0/0	2/1	0/0	0/0	0/0	3/2	0/0
Mussaenda tenuiflora Benth.	Phgrv	37.50	0/0	3/2	2/1	0/0	0/0	0/0	0/0	1/1	2/1	0/0
Clerodendrum sp.	Phgrv	35.00	0/0	7/3	1/1	5/3	1/1	0/0	0/0	3/2	3/3	0/0

127

III.1.3.2. Description floristique et structurale des différents groupements

III.1.3.2.1. Végétation pionnière des zones fortement perturbées, sols peu profonds : Groupements à *Chromolaena odorata* (Groupe I) et à *Trema orientalis* (Groupe III).

III.1.3.2.1.1. Groupement à *Chromolaena odorata* (Groupe I)

Ce groupement correspond aux stades immédiats post-culturaux. L'espèce la plus représentative est incontestablement *Chromolaena odorata*. Elle apparaît très tôt dans les parcelles cultivées après abandon et forme une strate continue en association aux cultures comme le manioc. Aux premières heures de la mise en place de ce groupement, *Chromolaena odorata* est en association avec d'autres espèces adventices telles que : *Oxalis corniculata, Ageratum conyzoides, Phyllanthus amarus, Cassia mimosoides, Spermacocea stachydea*. Par la suite, *Chromolaena odorata* envahit le champ et domine la composition végétale et atteint rapidement une hauteur de 1 à 2 mètres et recouvre le sol de telle manière que très peu de lumière arrive au niveau du sol. Sous la couche de *C. odorata*, on peut identifier les plantules d'espèces ligneuses, sous-ligneuses et de plantes grimpantes donc : *Albizia adianthifolia, Macaranga spinosa, Amphimax ferruginea, Myrianthus arboreus, Rauvolfia vomitoria, Voacanga africana, Petersianthus macrocarpus, Trema orientalis, Terminalia superba, Lindackeria dentata, Glyphaea brevis, Alchornea laxiflora, Cnestis ferruginea, Cassia hursita, Elaeis guineensis, Rauvolfia vomitoria*.

Ce groupement est lié à des sols peu profonds, à structure altérée et à l'horizon superficiel décapé en raison de l'épuisement dû au rythme intense des cultures.

Malgré la présence de quelques pieds d'arbres laissés par le cultivateur, la physionomie de cette végétation reste très uniforme dans son ensemble. *Chromolaena odorata* domine cette végétation pendant les 5 premières années.

Deux unités ont été discriminées dans ce groupement :

- l'unité à *Commelina benghalensis et Phyllanthus amarus* ;
- l'unité à *Chromolaena odorata*, qui domine la phase post-agricole sur sol fortement labouré.

Ce groupement contient 115 espèces, reparties dans 66 familles sur une superficie de 1325 m^2 couverte. Elles se répartissent de manière suivante dans ses deux principales unités :
- unité à *Commelina benghalensis* et à *Phyllanthus amarus* (34 espèces et 25 familles, 225 m^2 couverte) ;
- unité à *Chromolaena odorata* (81 espèces et 41 familles, 1100 m^2 couverte).

III.1.3.2.1.1.1. Unité à *Commelina benghalensis et Phyllanthus amarus*

Cette unité est caractérisée par une abondance des adventices culturaux, mais est encore dominée par les plants de cultures vivrières comme le manioc. Les herbacées sont marquées par la présence des espèces rudérales telles que : *Ageratum conyzoide, Cassia hursita, Phyllanthus amarus*. Les quelques arbustes recensés résultent à 80 % de la réitération des souches d'arbres coupés à hauteur considérable du sol lors du défrichement. Egalement les plantules recensées ici résultent à 42 % des rejets des souches (tableau XXII). Les plantules les plus représentées sont : *Albizia adianthifolia, Glyphaea brevis, et Musanga cecropioides*.

Les familles les plus importantes en nombre de densité relative sont pour les herbacées qui représentent la strate dominante sont :

- les Euphorbiacées (14,7 %) : *Manihot esculenta*, *Phyllanthus amaru*,;
- les Asteracées (13,3 %) : *Ageratum conyzoides*, *Chromolaena odorata* ;
- les Zingiberacées (10,7 %) : *Aframomum* spp. , *Costus afer*.

III.1.3.2.1.1.2. Unité *à Chromolaena odorata*

Cette unité est caractéristique des jeunes jachères. Elle fait suite à l'unité précédente. *Chromolaena odorata* domine la végétation après 6 mois d'abandon du champ. Cette plante étouffe en moins de 2 ans toutes les autres plantes herbacées.

Toutefois sous ce couvert de *Chromolaena odorata* on note la présence de plantules d'espèces qui caractériseront la série évolutive ultérieure. Ce sont principalement les plantules de la famille des Mimosacées (*Albizia adianthifolia*), des Apocynacées (*Voacanga africana, Tabernaemontana crassa)*, des Euphorbiacées (*Macaranga spinosa*) et de Palmacées *(Elaeis guineensis)*. 21 % des ces plantules sont issues des repousses des souches d'arbres coupées

De manière générale, une seule strate biophisionomique peut être distinguée dans le groupement à *Chromolaena odorata* : la strate herbeuse (Fig. 25, 26). Les strates arbustives et arborescentes étant encore très discrètes et résultent à 38 % de repousses (tableau XX).

Les familles les plus importantes en terme de densité relative sont :
- pour les herbacées
    - les Selaginellacées (14 %) : *Selaginella myosurus* ;
    - les Asteracées (11 % : *Ageratum conyzoides, Chromolaena odorata, Elephantopus mollis, Vernonia confert*;
    - les Euphorbiacées (9,3 %) : *Phyllanthus amarus, Tragia senegalensis* ...

La strate ligneuse est dominée par une fabacée, *Cassia spectabilis* qui est un arbuste suffrutescent introduite dans la zone. Cet arbuste est planté aux abords des routes nouvellement ouvertes pour éviter le phénomène d'érosion. Cette espèce envahit peu à peu certaines jeunes jachères.

Tableau XX. Nombre d'individus (nb Ind), proportion d'individus issus de la réitération des souches d'arbres (% R) par strates biophysionomiques dans les différents groupements de la végétation.

	Groupements de végétation																			
	G.IA		G.IB		G.II		G.IIIA		G.IIIB		G.IVA		G.IVB		G.V		G.VI		G.VII	
	Nb Ind	%R	Nb Ind	%R	Nb Ind	%R	Nb Ind	%R	Nb Ind	%R	Nb Ind	%R	Nb Ind	%R	Nb Ind	%R	Nb Ind	%R	Nb Ind	%R
Strates ligneuses																				
Arbrisseaux 2-4 m	0		11	36	8	0	26	62	5	80	9	11	8	0	65	12	936	2	27	4
Arbustes 5-7 m	4	75	40	33	41	20	115	76	49	51	82	12	71	11	207	19	1097	2	137	1
Petits arbre 8-15 m	1	100	46	39	122	25	121	45	140	46	150	23	248	24	365	20	1583	2	305	3
Subordonnés > 15 m	0		6	50	134	17	55	44	23	52	221	14	349	26	302	11	824	3	553	5
Emergents > 30 m	0		1	0	8	0	2	50	8	25	83	0	88	19	34	3	51	4	162	2
Total strates ligneuses	5	80	104	38	313	20	319	57	225	48	545	14	764	23	973	16	4491	2	1184	4
	Plantules																			
Plantules	79	42	150	21	260	2	160	21	121	21	196	1	101	0	534	1	2601	0	418	0

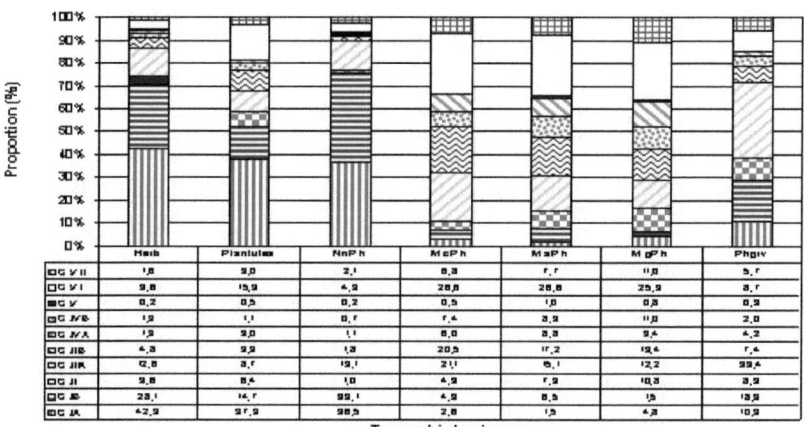

Fig. 25. Répartition des types biophysionomiques dans les différents groupements de la végétation (1600 m^2).

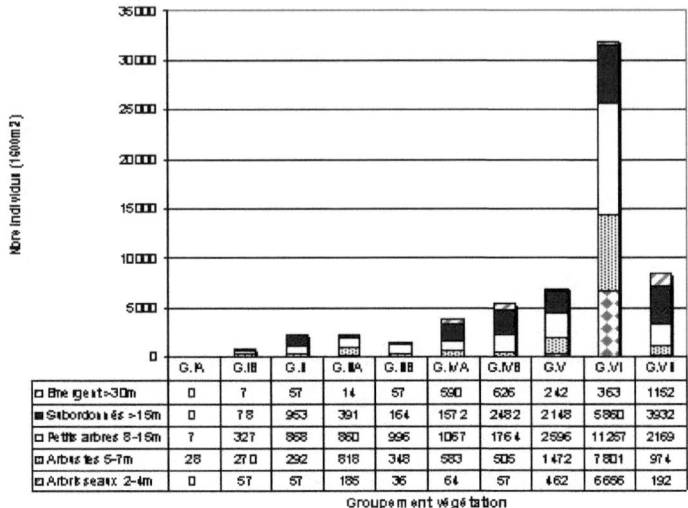

Fig. 26. Distribution des individus de la strate ligneuse des différents groupements de la végétation (1600 m^2).

III.1.3.2.1.2. Groupement à *Trema orientalis* (Groupe III)

Ce groupement correspond à la végétation qui succède au groupement à *Chromolaena odorata*. Il marque le stade suffrutescent, sous arbustive et lianescente de la dynamique successorale de la forêt du Dja. Il caractérise les parcelles âgées de 3 à 15 ans. Deux unités syntaxonomiquues peuvent être distinguées ici :
- l'unité à *Rauvolfia vomitoria et Cnestis ferruginea* et ;
- l'unité à *Trema orientalis et Ficus exasperata*.

Ce groupement compte 244 espèces, reparties dans 63 familles, toutes bien réparties dans ces deux principales unités :
- unité à *Rauvolfia vomitoria et Cnestis ferruginea* (141 espèces et 58 familles) ;
- unité à *Trema orientalis et Ficus exasperata* (97 espèces et 45 familles).

III.1.3.2.1.2.1. Unité à *Rauvolfia vomitoria* et *Cnestis ferruginea*

Cette unité succède immédiatement au groupement à *Chromolaena odorata* et est encore marquée par la forte présence des espèces herbacées, suffrutescentes et lianescentes notamment (Fig. 27) : *Alchornea cordifolia, Alchornea laxiflora, Manniophyton fulvum, Mussaenda tenuiflora.* L'émergence de quelques arbrisseaux et arbustes des espèces : *Albizia adianthifolia, Glyphaea brevis, Rauvolfia vomitoria, Voacanga africana, Leea guineensis* permet à peine de différencier une strate arbustive encore embryonnaire. 57 % de la strate ligneuse recensés résultent de la repousse des souches (tableau XXII). Elle est dominée par les espèces telles que *Myrianthus arboreus, Rauvolfi vomitoria, Glyphaea brevis.*

En terme de densité relative, les plantules sont fortement dominées par les espèces de *Voacanga africana* (9 %), *Albizia adianthifolia* (8 %), *Caloncoba glauca* (6 %) *Funtumia elastica* (4 %), *Tabernaemontana crassa* (4 %), *Petersianthus macrocarpus* (4 %), *Ficus exasperata* (4 %) *Celtis mildbraediii* (4,7 %). 21 % de ces plantules résultent de la réitération des souches ou des racines des arbres coupés.

Pour les herbacées, les familles les plus représentées en considérant leur densité relative sont :
- les *Zingiberaceae* (11 %) : *Aframomum* spp., *Costus afer*... ;
- les Astéracées (10 %) : *Ageratum conyzoides, Chromolaena odorata, Elaphantopus mollis*... ;
- les Connaracées (6 %) : *Cnestis ferruginea*...

Pour la strate ligneuse elle est dominée par trois familles :
- les Cécropiacées (24 %) : *Musanga cecropioides, Myrianthus arboreus*;
- les Euphorbiacées (11 %) : *Bridelia micrantha, Discoglypremna caloneura, Macaranga barteri, Macaranga spinosa, Margaritaria discoidea, Ricinodendron heudeloti,*;
- les Apocynacées (9 %) : *Funtumia elastica, Voacanga africana, Tabernaemontana crassa, Landolphia*...

Fig. 27. Recru forestier de 6 ans avec dominance d'espèces suffrutescentes caractéristiques de l'unité à *Rauvolfia vomitoria et Cnestis ferruginea*.

III.1.3.2.1.2.2. Unité à *Trema orientalis* et *Ficus exasperata*

C'est la phase la plus évoluée de l'unité à *Rauvolfia vomitoria et Cnestis ferruginea*, d'âge d'abandon compris entre 8 et 15 ans sur sol caractère et xérique. Le fond floristique n'est pas très différent de celui de l'unité sous jacent.

Les arbres et abustes résultent à 48 % des rejets de souches d'arbres coupés et sont marqués par les espèces suivantes : *Macaranga barteri, Macaranga spinosa, Ficus exasperata, Bridelia micrantha, Albizia adianthifolia, Trema orientalis, Tetrorchidium didymostemon…*

Les plantules restent dominées par les Apocynacées, notamment par *Tabernaemontana crassa* avec une densité relative de 21 %. La forte proportion des plantules de *Tabernaemontana crassa* et l'apparition d'une phanérophyte lianescente caractéristique du sous-bois forestier, *Geophila afzelii* marque la différence entre cette unité et l'unité à *Rauvolfia vomitoria et Cnestis ferruginea*.

Pour les herbacées, la famille des Asteracées n'apparaît plus parmi les familles importantes. On a plutôt les familles suivantes sur la base de la densité relative :
- les rubiacées (17 %) : *Geophila afzelii, Spermacoce stachydea, Psychotria brassi*... ;
- les Selaginellacées (15 %) : *Selaginella myosurus* ;
- les Zingibéracées et Costacées (13 %): *Aframomum* spp., *Costus albus*.

Fig. 28. Recru forestier de 8 ans, caractéristiques de l'unité à *Trema orientalis et Ficus exasperata*.

III.1.3.2.2. Végétation pionnière des zones peu perturbées, sols non sarclés : Groupements à *Mostuea brunonis et Brillantaisia vogeliana* (Groupe II).

Cette végétation correspond à la communauté représentant les cultures non sarclés, se développant au sein d'une ambiance forestière peu perturbée, sur un sol épais et d'âge d'abandon situé entre 5 et 11 ans. Cette unité syntaxonomique est caractéristique des champs abandonnés de concombres ou de plantains. Ces champs sont créés sur des parcelles de forêt mature et exploitées pendant deux à trois ans avant abandon.

La strate herbeuse est marquée par une herbacée lianescente *Selaginella myosurus*. *Chromolaena odorata* est présente mais a des difficultés à se propager rapidement ici car les conditions mésologiques assez humides avec moins de lumière ne lui sont pas favorables. Les herbacées généralement caractéristiques des sous-bois de forêts y sont présentes dans ce faciès on peut citer : *Palisota ambigua, Palisota hirsuta, Streptogyna crinita* …

Les plantules présentes ici représentent aussi bien les plants des espèces pionnières et héliophiles comme : *Albizia zygia* (8 %), *Tabernaemontana crassa (6 %), Vernonia conferta (2 %)*… que des espèces caractéristiques de la forêt mature environnante telles que : *Celtis tessmanii* (17 %), *Trichilia rubescens* (8 %), *Hylodendron gabunenses* (5 %), *Microdesmis puberula* (4 %), *Petersianthus macrocarpus* (4 %).

La strate ligneuse bien que peu présente est composée en plus des espèces caractéristiques des jeunes formations végétales telles que *Myrianthus arboreus, Musanga cecropioides*, des espèces suivantes : *Plagiostyles africana, Uapaca paludosa* du fait de la proximité l'ambiance forestière.

Pour la strate herbacée, les familles les plus importantes en terme de densité relative sont les suivantes :
- les Marantacées (18 %) : *Ataenidia conferta, Haumania danckelmaniana, Hypselodelphys zenkeriana, Megaphrynium macrostachyum, Sarcophrynium brachytachys*… ;
- les Poacées (6 %): *Olyra latifolia, Streptogyna crinita*… ;
- les Rubiacées (6 %): *Geophila afzelii, Psychotria brassi, Psychotria ebenis* … ;
- les Commelinacées (5 %): *Palisota ambigua, Palisota mannii*… ;
- les Selaginellacées (5 %): *Selaginella myosurus*.

Pour la strate ligneuse, les familles les plus représentées en terme de densité relatives sont :
- les Cécropiacées (27 %): *Musanga cecropioides, Myrianthus arboreus*;
- les Euphorbiacées (27 %): *Macaranga spinosa, Margaritaria discoidea, Ricinodendron heudelotii, Tetrorchidium didymostemo, Uapaca paludosa* ... ;
- les Apocynacées (6 %): *Funtumia elastica, Tabernaemontana crassa* ... ;
- les Rubiacées (5 %): *Gardenia imperialis , Porterandia cladantha* ...

III.1.3.2.3. Végétation des recrûs forestiers : Groupements à *Bridelia grandis* (Groupe IV) et groupement à *Sorindeia grandifolia* et *Laportea aestuan* (V),

III.1.3.2.3.1. Groupement à *Bridelia grandis* (Groupe IV)

Ce groupement correspond à des parcelles cultivées d'âge d'abandon chevauchant entre 20 et 25 ans, sur des sols à caractère xérique. Il succède à la végétation pionnière du groupement à *Trema orientalis*. Il est marqué par l'apparition et la dominance des espèces de Marantacées telles que *Haumania danckelmaniana, Megaphrynium macrostachyum*. Les herbacées caractéristiques du sous-bois de forêt telles que : *Palisota ambigua, Palisota hirsuta, Rhektophyllum mirabile, Geophila afzelii*,... commencent à apparaître dans ce groupement.

Les différentes strates de la végétation se différencient (Fig. 25 et 26). La proportion d'individus issus des rejets de souche d'arbres coupés (tableau XX), a diminué. La strate arborescente bien que faiblement garnie, se démarque bien ici. *Musanga cecropioides* constitue l'essentielle de la strate émergente. *Megaphrynium macrostachyum* espèce caractéristique des recrus forestiers se présente généralement en touffe dense et éparse dans ce groupement.

Du point de vu syntaxonomique, ce groupement de la végétation appartient à celle des recrûs forestiers correspondant à l'alliance *Musangion cecropioidis* de l'ordre des Musangetalia (Lebrun & Gilbert, 1954) de la classe des *Musango – Terminalietea*.

Fig. 29. Sous-bois de jeune forêt secondaire du Groupement à *Bridelia grandis*, montrant la touffe de *Megaphrynium macrostachyum* et les feuilles mortes.

Deux unités on été discriminées au sein de ce groupement :
- l'unité à *Porterandia cladantha* et *Jateorhiza macrantha* ;
- l'unité à *Antidesma membranaceum* et *Bridelia grandis*.

Ce groupement contient 230 espèces, reparties dans 69 familles et se répartissant de manière suivante dans les deux unités :
- unité à *Porterandia cladantha* et *Jateorhiza macrantha* (169 espèces et 55 familles);
- unité à *Antidesma membranaceum* et *Bridelia grandis* (182 espèces et 55 familles).

III.1.3.2.3.1.1. Unité à *Porterandia cladantha* et *Jateorhiza macrantha*

Cette unité succède immédiatement au groupement à *Trema orientalis*. La strate ligneuse est marquée par une forte présence des espèces suivantes : *Musanga cecropioides*, *Macaranga spinosa* et surtout *Tabernaemontana crassa* qui est bien répartie dans les étages arbustives et subordonnées. Les autres espèces caractéristiques des recrus forestiers telles que *Zanthoxylum macrophylla*, *Porterandia cladantha*, *Plagiostyles africana*, sont également présentes.

Haumania danckelmaniana, est bien représentée au niveau de la strate herbacée. Elle forme par endroit, avec *Aframomum* spp. et les herbacées lianescentes telle que *Jateorhiza macrantha*, les couches inextricables, constituant une sorte de tapis au-dessus des arbrisseaux et arbustes suffrutescents. Cette couche inextricable qui joue un rôle néfaste sur la germination des plantules au début, semble par la suite, former à la sénescence des feuilles de Marantacées et de Zingibéracées, un véritable ombrage qui laisse filtrer la lumière au travers des feuilles mortes, favorisant ainsi la croissance de certaines espèces plantules telles que : *Microdesmis puberula*, *Petersianthus macrocarpus*.

En terme de densité relative, les plantules d'arbres et d'arbustes les plus présentes sont : *Tabernaemontana crassa* (21 %), *Microdesmis puberula* (12 %), *Petersianthus macrocarpus* (9 %), *Hylodendron gabunenses* (5 %), *Guarea thompsonii* (4 %) *Voacanga africana* (4 %), 1 % de ces plantules seulement résultent de la réitération des souches.

En terme de densité relative les familles les plus importantes sont :
- Pour les herbacées :
    - les Marantacées (30 %) : *Haumania danckelmaniana*, *Hypselodelphys zenkeriana*, *Megaphrynium macrostachyum*, *Sarcophrynium brachystachys* ;
    - les Aracées (7 %): *Nephthytis poissonii*... ;
    - les Commelinacées (7 %) : *Pollia condensata*, *Palisota hirsute*, *Palisota ambigua*... ;

- les Dennstaedtiacées *(7 %): Microlepia speluncae.*
- Pour les ligneux :
    - les Euphorbiacées (19 %) : *Macaranga barteri, Macaranga spinosa, Margaritaria discoidea, Plagiostyles Africana, Tetrorchidium didymostemon... ;*
    - les Apocynacées (14 %) : *Funtumia elastica, Tabernaemontana crassa, Tabernaemontana penduliflor;*
    - les Cécropiacées (11 %): *Musanga cecropioides, Myrianthus arboreus ;*
    - les Rubiacées (6 %) : *Bertiera racemosa, Porterandia cladantha, Pauridiantha dewevrei...*

En terme de dominance relative, les *Cecropiaceae* sont largement les plus dominantes.

III.1.3.2.3.1.2. Unité à *Antidesma membranaceum* et *Bridelia grandis*

Cette unité est la phase évoluée de l'unité à *Porterandia cladantha et Jateorhiza macrantha*. *Macaranga spinosa* et *Musanga cecropioides* sont encore bien présentes, mais leur population est en phase de sénescence. On note l'émergence d'autres espèces telles que *Pycnanthus angolensis, Ricinodendron heudelotii, Terminalia superba...* cette phase marque l'apparition des espèces de *Uapaca*.

Les espèces suivantes sont bien représentées au niveau de la strate subordonnée : *Distemonanthus benthamianus, Petersianthus macrocarpus, Funtumia elastica.*

La strate herbacée est marquée par l'apparition des espèces caractéristiques du sous-bois forestier telle que : *Anchomanes difformis, Geophila afzelii, Rhektophyllum mirabile.*

Les plantules les plus présentes suivant leur densité relative sont : *Microdesmis puberula* (17 %), *Tabernaemontana crassa* (15 %), *Petersianthus macrocarpus* (9 %), *Trichilia rubescens* (9 %) ; *Hylodendron gabunenses* (7 %), *Canarium schweinfurthii (4 %).* Ainsi toutes les plantules sont issues du processus naturel de germination et non de la réitération des souches.

- Pour les herbacées les familles les plus importantes en terme de diversité relative sont :
    - les Marantacées (27 %) : *Haumania danckelmaniana, Hypselodelphys zenkeriana, Megaphrynium macrostachyum* ;
    - les Rubiacées (13 %) : *Geophila afzelii, Psychotria brassi, Psychotria ebenis;*
    - les Aracées (7 %): *Anchomanes difformis, Nephthytis poissonii, Rhektophyllum mirabile;*
    - les Poacées (6 %) : *Guaduella* sp, *Olyra latifolia...*

- Pour les ligneux :
    - les Euphorbiaceae (19 %) : *Bridelia grandis, Macaranga spinosa, Margaritaria discoidea, Plagiostyles Africana, Ricinodendron heudelotii...* ;
    - les Apocynacées (17 %) : *Funtumia elastica, Tabernaemontana crassa, Tabernaemontana penduliflora...* ;
    - les Cécropiacées (8 %) : *Musanga cecropioides, Myrianthus arboreus*;
    - les Caesalpiniacées (6 %) : *Amphimas ferrugineus, Distemonanthus benthamianus, Hylodendron gabunenses.*

III.1.3.2.4. Groupement à *Sorindeia grandifolia et Laportea aestuan* (GroupeV)

Ce groupement correspond à la végétation des parcelles non labourées, sur des sols plus épais, d'âge d'abandon compris entre 20 et 25 ans. Ce groupement contient aussi des anciennes cacaoyères abandonnées il y a près de 20 ans.

Son cortège floristique comprend à la fois les espèces caractéristiques du *Musangion-cecropioidis* comme *Musanga cecropioides, Myrianthus arboreus,* et des espèces caractéristiques du *Triplochito – Terminalion* comme, *Discoglypremna caloneura, pygnanthus angolensis…,* mais aussi des espèces plus typiques des faciès de vieilles forêts secondaires comme *Uapaca paludosa, Strombosiopsis tetrandra.*

218 espèces, reparties dans 68 familles ont été recensées dans ce groupement.

La strate herbacée est marquée par la présence des Marantacées, Zingiberacées et Costacées telles que : *Haumania danckelmaniana, Hypselodelphys zenkeriana, Megaphrynium macrostachyum, Aframomum* spp., *Costus afer…* On note également la forte présence des fougères telles que : *Microlepia speluncae, Selaginella myosurus* et une Urticacée caracteristique de ce type de groupement : *Laportea aestuan.*

Les plantules d'espèces recensées dans le sous-bois suivant leur densité relative, sont fortement marquées par : *Uapaca paludosa* (10 %), *Tabernaemontana crassa* (9 %), *Trichilia rubescens* (7 %), *Microdesmis puberula* (5 %), *Petersianthus macrocarpus* (5 %).

Les familles les plus importantes en terme de densité relative sont :
- Pour les herbacées :
    - les Marantacées (15 %): *Haumania danckelmaniana, Hypselodelphys zenkeriana, Megaphrynium macrostachyum, Sarcophrynium schweinfurthianum;*
    - les Rubiacées (14 %) : *Geophila afzelii, Mussaenda tenuiflora, Psychotria brassi, Psychotria ebenis, Psychotria tatistipula, Scherbournia* sp…;
    - les Zingiberacées et Costacées (7 %) : *Aframomum* spp., *Costus afer…* ;
    - les Acanthacées (6 %) : *Brillanasia* sp., *Elytraria marganita, Pseuderanthemum tunicatum, Whitfieldia longifoli;*

- les Poacées (6 %) : *Centotheca lappacea, Olyra latifolia, Setaria barbata.*

- Pour les espèces ligneuses :
    - les Euphorbiacées (23%) : *Macaranga spinosa, Uapaca paludosa, Plagiostyles africana, Margaritaria discoidea, Discoglypremna caloneura* ;
    - les Apocynacées (21%) : *Funtumia elastica, Tabernaemontana crassa, Voacanga africana*;
    - les Cécropiacées (14 %): *Musanga cecropioide, Myrianthus arboreus s* ;
    - les Rubiacées (5 %): *Bertiera racemosa, Corynanthe pachyceras, Heinsia crinita, Pauridiantha dewevrei;*
    - les Meliacées (4 %): *Carapa procera, Guarea thompsonii, Trichilia rubescens, Trichilia tessmannii.*

III.1.3.2.5. Végétation des forêts secondaires âgées : Groupements à *Terminalia superba et Olyra latifolia* (Groupe VI) et groupement à *Rinoria oblongifolia et strombosia grandifolia* (Groupe VII),

III.1.3.2.5.1. Groupement à *Terminalia superba* et *Olyra latifolia* (Groupe VI)

Ce groupement correspond à la végétation des parcelles dont l'âge varie entre 30 et 50 ans. Il marque les forêts secondaires évoluées dont l'espèce caractéristique identifiée par plusieurs auteurs (Aubréville, 1947 ; Lebrun & Gilbert, 1954 ; Letouzey, 1985 ; Mbarga, 1982) est *Terminalia superba*. Cette espèce bien que non exclusive est bien présente dans la végétation de ce groupement.

361 espèces, reparties dans 97 familles ont été recensées dans ce groupement.

Le sous-bois est encore dense et dominé par les Marantacées notamment les espèces comme : *Ataenidia conferta, Haumania danckelmaniana, Megaphrynium macrostachyum* et *Sarcophrynium schweinfurtii* qui marquent leur apparition dans ce groupement. On note également la prédominance d'une Poacée de sous-bois : *Olyra latifolia*. *Alchornea floribunda,* Euphorbiacées suffrutescente est assez présente dans le sous-bois.

La strate arbustive inférieure atteignant à peine 15 m est dominée par *Tabernemontana crassa*. On trouve encore dans cette strate, assez d'espèces caractéristiques des formations secondaires jeunes comme : *Fernandoa adolphi-friderici, Funtumia elastica, Myrianthus arboreus, Zanthoxylum macrophylla*.

Ce groupement est marqué aussi par la forte présence au niveau de la strate ligneuse, des espèces de la famille des Annonacées telles que : *Anonidium mannii* et *Greenwayodendron suaveolens*. Ces Annonacées sont compagnes des espèces de *Petersianthus macrocarpus,* et *Uapaca paudosa.*

Les émergents peu présents sont constitués par les espèces suivantes:*Terminalia superba, Ceiba pentandre, Ricinodendron heudelotii.*

Les principales espèces de plantules recensées ici sont en terme de densité relative : *Tabernaemontana crassa* (12 %), *Microdesmis puberula* (7 %), *Trichilia rubescens* (6 %), *Uapaca paludosa* (5 %), *Petersianthus macrocarpus* (5 %), *Greenwayodendron suaveolens* (4 %), *Myrianthus arboreus* (4 %), *Rinorea dentata* (3 %), *Strombosiopsis tetrandra* (3 %).

Les familles les plus importantes en terme de densité relative sont :
- pour les herbacées :
    - les Marantacées (19 %): *Ataenidia conferta, Halopegia azurea, Haumania danckelmaniana, Hypselodelphys scadens, Hypselodelphys zenkeriana, Megaphrynium macrostachyum ;*
    - les Rubiacées (14 %): *Bertiera aethiopica, Geophila afzelii, Psychotria brassi, Psychotria ebenis, Uncaria africana… ;*
    - les Poacées (9 %): *Olyra latifolia, Streptogyna crinita ;*
    - les Euphorbiacées (8 %) : *Manniophyton fulvum, Paullina pinnata ;*
    - les Commelinacées (7 %): *Palisota ambigua, Palisota hirsuta, Palisota mannii, Pollia condensata ;*
    - les Acanthacées (5 %): *Pseuderanthemum tunicatum, Whitfieldia longifolia, Whitfieldia thollonii ;*
    - les Zingiberacées et Costacées (4 %) : *Aframomum* spp., *Costus afer, Renealmia* sp. ;
    - les Aracées (4 %) : *Anchomanes difformis, Asperagus racemosa, Nephthytis poissonii, Rhektophyllum mirabile, Stylochaeton zenkeri.*

- Pour les espèces ligneuses :
    - les Euphorbiacées (22 %) : *Macaranga barteri, Maesobotrya klaineana, Plagiostyles Ricinodendron heudelotii, Uapaca paludosa, Uapaca acuminate, Uapaca guineensis, Uapaca staudtii;*

- les Apocynacées (20 %) : *Alstonia boonei, Funtumia elastica, Rauvolfia macrophylla, Tabernaemontana crassa* ... ;
- les Rubiacées (7 %) : *Bertiera racemosa, Cephaelis densinervia, Corynanthe pachyceras, Heinsia crinita, Pauridiantha dewevrei, Tricalysia soyauxii* ...
- les Meliacées (6) : *Carapa procera, Entandrophragma angolense, Guarea cedrat, Trichilia rubescens, Trichilia tessmannii* ... ;
- les Cécropiacées (5 %) : *Musanga cecropioides, Myrianthus arboreus*;
- les Annonacées (5 %) : *Annikia chlorantha, Anonidium mannii, Greenwayodendron suaveolens, Isolona hexaloba, Xylopia hypolampra, Xylopia staudtii*.

Malgré la présence des espèces de forêt sempervirente dans ce groupement, il peut être rattaché à l'alliance du *Triplochito – Terminalion* (Lebrun & Gilbert, 1954) (végétation des vieilles forêts secondaires du secteur mésophile semi-caducifolié), de l'ordre des *Fagaro – Terminalietalia* qui correspond aux veilles forêts secondaires de l'aire des forêts denses humides.

III.1.3.2.5.2. Groupement à *Rinoria oblongifolia et Strombosia grandifolia* (Groupe VII)

Ce groupement correspond à des parcelles d'âge supérieure à 50 ans et atteignant 100 à 150 ans. La végétation de ce groupement est marquée par la l'apparition dans les arbustes du sous-bois des espèces caractéristiques des forêts matures telles que : *Rinorea dentata, Rinorea oblongifolia, Trichilia rubescens, Microdesmis puberula. Tabernaemontana crassa* reste encore abondante dans cette végétation.

Du point de vu physionomique, ce groupement présente plusieurs strates, trois à quatre strates ligneuses (Fig. 31). La strate dominante est la strate arborescente située entre 25 et 30 m de haut donc le socle floristique est dominé par les espèces comme: *Carapa procera, Coelocaryon preussii, , Greenwayodendron suaveolens, Heisteria zimmereri, Pentaclethra macrophylla, Plagiostyles africana, Strombosia pustulata, Strombosiopsis tetrandra, Uapaca paludosa.*

Le sous-bois est caractéristique des forêts matures avec son cortège des espèces telles que : *Rourea obliquifoliolata, Olyra latifolia, Corymborkis corymbis, Whitfieldia longifolia, Strychnos* spp..

Les plantules d'arbre dominant dans le sous-bois sont suivant leurs densités relatives : *Santiria trimera* (13 %), *Tabernaemontana crassa* (12 %), *Petersianthus macrocarpus* (4 %) ; *Hylodendron gabunenses* (3 %), *Plagiostyles Africana* (3 %), *Uapaca paludosa* (3 %). Le phénomène des plantules issues des rejets des souches est absent ici.

227 espèces réparties dans 67 familles ont été recensées dans ce groupement. Les Marantacées et Rubiacées dominent toujours les herbacées. Pour les espèces ligneuses, les familles les plus importantes en terme de densité relative sont :

- les Euphorbiacées (19 %) : *Maesobotrya klaineana, Plagiostyles africana, Uapaca acuminata, Uapaca guineensis, Uapaca paludosa, Uapaca staudtii;*
- les Apocynacées (11 %) : *Alstonia boonei, Funtumia elastica, Tabernaemontana crassa, Tabernaemontana inconspicua, Tabernaemontana penduliflora;*
- les Lecythidacées (8 %) : *Petersianthus macrocarpus;*
- les Meliacées (7 %) : *Carapa procera, Guarea cedrata, Trichilia rubescens, Turreanthus africanus ;*
- les Annonacées (6 %) : *Annikia chlorantha, Greewayodendron suaveolens, Anonidium mannii, Isolona hexaloba, Uvariopsis letestui… ;*
- les Olacacées (6 %) : *Heisteria zimmereri, Strombosia grandifolia, Strombosia pustulata, Strombosiopsis tetrandra ;*

- les Myristicacées (5 %) : *Coelocaryon preussii, Pycnanthus angolensis, Staudtia kamerunensis*... ;
- les Caesalpiniacées (4 %) : *Anthonotha cladantha, Anthonotha macrophylla, Distemonanthus benthamianus, Erythrophleum suaveolens, Hylodendron gabunenses* ...

III.1.3.3. Dynamique de la reconstitution

Les rythmes de changement des paramètres structurels et fonctionnels tels que la composition spécifique, la stratification et les stratégies adaptatives des espèces sont abordés dans cette section. Pour une étude plus commode de l'évolution de ces paramètres dans le temps, les relevés ont été regroupés par tranches d'âges.

Trois groupes d'espèces ligneuses ont été distingués : espèces forestières ou encore espèces de forêt primaire, espèces de forêt secondaires et les espèces pionnières.

III.1.3.3.1. Richesse et diversités floristiques

De manière générale, on observe une tendance à l'accroissement du nombre d'espèces avec l'âge de la végétation (Fig. 30). Ceci s'explique par une imbrication de différentes espèces caractéristiques des phases successives (herbacées, arbustifs pionniers, recrus forestiers...) au cours de la reconstitution. Quatre phases de dépression sont observées : une première phase de 3 à 5 ans marquée par la sénescence des herbacées. On note au cours de cette phase un recrutement des arbustifs pionniers. La deuxième phase entre 5 et 10 ans marque la vague de sénescence des espèces d'arbres pionniers telles que : *Vernonia conferta, Trema orientalis*... La troisième phase entre 25 à 35 ans marque la sénescence des espèces telles que *Macaranga* spp., *Tabernaemontana crassa, Bridelia* spp. ; *Rauvolfia macrophylla*. La quatrième phase de dépression au delà de

50 ans, serait la résultante de l'effet cumulatif de la mort des espèces pionnières et recrus forestiers.

La courbe présente un pic à la classe 35-40 ans correspondant au maximum d'espèces. La présence de ce pic serait liée au fait que cette classe constitue une phase de transition où on note à la fois la présence des espèces du recru forestier et les espèces forestières.

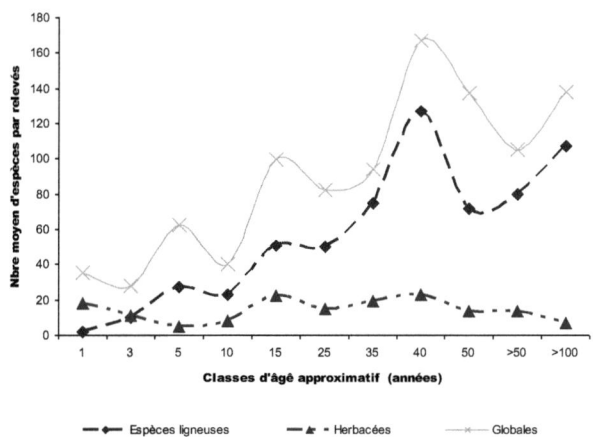

Fig. 30. Evolution du nombre d'espèces au cours de la succession.

—♦— Espèces ligneuses   — ▲ - Herbacées   —×— Globales

Les observations suivantes peuvent être faites sur la base de la figure 31 ci-dessous :

Les espèces pionnières régénèrent très rapidement aux premiers stades de la reconstitution forestière après abandon des champs. Les plantules de ces pionniers vont croître rapidement et atteindre assez tôt la phase arbustive sans une réelle transition au stade de gaulis. Elles atteignent pour la plupart la maturité de croissance à partir de la cinquième année puis, commence la phase de sénescence. Toutefois pour certaines espèces pionnières comme les *Macaranga* spp., *Mussanga cecropioides,* elles vont entamer leur sénescence plus tard entre 25 et 35 ans.

Les espèces caractéristiques de forêt secondaire germent bien dès les premiers stades de la succession. Elles suivent ensuite une croissance normale et sont bien représentées au stade de gaulis. Comparées aux espèces de forêt primaire, les plantules des espèces de forêt secondaire vont diminuer à partir de la quinzième année. En effet, à cette phase de la reconstitution, les espèces suffrutescentes et les Marantacées, forment au niveau du sous-bois une couche inextricable qui limite la quantité de lumière arrivant au sol. Cependant cette couche laisse filtrer un peu de lumière nécessaire pour permettre aux espèces de forêt primaire de germer.

De même, les gaulis des espèces de forêt secondaire vont diminuer comparativement à celles des espèces forestières à partir de 35 ans. A partir de cette phase, les conditions mésologiques donnant une ambiance forestière sont favorables à la croissance des espèces forestières.

La présence d'un pic de plantules des espèces de forêt primaire à 5 ans pourrait s'expliquer par le fait que certains relevés de cette tranche d'âge sont situés dans l'ambiance forestière sur sols peu labourés favorables à la régénération de ces espèces. Aussi un des sous-parcelles pour les inventaires de régénération dans la parcelle de 5 ans du site de Nkouakane, était situé au pied d'un grand semencier de *Celtis tessmanii* avec sur le sol de nombreuses plantules issues de la germination des graines après fructification.

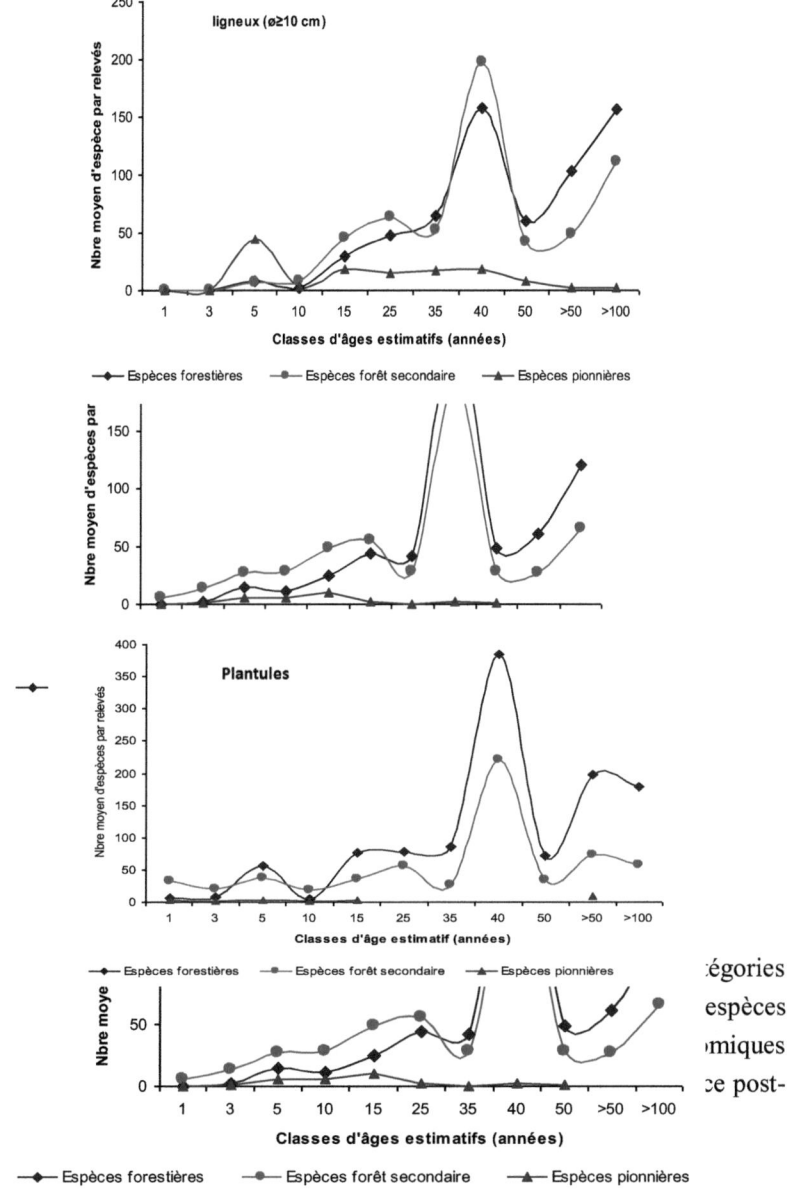

Le tableau suivant présente les différents indices phytosociologiques par tranches d'âges estimatifs. Le calcul a été fait à l'aide du programme SPADE (Species Prediction And Diversity Estimation) ; l'avantage que présente ce système est qu'il permet d'estimer ces différents indices non sur la base de la superficie explorée, mais sur la taille des différents types d'échantillons effectués. Il présente différents systèmes d'estimations "*Estimator*. Le MLE (*Minimum Likehood Estimator*) (Chao & Chen, 2003) a été à chaque fois utilisé.

Tableau XXI. Estimation des principaux indices phytosociologiques.
SPADE (MLE : *Minimum Likehood Estimator*, Chao & Chen, 2003).

1an (0 -1an); 3ans (>1an 3≤ ans), 5ans (>3ans ≤5ans), 10 (> 5ans ≤10 ans) ; 15 ans (> 10 ans ≤15 ans) ; 25 ans (>15 ans ≤ 25 ans) ; 35 ans (>25 ans ≤ 35ans) ; 40 ans (> 35 ans ≤ 40 ans) ; 40 ans (> 40 ans ≤ 50ans).

Classes d'âges approximatifs	Richesse spécifique	Indice de Shannon-Wiener (H')	Indice de Simpson (D)	Equitabilité de Piélou (Q)
1an	80,8	3,76	0,05	0,44
3 ans	66,2	3,83	0,03	0,49
5 ans	113,4	4,03	0,03	0,45
10 ans	125,7	3,99	0,04	0,43
15 ans	201,6	4,70	0,02	0,46
25 ans	281	4,67	0,02	0,40
35ans	257,1	4,73	0,02	0,43
40 ans	246	4,22	0,04	0,37
50ans	227,3	4,51	0,03	0,43
>50ans	251	4,47	0,03	0,39
>100 ans	141,5	4,17	0,04	0,43
Coefficient r de Pearson	r= 0,66	r= 0,55	r= -0,15	r= -0,59

A l'exception de l'indice de Simpson, le cœfficient « r » de Pearson entre les différents indices phytosociologiques et l'âge des parcelles est supérieur à 50 %. La richesse spécifique et l'indice de shannon présentent une corrélation à tendance positive avec l'âge des parcelles.

Suivant la figure 32 ci-dessous, on note que la diversité est faible dans les stades jeunes. Toute fois, cette diversité augmente de façon irrégulière entre 1 et 35 ans. Elle est faible entre 1 et 10 ans. A 5 ans on assiste à une sénescence des herbacés et le recrutement des espèces ligneuses qui poussent certainement à l'ombre sous l'effet des rayons de lumière reçus au travers de petites ouvertures laissées par les feuilles mortes du fourré à *Chromolaena odorata*. La diversité croît alors fortement jusqu'à 35 ans. Cette augmentation serait le reflet de l'existence de la ressource (lumière) dont la disponibilité permettrait aux différentes espèces d'exprimer leur potentiel biotique. La tendance décroissante est observée par la suite.

Le maximum de diversité spécifique est atteint au stade de forêt intermédaire ; ce maximum résulte de la coexistence d'espèces d'ombre et d'espèces héliophiles, tandis que la diminution de la diversité au stade mature trouve son explication dans la disparition des espèces de la forêt secondaire. .

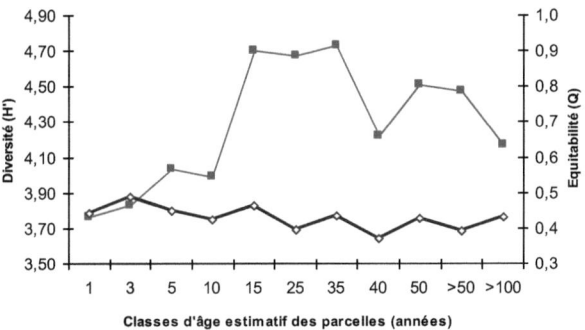

Fig. 32.] ──■── Indice de Shannon-Wiener (H') ──◇── Equitabilité de Piélou (Q)   le l'indice de Shannon Weaver   au cours de la chronoséquence post-culturale

──■──Indice de Shannon-Wiener (H') ──◇──Equitabilité de Piélou (Q)

Les données sur l'Equité de Pielou obtenues sont de manière générale, assez faibles. Elles sont toutes très inférieures à 0,8, ce qui reflète un déséquilibre dans la distribution des espèces au sein des groupements. Ceci pourrait s'expliquer par la tendance au grégarisme de certaines espèces par paliers successifs en fonction de l'atteinte de leurs optimums écologiques respectif au cours des différentes phases de la reconstitution. Une équitabilité faible représente une grande importance de quelques espèces dominantes.

III.1.3.3.2. Indice de similitude

L'indice de NNESS a été utilisé pour comparer les similitudes entre les parcelles de différentes classes d'âges. L'indice de similitude de NNESS permet de comparer le degré de similitude de la composition floristique de deux relevés en minimisant les biais. En effet cet indice compare les relevés de taille "k" identique sur la base de jeu des données tirées au hasard dans chaque relevé. Le tableau XXII suivant présente les degrés de similitudes entre les parcelles pour différentes valeurs de "k".

Le tableau de similarité de NNESS entre les parcelles, montre pour les espèces ligneuses, une similarité supérieure à 50 % entre les parcelles de vieilles forêts secondaires âgées de plus de 100 ans et parcelles de jeunes formations secondaires déjà à partir de 25 ans. Cette observation se confirme aussi bien pour les petites que les grandes valeurs de k (16 et 256 respectivement).

Quelques disparités ont été notées. Une similarité de 51 % par exemple a été obtenue entre les parcelles de classe d'âge 50 ans et 5 ans pour k = 16 (tableau XXII). Ceci pourrait s'expliquer par des facteurs tels que : la nature du sol fortement perturbée ou non, la présence ou non d'une ambiance forestière qui influence fortement l'installation des espèces spécifiques d'herbacées.

Tableau XXII. Indices de similitude de NNESS entre les parcelles de différentes classes d'âge des espèces ligneuses et herbacées. Les classes d'âges dont les indices sont vides représentent celles pour les quelles le nombre d'individus *k* pris en compte pour le calcul est supérieur au nombre d'individus total recensé dans ces classes

Espèces ligneuses ($\varnothing \geq 10$ cm)

NNESS(k = 16)	1an	3ans	5 ans	10 ans	15 ans	25 ans	35 ans	40 ans	50 ans	>50 ans
1an										
3 ans										
5 ans										
10 ans			7,00							
15 ans			0,55	0,60						
20 ans			0,24	0,41	0,35					
25 ans			0,50	0,60	0,79					
35 ans			0,48	0,51	0,70	0,88				
40 ans			0,38	0,33	0,52	0,73	0,72			
50 ans			0,38	0,36	0,66	0,78	0,76	0,72		
>50 ans			0,22	0,22	0,46	0,62	0,61	0,74	0,84	
>100 ans			0,20	0,21	0,45	0,62	0,63	0,72	0,79	0,84

NNESS(k = 256)	1an	3ans	5 ans	10 ans	15 ans	25 ans	35 ans	40 ans	50 ans	>50 ans
1an										
3 ans										
5 ans										
10 ans										
15 ans										
20 ans										
25 ans					0,69					
35 ans					0,63	0,80				
40 ans					0,57	0,74	0,69			
50 ans					0,61	0,76	0,73	0,65		
>50 ans					0,54	0,76	0,70	0,71	0,78	
>100 ans					0,51	0,66	0,59	0,59	0,61	0,71

Espèces herbacées

NNESS(k = 16) Samples	1an	3ans	5 ans	10 ans	15 ans	25 ans	35 ans	40 ans	50 ans	>50 ans
1an										
3 ans	0,35									
5 ans	0,48	0,33								
10 ans	0,40	0,47	0,48							
15 ans	0,34	0,34	0,33	0,54						
25 ans	0,23	0,24	0,43	0,39	0,68					
35 ans	0,14	0,23	0,37	0,30	0,54	0,64				
40 ans	0,25	0,10	0,36	0,31	0,48	0,62	0,45			
50 ans	0,20	0,22	0,51	0,46	0,59	0,73	0,60	0,57		
>50 ans	0,13	0,13	0,41	0,36	0,60	0,80	0,59	0,64	0,79	
>100 ans	0,06	0,05	0,25	0,19	0,29	0,46	0,49	0,34	0,38	0,50

NNESS(k = 32)	1an	3ans	5 ans	10 ans	15 ans	25 ans	35 ans	40 ans	50 ans	>50 ans
1an										
3 ans										
5 ans	0,48									
10 ans	0,40	0,47								
15 ans	0,36	0,35	0,53							
25 ans	0,25	0,45	0,40	0,69						
35 ans	0,19	0,38	0,37	0,62	0,70					
40 ans	0,26	0,39	0,31	0,49	0,62	0,61				
50 ans	0,21	0,52	0,47	0,59	0,72	0,57	0,57			
>50 ans	0,15	0,44	0,38	0,61	0,80	0,59	0,64	0,79		

En considérant les herbacées, on note de manière générale une dissimilitude entre les parcelles jeunes des premiers stades de la reconstitution de 0 à 10 ans et les parcelles d'âge d'abandon plus âgée. Entre 15 ans et 25 ans une grande similarité est déjà observée au niveau des herbacées avec les parcelles de 50 ans et plus.

III.1.3.3.3. Caractéristiques biophysiques

III.1.3.3.3.1. Classes de diamètres, surfaces basale,

Le tableau XXIII et la figure 33 suivants de la distribution des tiges par classe de diamètre au cours de la succession secondaire post-agricole, montrent une répartition irrégulière des structures diamétriques pour les parcelles jeunes de moins de 25 ans. Cette irrégularité est le fait de la distribution éparse de quelques pieds d'arbres laissés par les essarteurs lors de la création des champs. Jusqu'à 50 ans, on observe une distribution en "j inversé" caractérisée par une dominance quasi-totale des individus de diamètres inférieurs à 20 cm. Au-delà de 50 ans, la distribution diamétrique tend à présenter une structure exponentielle inversée. Bien que les individus de la classe de diamètre inférieure à 20 cm soient toujours dominants, le décalage avec les individus de la classe supérieure immédiate comprise entre 20 et 30 cm est moins marqué.

Tableau XXIII. Nombre de tiges d'arbres à l'hectare (ø ≥ 10 cm) par classe de diamètre et par classes d'âge d'abandon des parcelles.

Classes diamètre (cm)	Classes d'âges approximatifs (Années)									
	1an	3 ans	5 ans	10 ans	15 ans	25 ans	35 ans	40 ans	50 ans	>50 ans	>100 ans
10 - 19	15	100	133	350	297	304	308	408	252	306	193
20-29	0	0	44	39	58	71	76	76	79	104	71
30-39	0	0	0	6	35	27	28	23	32	41	26
40-49	0	0	44	11	20	21	30	16	34	21	21
50-59	0	0	0	28	2	13	16	14	25	15	13
60-69	0	0	0	0	9	5	7	8	13	8	4
70-79	0	17	0	0	2	8	8	4	7	11	9
≥80	0	0	0	0	3	13	18	15	12	10	16

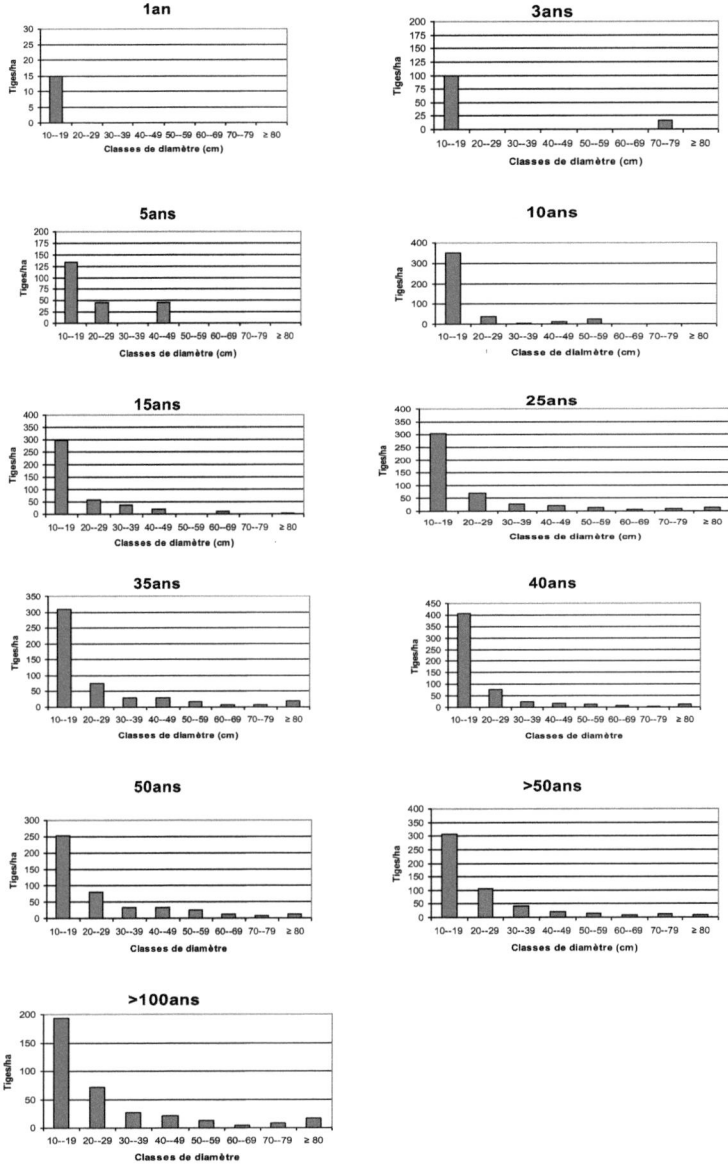

Fig. 33. Structures diamètriques des espèces ligneuses (ø ≥ 10 cm) dans les parcelles de différents âges d'abandon après culture

Tableau XXIV. Caractéristiques structurales d'arbres (ø ≥ 10 cm) obtenues dans les parcelles de différentes classes d'âge en comparaison avec celles obtenues dans la forêt hétérogène typique du Dja par Sonké (1998).

	Classes d'âge approximatif (années)											Forêt hétérogène typique du Dja (Sonké, 1998)
	1an	3 ans	5 ans	10 ans	15 ans	25 ans	35 ans	40 ans	50 ans	>50 ans	>100 ans	
Nbre de tiges/ha	15	117	222	433	424	461	491	563	454	516	353	**645**
Surface basale(m2/ha)	0,14	7,56	17,61	14,80	19,94	32,15	38,73	33,64	37,15	34,92	30,44	**39,28**
Surface basale arbre moyen (m2)	0,009	0,065	0,042	0,034	0,047	0,070	0,079	0,060	0,082	0,086	0,068	**0,061**
Diamètre arbre moyen (cm)	10,83	20,24	20,19	17,34	20,45	22,89	24,36	20,88	25,88	23,41	26,47	**27,85**

L'analyse de la régression linéaire, montre une relation positive entre le nombre d'années après abandon des cultures et la surface basale à l'hectare ($F_{1,9}= 7,04$; $r^2= 0,44$; $P < 0,05$), la surface basale moyenne par arbre ($F_{1,9}= 6,47$; $r^2= 0,41$; $P < 0,05$) et le diamètre moyen par arbre ($F_{1,9}= 7,34$; $r^2= 0,44$; $P < 0,05$). Par contre, l'analyse n'a pas permis de noter une corrélation avec le nombre de tiges à l'hectare ($F_{1,9}= 2,55$; $r^2= 0,22$; $P =0,144$) (Fig. 34).

La fluctuation de la densité des pieds d'arbres au cours du processus de reconstitution au gré des phases de dépérissement et de recrutement, pourrait expliquer en partie la corrélation non significative observée entre le nombre d'individus à l'hectare et l'âge des parcelles.

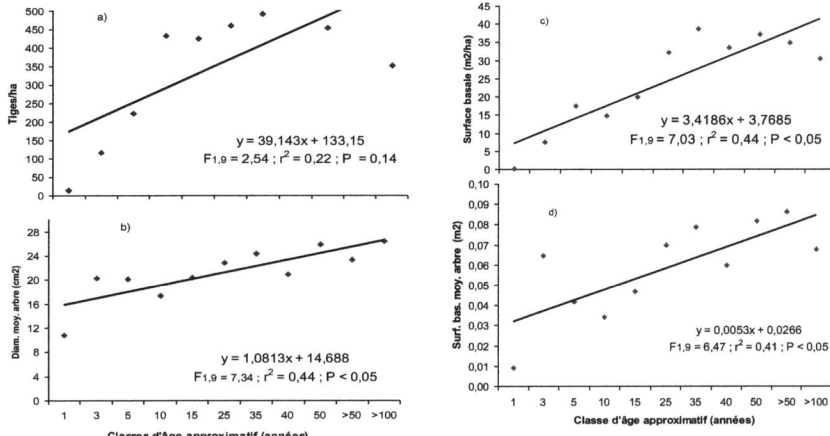

Fig. 34. Relation entre l'âge des parcelles et a) le nombre de tiges à l'hectare, b) le diamètre moyen par arbre, c) la surface basale à l'hectare, et d) la surface basale moyenne par arbre pour les espèces ligneuses de diamètre ≥ à10 cm.

III.1.3.3.3.2. Estimation de la phytomasse et du stock de carbone au cours de la chronoséquence de la forêt du Dja

L'analyse de la régression linéaire de la phytomasse et du stock de carbone estimé pour les espèces ligneuses de diamètre au-délà de 10 cm, en fonction des parcelles de différents âges d'abandon montre une corrélation positive ($F_{1,9}$ = 6,5 ; r^2 = 0,42 ; P < 0,05) (tableau, XXV).

Tableau XXV. Estimation de la biomasse et du stock de carbone des espèces ligneuses (ø ≥ 10 cm) dans les parcelles de différentes classes d'âges.

	Classes d'âge approximatif des parcelles (années)										P-value ; r^2
	1	3	5	10	15	25	35	40	50	>50	>100	
Phytomasse (t/ha)	0,7	94	188	156	222	393	481	406	457	162	976	P < 0,05, r^2 = 0,42
Stock de carbone (t/ha)	0,4	47	94	78	111	197	240	203	228	81	488	

Une corrélation positive est observée entre l'âge d'abandon des parcelles post-cultural et le stock de carbone accumulé.

On observe une rapide accumulation de la biomasse durant les 15 à 25 premières années suivie après par une relative stagnation marquée par une faible vitesse d'accumulation. Au-delà de 100 ans, le stock de carbone croît de manière exponentielle avec l'apparition des grands arbres.

III.1.3.3.3.3. Modes de dispersion des diaspores.

Le tableau XXVI, suivant présente pour les espèces ligneuses de diamètre supérieur ou égal à 10 cm, les différents modes de dissémination des diaspores et leur répartition par classes d'âges des parcelles. Les espèces sarcochores sont de loin les plus représentées à toutes les phases chronoséquencielles de la reconstitution. De manière générale, le test de régression linéaire n'a pas permis de trouver une relation entre les différents modes de dissémination des diaspores et l'âge des parcelles. Seules les espèces barochores ont montré une tendance positive à s'installer dans les parcelles âgées ($F_{1,9}$= 14,4 ; r^2= 0,67 ; P < 0,005).

Tableau XXVI. Mode de dissémination des espèces ligneuses (ø ≥ 10 cm) en nombre d'individus à l'hectare dans les parcelles de différentes classes d'âge.

*Valeur P et r^2 des régressions significatives de différents modes de dissémination en fonction de l'âge des parcelles. NS : non significative ($P > 0{,}05$)

Mode de dissémination	Classes d'âge approximatif (années)										*P-value ; r^2
	1a n	3 ans	5 ans	10 ans	15 ans	25 ans	35 ans	40 ans	50 ans	>50 ans	>100 ans
Pogonochores	0	0	0	6	5	23	20	25	11	8	8 NS
Ptérochores	0	17	0	11	30	28	17	20	15	21	27 NS
Ballochores	0	0	0	0	6	9	8	8	7	5	9 NS
Barochore	0	0	5	6	11	11	13	8	21	23	13 $P= 0{,}004$; $r^2=0{,}67$
Sclérochores	0	0	0	0	2	1	15	0	5	0	3 NS
Sarcochores	15	33	395	333	367	380	405	473	385	283	438 NS

D'après Les résultats de l'étude, les premières espèces qui s'installent au cours des premières phases de la reconstitution sont les sarcochores ou des ptérochores. Les sarcochores sont amenés par les mammifères et les oiseaux, ou alors faisaient déjà partie de la banque de graines du sol (*Musanga cecropioides*).

La proportion des espèces autochores apparaît comme un déterminsme des différentes phases chronoséquencielles de la reconstitution de la forêt. Une tendance positive à la croissance de la proportion de ces espèces a été observée le long des parcelles en fonction des âges d'abandon ($F_{1,9}= 9{,}71$; $r^2= 0{,}59$; $P < 0{,}05$).

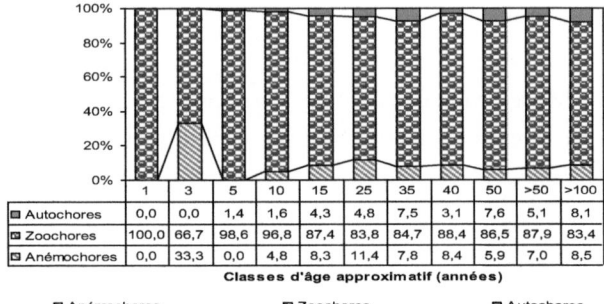

Fig. 35. Proportion des principaux modes de dissémination des diaspores des espèces ligneuses (ø ≥ 10 cm) dans les parcelles de différentes classes d'âges.

III.1.3.3.4. Mortalité sur pied des espèces ligneuses au cours de la reconstitution

Tout au long du processus de reconstitution, on assiste à une alternance des différentes phases de sénescence des espèces suivant leur écologie. Pour les espèces ligneuses, on note deux pics important de mortalité des individus sur pied (Fig. 36). Un premier pic moins importante à 10 ans est caractérisé par la mortalité d'espèces d'arbustes pionniers telles que : *Vernonia conferta, Trema orientalis*. Le second pic plus important entre 25 et 35 ans marque la sénescence des espèces d'arbres pionniers telles : *Macaranga spinosa, Musanga cecropioides, Tabernaemontana crassa* (tableau XXVII).

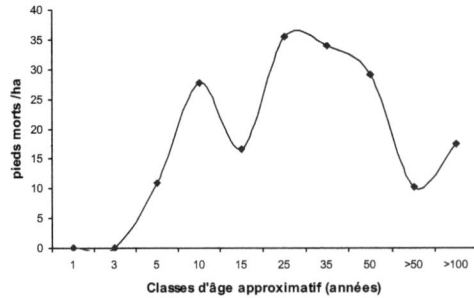

Fig. 36. Distribution individus morts sur pied en fonction des âges des parcelles.

Tableau XXVII. Nombre et densité par ordre décroissant de pieds morts à l'hectare d'espèces ligneuses dans les différentes classes d'âge des parcelles.

Nom Lain	Classes d'age approximatif								Total
	5ans	10ans	15ans	25ans	35ans	50ans	>50ans	>100ans	n/ha
Tabernaemontana crassa Benth.	-	-	-	12	8	15	2	9	6,9
Musanga cecropioides R. Br. Ex	-	-	2	7	11	7	-	-	4,4
Macaranga spinosa Müll.Arg.	11	-	9	3	4	-	1	-	2,2
Petersianthus macrocarpus	-	-	2	1	1	2	1	-	0,9
Myrianthus arboreus P. Beauv.	-	-	-	0	3	1	-	3	0,8
Bridelia grandis Pierre ex Hutch.	-	-	-	1	2	-	-	-	0,6
Uapaca paludosa Aubrev. &	-	-	-	-	1	1	1	1	0,6
Macaranga barteri Müll. Arg.	-	6	2	0	1	-	-	-	0,5
Plagiostyles africana (Mill.Arg.)	-	-	-	0	-	1	1	-	0,4
Cordia platythyrsa Bak.	-	-	2	1	-	-	-	-	0,3
Discoglypremna caloneura (Pax)	-	-	2	0	1	-	-	-	0,3
Distemonanthus benthamianus	-	-	-	0	-	1	-	1	0,3
Maesopsis eminii Engl.	-	-	2	1	-	-	-	-	0,3
Pauridiantha dewevrei (De Wild. & Th. Durand) Bremek	-	-	-	0	1	-	-	-	0,3
Rauvolfia macrophylla Stapf	-	-	-	1	-	-	-	-	0,3
Terminalia superba Engl. & Diels	-	-	-	1	1	-	-	-	0,3
Tetrorchidium didymostemon	-	-	-	-	2	-	-	-	0,3
Zanthoxylum gilletii (De	-	-	2	-	1	-	1	-	0,3
Albizia adianthifolia (Schum)	-	-	-	-	1	-	-	-	0,2
Allophylus africanus P. Beauv.	-	6	-	0	-	-	-	-	0,2
Bridelia micrantha (Hochst) Baill.	-	-	-	0	1	-	-	-	0,2
Heisteria zimmereri Engl.	-	-	-	-	1	-	1	-	0,2
Porterandia cladantha (K.	-	-	-	1	-	-	-	-	0,2
Rothmannia megalostigma	-	-	-	-	1	-	-	-	0,2
Sterculia tragacantha Lindl.	-	-	2	-	1	-	-	-	0,2
Tetrapleura tetraptera	-	-	-	0	1	-	-	-	0,2
Uapaca acuminata (Hutch.) Pax & Hoffm.	-	-	-	-	-	1	-	-	0,2
Vernonia conferta Benth.	-	11	-	-	-	-	-	-	0,2
Albizia zygia (DC) J.F.Macbr.	-	-	-	-	-	-	1	-	0,1
Allanblackia floribunda Oliv.	-	-	-	1	-	-	-	-	0,1
Beilschmiedia sp.	-	-	2	-	-	-	-	-	0,1
Calpocalyx dinklagei Harms	-	-	-	-	1	-	-	-	0,1
Cleistopholis glauca Pierre ex	-	-	-	0	-	-	-	-	0,1
Cleistopholis patens (Benth.) Engl.	-	-	-	-	1	-	-	-	0,1
Dracaena arborea (Wild.)Link	-	-	-	0	-	-	-	-	0,1
Fernandoa adolphi-friderici Gilg.	-	-	-	-	-	-	1	-	0,1

Ficus mucuso Welw. Ex Ficalho	-	-	-	-	1	-	-	-	0,1
Lacaniodiscus cupanioides	-	-	-	0	-	-	-	-	0,1
Margaritaria discoidea (Baill.)	-	-	-	0	-	-	-	-	0,1
Ouratea sp.	-	-	-	-	1	-	-	-	0,1
Pterocarpus soyauxii Taub.	-	-	-	-	1	-	-	-	0,1
Ricinodendron heudelotii (Baill.)	-	-	-	-	1	-	-	-	0,1
Rinorea oblongifolia (C.H.	-	-	-	-	-	-	-	1	0,1
Spathodea campanulata P.Beauv.	-	-	-	0	-	-	-	-	0,1
Strombosiopsis tetrandra Engl.	-	-	-	-	-	-	1	-	0,1
Tessmania africana Harms	-	-	-	0	-	-	-	-	0,1
Trema orientalis (L.) Blume	-	6	-	-	-	-	-	-	0,1
Trichilia rubescens Oliv.	-	-	-	-	-	-	1	-	0,1
Uapaca staudtii Pax	-	-	-	-	1	3	-	-	0,1
Zanthoxylum heitzii (Aubrév.& Pellegr.) P,G.Waterman	-	-	-	-	-	-	1	-	0,1
Indéterminées	-	-	-	0	1	-	1	-	0,3
Total (n/ha)	11	28	23	34	46	31	9	18	24,0

Tabernaemontana crassa (21 %), *Macaranga spinosa* (15 %), *Musanga cecropiodes* (13 %), *Vernonia conferta* (6 %), constituent les espèces donc les proportions de pieds morts par rapport au total ont été les plus importantes.

Bien que *Tabernaemontana crassa* constitue l'essentiel des espèces du sous-bois de la forêt du Dja, la densité de cette dernière croit d'abord au début de la phase de reconstitution de la forêt puis diminue considérablement dans les faciès de forêts mature (Fig. 37). Cette espèce en association avec *Macaranga barteri*, *Myrianhus arboreus* peut être considérée comme un indicateur local de l'âge local des éléments de la mosaïque forestière y compris les chablis où elle est implantée.

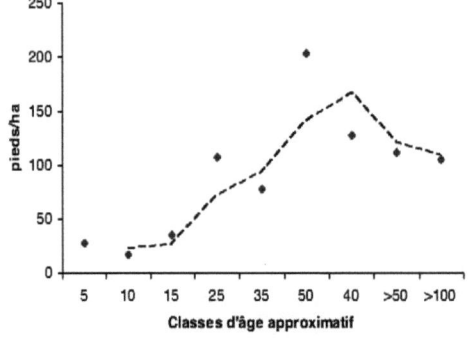

Fig. 37. Distribution nombre de pieds de *Tabernaemontana crassa* en fonction des âges des parcelles.

III.1.3.3.5. Rejets issus des souches et drageons racinaires d'arbres abattus (réitération traumatique)

Les souches et drageons racinaires d'arbres qui résistent au feu, rejettent suite à l'activation des méristèmes latents du fait du traumatisme du méristème apical lors de l'abattage. Ces rejets forment une composante importante de la végétation qui se régénère. Ils jouent un rôle prépondérant dans le processus de reconstitution. 10,33 % des individus d'espèces ligneuses recensées de manière globale sont issus des rejets (tableau XXVIII).

Tableau XXVIII. Liste des espèces ligneuses par ordre alphabétique recensées au moins une fois comme issues des rejets de souches.

Espèces	Nbre d'ind. issus des réjets	% des ind. total
Albizia adianthifolia (Schum) W.F. Wigth	21	22,11
Albizia glaberrima (Schum. &thonn.) Benth.	4	19,05
Albizia zygia (DC) J.F.Macbr.	1	4,35
Alchornea floribunda Müll.Arg.	1	1,32
Allanblackia floribunda Oliv.	2	9,52
Allophylus africanus P. Beauv.	3	21,43
Alstonia boonei De wild.	4	14,81
Amphimas ferrugineus Pierre ex Pellegr.	2	14,29
Angylocalyx pynaertii De Wild.	1	50,00
Aningeria altissima (A.Chev) Aubr.& Pellegr.	2	10,53
Anonidium mannii (Olv.) Engl. & Diels	19	15,57
Antidesma membranaceum Mull.Arg	2	15,38
Antidesma sp.1	7	14,29
Barteria nigritana ssp. Fistulosa (Mast.) Sleuder	3	12,00
Beilschmiedia sp.	5	38,46
Blighia welwitschii (Hiern) Radik.	5	17,24
Bridelia grandis Pierre ex Hutch.	7	20,00
Bridelia micrantha (Hochst) Baill.	6	23,08
Calpocalyx dinklagei Harms	4	16,00
Canarium schweinfurthii Engl.	8	17,39
Carapa procera DC.	7	9,09
Cassia siberiana D.C.	19	24,36
Ceiba pentandra (L.) Gaertn.	3	18,75
Celtis mildbraedii Engl.	16	12,60
Celtis tessmanii De Wild.	7	18,42
Cleistopholis glauca Pierre ex Engl. & Diels	1	4,55
Coelocaryon preussii Warb.	9	13,24
Cola lateritia K. Schum.	5	26,32
Cordia platythyrsa Bak.	12	20,34
Coryanthe pachyceras K. Schum.	1	2,04

Cylicodiscus gabunensis Harms	1	7,69
Dacryodes edulis (G.Don)H.J. Lan	2	10,00
Desplastia cf. *mildbraedi*	1	5,88
Desplatsia dewevrei (*De Wild.& Th. Dur.) Burrey*	14	19,18
Dialium bipendense Harms	1	25,00
Discoglypremna caloneura (Pax) Prain	8	20,51
Distemonanthus benthamianus Baill.	16	14,55
Donella pruniformis (Pierre ex. Engl.) Aubr.& Pellegr.	1	33,33
Dracaena arborea (Wild.)Link	7	36,84
Drypetes staudtii (Pax) Hutch.	1	16,67
Duboscia macrocarpa Bocc.	6	13,95
Duboscia viridiflora (K.Schum.) Mild	1	12,50
Entandrophragma candollei Harms	1	10,00
Entandrophragma cylindricum (Sprague) Sprague	1	8,33
Erythrophleum suaveolens (Guil. & Perr.) Brenan	1	14,29
Euriocoelum macrocarpum Gilg ex Radlk	6	18,75
Fernandoa adolphi-friderici Gilg. & Mildbr.	11	11,96
Ficus exasperata Vahl.	13	72,22
Ficus mucuso Welw. Ex Ficalho	11	22,00
Funtumia elastica (Preuss) Stapf	17	8,33
Gambeya lacourtiana (De wild) Aubr.	2	11,11
Gardenia imperialis Schumach. &Thonn.	1	11,11
Glyphaea brevis (Spreng.) Monachino	30	25,21
Guarea cedrata (A.Chev.) Pellegr.	1	5,26
Guarea thompsonii Sprague & Hutch.	1	9,09
Heinsia crinita (Afzel.) G Taylor	2	5,13
Heisteria zimmereri Engl.	13	16,25
Hellea stipulosa (DC.) Leroy	1	100,00
Hylodendron gabunenses Taubert	1	3,03
Hypodaphnis zenkeri (Engl.) Stapf	3	42,86
Irvingia gabonensis (Aurey-Lecomte ex O'Rorke) Bail.	1	25,00
Isolona hexaloba (Pierre) Engl. & Diels	3	15,00
Lannea welwitschii (Herm) Engl.	1	9,09
Lecaniodiscus cupanioides Planch. ex Benth	13	20,00
Leptonychia sp.	3	18,75
Lindackeria dentata (Oliv.) Gilg.	2	5,56
Macaranga barteri Müll. Arg.	11	9,73
Macaranga spinosa Müll.Arg.	35	15,28
Maesobotrya klaineana (Pierre) J. Léonard	6	10,17
Maesopsis eminii Engl.	4	10,00
Margaritaria discoidea (Baill.) Webster	25	27,47
Microdesmis puberula Hook. f. ex Planch.	1	3,03
Milicia excelsa (Welw.) Perg.	2	10,53
Mimosaceae sp.	3	100,00
Musanga cecropioides R. Br. Ex Tedlie	18	5,04
Myrianthus arboreus P. Beauv.	108	27,14
Nesogordonia papaverifera (A. Chev.) Cap.	1	10,00
Oncoba glauca (P. Beauv.) Planch.	4	5,41
Oncoba glauca (P. Beauv.) Planch.	2	5,88
Oxyanthus unilocularis Hiern	1	20,00
Pachyelasma tessmannii (harms) Harms	1	14,29
Pachystela ff. *msolo*	2	100,00
Pauridiantha dewevrei (De Wild. & Th. Durand) Bremek	4	6,78
Penianthus zenkeri (Engl.) Diels	1	100,00
Pentaclerathra macrophylla Benth.	14	28,57

Persea americana Miller	5	33,33
Petersianthus macrocarpus (Beauv.) Liben	41	10,73
Piptadeniastrum africanum (Hook.f.)) Brenan	2	10,53
Plagiostyles africana (Mill.Arg.) Prain	37	19,17
Porteriandia cf. *cladantha*	4	12,90
Pterocarpus soyauxii Taub.	4	13,33
Pycnanthus angolensis (Welw.) Exell	11	18,33
Radkofera colodendron Gil.	6	28,57
Rauvolfia vomitoria Afz.	14	48,28
Ricinodendron heudelotii (Baill.) Pierre ex Heckel	11	15,94
Rothmannia lujae (De wild.) Keay	2	11,76
Rothmannia megalostigma (Wernh.) Keay.	4	11,76
Santiria trimera (oliv.) Aubrév.	5	16,67
Sapium ellipticum (Hochst) Pax	1	9,09
Schumanniophyton magnificum (K. Schum.)Harms	4	40,00
Sorindeia cf. *classensii*	2	20,00
Sorindeia sp.2	1	33,33
Sorindeia sp1.	4	36,36
Spathodea campanulata P.Beauv.	1	11,11
Staudtia kamerunensis Warb.	3	10,71
Sterculia tragacantha Lindl.	9	18,37
Strombosia grandifolia Hook.f.	2	10,53
Strombosiopsis tetrandra Engl.	4	4,55
Symphonia globulifera L. f.	2	6,06
Synsepalum longicuneatum De Wild.	1	50,00
Tabernaemontana crassa Benth.	47	3,87
Tabernaemontana inconspicua Stapf	1	16,67
Tabernaemontana penduliflora K. Schum.	5	7,25
Terminalia superba Engl. & Diels	4	6,45
Tetrapleura tetraptera (Schum.&Thonn.)Taub	11	29,73
Tetrorchidium didymostemon (Baill.) Pax ex Hoffm.	5	25,00
Treculia africana Desc.	3	23,08
Trema orientalis (L.) Blume	2	25,00
Tricalysia sp.	1	2,44
Trichilia rubescens Oliv.	7	2,77
Trichilia tessmannii Harms	1	5,88
Trichoscypha acuminata Engl.	1	8,33
Trilepisium madagascariense DC.	2	6,90
Uapaca acuminata (Hutch.) Pax & Hoffm.	1	0,48
Uapaca guineensis Müll. Arg.	2	1,43
Uapaca paludosa Aubrev. & Léandri	9	4,31
Uapaca staudtii Pax	16	9,36
Uapaca vhanouttei De Wild.	4	4,71
Vernonia conferta Benth.	5	50,00
Vitex grandifolia Gûrke	14	35,90
Zanthoxylum gilletii (De Wild.) P.G. Waterman	1	1,82
Zanthoxylum heitzi (Aubr.& Pellegr.)	3	13,64
Zanthoxylum tessmannii (Engl.) R. Let;	1	3,45
Total	961	10,31

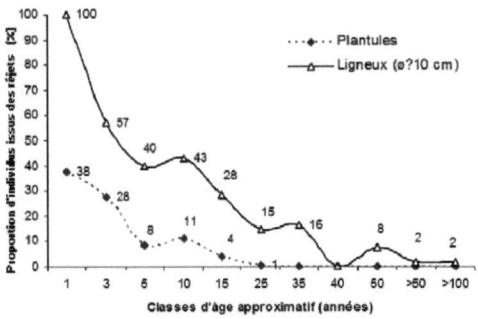

Fig. 38. Proportion de plantules et d'individus d'espèces ligneuses issus des rejets en fonction de l'âge des parcelles.
··· ♦ ··· Plantules   —△— Ligneux (ø ≥ 10 cm)

Les individus d'espèces ligneuses issus des rejets représentent jusqu'à près de 40 à 100 % des individus recensés dans les parcelles jeunes de moins de 10 ans. Les plantules issues des rejets des souches d'arbres coupés à ras du sol et/ou des drageons racinaires représentent 8 à 38 % dans les parcelles âgées de moins de 5 ans (Fig. 38). Jusqu'à 15 ans après abandon des cultures, les espèces ligneuses issues des rejets des souches représentent à plus de 25 % du stock de carbone du peuplement résiduel (Fig. 39).

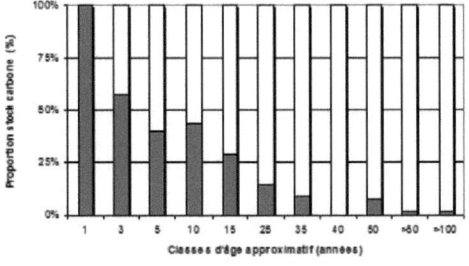

39. Proportion stock de one des individus pèces ligneuses (ø ≥ 10 issues ou non des rejets de ches.

Les rejets de souches contribueraient à augmenter la vitesse de recouvrement de la végétation après perturbation et donc joureraient un rôle dans la séquestration du carbone. Par le phénomène réitération traumatique, certaines souches laissées à une certaine hauteur, végètent d'abondantes branches assez tôt (Fig. 40).

Les individus des espèces ligneuses telles que *Albizia adianthifolia, Glyphaea brevis, Myrianthus arboreus,* émergent rapidement au-dessus du fourré herbeux à *Chromolaena odorata* et constituent les premiers représentants de la strate arbustive. Ces espèces constituent avec les espèces comme : *Ficus exasperata, Rauvolfia vomitoria, Vernonia conferta, Vitex grandifolia,* celles qui rejettent le plus à partir des souches.

Fig. 40. Pied réitéré de *Myrianthus arboreus* dans une parcelle abandonnée il y a 12 ans.

III.1.3.4. Estimation du temps de reconstitution de la forêt du Dja après perturbation

Les deux paramètres biologiques pris en compte dans le modèle de simulation du temps nécessaire pour la restauration de la forêt (à l'état de pré-pertubation), présentent tous, une corrélation positive très significative avec l'âge d'abandon des parcelles d'après le test de régression : (i) la proportion d'espèces de forêt primaire ($F_{1,18} = 22,79$; $r^2 = 0,53$; $P < 0,0001$), (ii) la proportion des Caesalpiniacées ($F_{1,18} = 26$; $r^2 = 0,56$; $P < 0,0001$) (tableau XXIX) . Seules les espèces ligneuses de diamètre supérieur ou égal à 10 cm ont été prises en compte ici.

Tableau XXIX. Proportion d'espèces ligneuses (ø ≥ 10 cm) de forêt primaire et des Caesalpiniacées en fonction des différents âges d'abandon des parcelles après culture.

	Age d'abandon des parcelles (années)																				Forêt du Dja (Sonké, 1998)
	1	3	4	5	6	8	11	12	13	16	20	23	25	27	30	35	40	50	>50	>100	
Espèces de forêt primaire (%)	0	25	60	47	33	26	44	44	50	50	57	53	62	63	59	61	51	64	65	61	82,7
Densité relative Caesalpiniacées (%)	0	0	0	1	0	1	1	0	2	0	2	3	2	3	1	4	1	4	3	3	4,4

Les figures suivantes présentent les modèles graphiques de la relation entre l'âge d'abandon des parcelles après cultures et les différents paramètres biologiques pris en compte

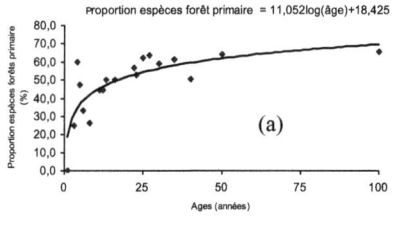 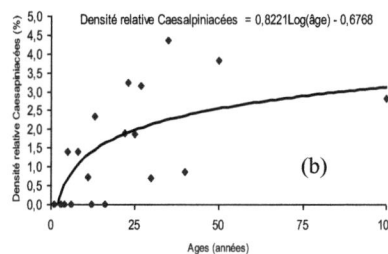

Fig. 41. Relation entre l'âge d'abandon des parcelles après cultures et (a) la proportion d'espèces de forêt primaire ; (b) la densité relative des Caesalpiniacées.

Sur la base de ce modèle (Fig. 41), il a été possible d'estimer qu'il faudrait environ (i) 336 ans (213 – 440 ans) pour que la proportion d'espèces typiques de la forêt primaire soit recouvrée après destruction de la forêt par l'agriculture ; (ii) 499 (380 – 652 ans) ans pour que la densité relative des espèces de Caesalpiniacées soit atteinte.

III.1.3.5. Dynamique de régénération des essences commerciales

4620 plantules de 219 espèces d'espèces ligneuses ont été recensées dans les parcelles à différentes stade des la reconstitution. Les essences commerciales constituent 11 % de la régénération observée en terme de nombre de plantules. Elles ne représentent que 3 % si les essences commerciales secondaires ne sont pas prises en compte (Fig. 42).

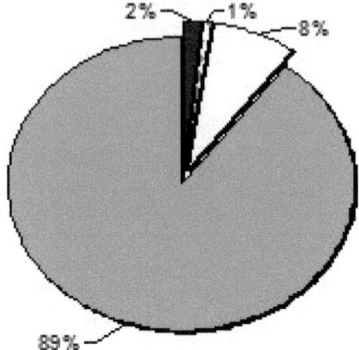

Fig. 42. Part relative de la régénération (en terme ne nombre de plantules) des essences commerciales au cours de la reconstitution post-culturale par rapport à celles des autres espèces ligneuses.

■ Essences principales 1 (2%)   ▫ Essences principales 2 (1%)
▫ Essences secondaires (8%)   ▨ Autres espèces ligneuses (89%)

Cette tendance est maintenue tout le long de la chronoséquence post-agricole tel que le montre la figure 43 ci-dessous.

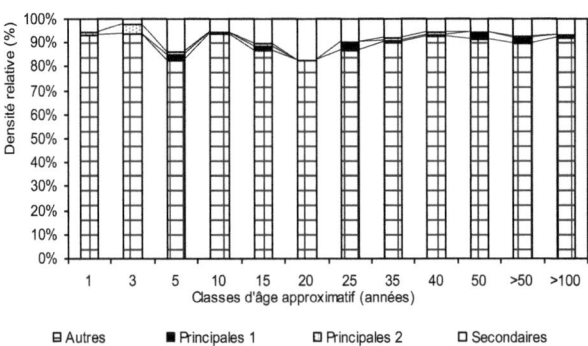

Fig. 43. Densité relative des plantules des différentes catégories des essences commerciales et des autres espèces ligneuses au cours de la reconstitution post-culturale.

▤ Autres   ■ Principales 1   ▫ Principales 2   ▫ Secondaires

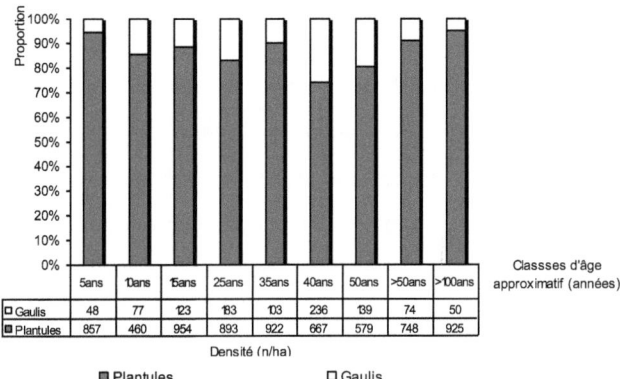

Fig. 44. Densité et part relative des plantules et des gaulis des essences commerciales au cours de la reconstitution post-culturale.

D'après la figure 44 ci-dessus, la proportion de gaulis des essences commerciales reste faible par rapport aux plantules en terme de densité tout au long du processus de reconstitution. Bien qu'en valeur absolue, on note une augmentation de la densité des gaulis avec l'âge d'abandon des parcelles, l'analyse de la régression linéaire ne permet pas de montrer une corrélation avec l'âge ($F_{1,9} = 0,3$; $P = 0,57$). Ceci laisse présager une pérennisation difficile de la régénération. Entre la naissance des individus et leur entrée dans le peuplement adulte, les probabilités de développement d'un individu vont être influencées par plusieurs facteurs dont la dispersion et la prédation des graines par les mammifères, la disponibilité de la lumière et l'occurrence dans le sous-bois…

En comparant par essence la densité de plantules et de gaulis au cours des différents stades de la reconstitution suivant le tableau XXX ci-dessous on peut différencier :

- Les essences qui régénèrent bien, apparaissent précocement et se développent avec la végétation. Ce sont: *Funtumia elastica, Distemonanthus benthamianus, Petersianthus macrocarpus, Pterocarpus soyauxii, Pycnanthus angolensis.*
- Les essences qui régénèrent aux stades initiaux de la reconstitution mais ne régénèrent pas dans les phases préclassiques sous le couvert forestier : *Ricinodendron heudelotii, Terminalia superba.*
- Les essences qui régénèrent à partir de la phase préforestière de la reconstitution et se développent ensuite avec la végétation : *Canarium schweinfurthii, Erythrophleum suaveolens, Nesogordonia papaverifera, Piptadeniastrum africanum, Pterocarpus soyauxii, Staudtia kamerunensis.*
- Les essences qui régénèrent à partir de la phase préforestière mais qui se développent très difficilement par la suite au cours de l'évolution de la végétation. Ce sont principalement les Méliacées : *Entandrophragma cylindricum, Entandrophragma utile, Guarea thompsonii, Lovoa trichilioides.*
- Les essences qui régénèrent de manière occasionnelle et faiblement aux phases initiales et/ou intermédiaires de la reconstitution et se développent avec la végétation : *Amphimas ferrugineus, Milicia excelsa, Nauclea diderrichii.*
- Les essences dont aucune régénération, n'a été observée dans les parcelles au cours des différentes phases de la reconstitution post-agricole : *Diospyros crassiflora, Sterculia oblonga, Triplochiton sleroxylon.*

Tableau XXX. Nombre de plantules et gaulis à l'hectare des essences commerciales recensées dans les différentes classes d'âges d'abandon approximatif des parcelles post-agricoles et classés par ordre d'importance de plantules.

Classes d'âges approximatif	Plantules											Gaulis (ø< 10 cm)									
Nom Latin	1 an	3 ans	5 ans	10 ans	15 ans	25 ans	35 ans	40 ans	50 ans	>50 ans	>100 ans	Toutes les parcelles	1 an	3 ans	5 ans	10 ans	15 ans	25 ans	35 ans	40 ans	50 ans	>50 ans	>100 ans	Toutes les parcelles
Petersianthus macrocarpus (Beauv.) Liben	36	44	229	20	354	373	261	378	126	61	1100	256	-	-	-	5	32	36	8	144	43	32	20	39
Funtumia elastica (Preuss) Stapf	55	133	86	100	92	73	-	11	11	9	75	50	-	83	-	27	18	41	10	22	4	4	-	20
Pterocarpus soyauxii Taub.	-	-	229	20	31	20	157	-	32	87	50	48	-	33	-	5	9	8	5	6	-	2	-	5
Lovoa trichilioides Harms	-	-	-	-	46	113	-	-	74	-	125	41	-	-	-	-	5	-	-	-	7	2	-	2
Entandrophragma utile (Dawe & Sprague)	-	-	114	20	62	40	17	-	63	43	50	36	-	-	-	-	-	3	-	-	-	-	-	1
Guarea thompsonii Sprague & Hutch.	18	-	-	40	123	87	17	-	21	-	25	35	-	-	-	5	-	1	-	-	11	-	-	2
Pycnanthus angolensis (Welw.) Exell	-	-	29	-	46	40	17	44	32	9	175	33	-	67	-	-	5	13	8	17	11	4	-	9
Staudtia kamerunensis Warb.	-	-	-	40	15	13	139	33	42	9	125	33	-	-	16	5	5	5	5	-	4	8	10	5
Distemonanthus benthamianus Baill.	36	89	57	-	62	20	35	11	-	-	-	23	-	67	-	5	5	28	20	6	11	4	10	14
Aningeria altissima (A.Chev) Aubr.& Pellegr.	-	-	29	-	-	-	52	78	-	43	-	20	-	-	-	-	-	1	5	11	4	4	-	3
Piptadeniastrum africanum (Hook.f.) Brenan	-	-	-	-	46	40	35	11	11	-	75	20	-	-	-	-	-	4	5	6	-	2	-	3
Ricinodendron heudelotii (Baill.) Pierre ex	55	22	29	200	-	-	-	-	-	-	-	19	-	-	-	5	-	1	-	-	-	2	5	2
Guarea cedrata (A.Chev.) Pellegr.	18	-	57	20	-	20	-	56	11	-	75	18	-	-	-	-	-	-	-	-	8	4	10	3
Terminalia superba Engl. & Diels	36	-	-	-	15	7	52	-	-	-	-	11	-	-	-	5	-	3	-	-	-	-	-	-
Entandrophragma angolense (Welw.)C.D.C.	-	-	-	-	-	27	-	-	21	9	25	10	-	17	-	-	-	1	-	-	-	2	-	1
Entandrophragma cylindricum (Sprague)	-	-	-	-	-	-	-	-	-	-	150	8	-	-	-	5	-	3	-	-	-	2	-	1
Nesogordonia papaverifera (A. Chev.) Cap.	-	-	-	-	-	-	-	-	11	35	-	6	-	-	16	-	-	-	-	3	-	-	-	1
Canarium schweinfurthii Engl.	-	-	-	-	-	-	70	-	-	-	25	6	-	-	-	-	23	5	-	-	7	-	5	4
Albizia ferruginea (Guil.&Perr.) Enth	-	-	-	-	15	7	-	-	-	-	25	4	-	-	-	5	5	4	10	-	-	-	-	3
Amphimas ferrugineus Pierre ex Pellegr.	18	-	-	-	-	-	-	11	11	-	-	4	-	-	-	-	-	-	-	-	-	-	-	-
Cylicodiscus gabunensis Harms	-	-	-	-	15	-	-	-	11	9	-	4	-	-	-	5	9	-	5	-	11	-	-	2
Entandrophragma candollei Harms	-	-	-	-	-	7	-	-	-	-	25	3	-	-	-	-	-	3	-	-	-	-	-	-
Milicia excelsa(Welw.) Perg.	18	-	-	-	-	-	70	-	-	-	-	1	-	-	16	-	-	1	-	6	4	-	-	2
Nauclea diderrichii (De Wild) Merril	-	-	-	-	-	-	-	11	-	-	-	1	-	-	-	-	5	3	3	-	-	-	-	1
Erythrophleum suaveolens (Guil. & Perr.)	-	-	-	-	-	-	-	-	11	-	-	1	-	-	-	-	-	-	8	-	7	-	-	2
Diospyros crassiflora Heim	-	-	-	-	-	-	-	-	-	-	-	-	-	-	-	-	-	1	-	-	-	-	-	0

Species																								
Triplochiton scleroxylon K. Schum.	-	-	-	-	-	-	-	-	-	-	-	-	-	-	-	-	-	-	-	-	-	-	-	0
Eribroma oblongum (Mast) Pierre ex Germain	-	-	-	-	-	-	-	-	-	-	-	-	-	-	-	-	-	-	-	-	-	-	-	-
Alstonia boonei De wild.	-	-	-	-	-	-	-	-	-	-	-	-	-	-	-	5	5	9	3	3	4	-	-	4
Amphimas pterocarpoides Harms	-	-	-	-	-	-	-	-	-	-	-	-	-	-	-	-	-	-	3	-	-	-	-	0
Ceiba pentandra (L.) Gaertn.	-	-	-	-	-	-	-	-	-	-	-	-	-	-	-	5	-	4	-	3	-	-	-	2
Total	291	289	857	460	923	887	852	656	484	313	2.125	690	-	267	48	77	123	183	103	236	139	74	50	132

III.1.4. IMPORTANCE DES FORMATIONS SECONDAIRES POUR LA COLLECTE DES PRODUITS FORESTIERS

34 personnes au total ont été interviewées soit un taux d'échantillonnage de 40 % pour un village peuplé de 86 âmes avec 18 ménages. 41 % des interviewés étaient des femmes et 15 % étaient des personnes du troisième âge au-delà de 70 ans. 812 répétions d'usages de 140 espèces de plantes et 24 champignons comestibles ont été enregistrées pour les 7 catégories d'usages considérées.

Les "valeurs utiles" suivantes de 18,7; 17,3 ; 29,4 et 1,9 ont été obtenues respectivement pour l'*Ebour,* le *Kwalkomo,* l'*Ekomo* et le *Zam*. En considérant l'ensemble des formations secondarisées : *l'Ebour* et le *Kwalkomo*, leur "valeur utile" atteint 36,0. Cela dénote ainsi que ces formations constituent pour la population *Badjoué* des zones importantes de collecte des plantes utiles. Cette population reste cependant liée à la forêt mature dont la "valeur utile" tend à être la plus importante lorsqu'on on considère à part chaque type de végétation (Fig. 45).

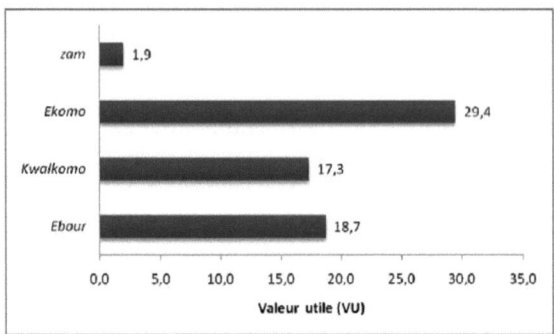

Fig. 45. "Valeur utile" (UV) des différentes formations végétales pour la collecte des produits forestiers d'après les Badjoué de Doumo-Pierre.

La "valeur utile" des différents types de formation de la végétation varie aussi en fonction des catégories d'usages de plantes considérées (tableau XXXI).

Tableau XXXI. "Valeur utile" (UV) des différentes formations végétales par catégories d'usage des produits forestiers d'après les Badjoué de Doumo-Pierre.

Utilisation Végétation	Arbre à chenille	Alimentaire (sauvage)	Artisanat	Bois de chauffe	Bois de construction	Médicinale	Champi- gnons
Ebour	0,9	7,0	0,3	6,1	0,4	3,8	0,2
Kwalkomo	2,5	4,0	0,3	4,5	0,9	1,8	3,3
Ekomo	2,3	9,4	1,8	2,9	4,5	1,2	7,5
Zam	0,6	0,9	0,0	0,0	1,0	0,0	0,0

Les plantes du patrimoine thérapeitique traditionnelle populaire, utilisées pour soigner les maladies courantes, se collectent plus dans les jachères. La "valeur utile" de 3,8 pour ces plantes médicinales a été obtenue pour l'*Ebour* alors qu'elle est de 1,8 et 1,2 pour le *Kwalkomo* et l'*Ekomo* respectivement.

Les plantes alimentaires sauvages se recrutent principalement dans la forêt mature. On note cependant que les fruitiers sauvages tels que : *Irvingia gabonensis, Anonidium mannii, Antrocaryon klaineanum, Gambeya lacourtian* sont plus caractéristiques de la forêt mature alors que les plantes sauvages à feuilles comestibles se trouvent plus dans les jeunes formations secondaires.

Les arbres à chenilles sont plus caractéristiques des *(*forêt matures *(Ekomo*) et des vielles forêts secondaires (*Kwalkomo).*

Chez les *Badjoué,* la collecte des champignons, des plantes utilisées dans l'artisanat et dans la construction, est plus importante dans la forêt mature. Les raphias utilisés principalement pour la construction des toitures des cases se trouvent essentiellement dans les marécages.

III.2. DISCUSSIONS

III.2.1. CARACTERISATION DE LA FORET DU DJA

III.2.1.1. Faciès de végétation

Il apparaît de manière générale qu'à l'exception des forêts sur rocher, des forêts à peuplements purs de *Gilbertiodendron dewevrei,* les deux autres grands groupes d'association végétales identifiés dans la Réserve de Biosphère du Dja (Kathleen, 1994; Lejoly, 1995) à savoir, les forêts sur sol hydromorphe et la forêt sur terre ferme sont représentés dans la zone d'étude. La forêt de terre ferme est considérée comme une unité hétérogène dont les différents éco-unités sont les différentes phases du processus de reconstitution forestière après des perturbations d'origines diverses. Plusieurs espèces du sous-bois forestier possédant une amplitude écologique assez large se rencontrent aussi bien dans le sous-bois des forêts denses primaires que secondaires. Ce sont particulièrement les Annonacées (*Greenwayodendron suaveolens, Anonidium mannii*), les Apocynacées (*Tabernaemontana crassa*) et les Olacaées (*Strombosiopsis tetrandra, Strombosia* spp.).

Les trouées qui représentent près de 2 % de la couverture forestière contribuent à modifier la morpho-structure de la forêt. Pour l'ensemble des deux sites, en moyenne 2 chablis/km y inclus ceux perturbés par les éléphants ont été comptabilisés. Ce qui est comparable au chiffre obtenu par Gesnot (1994), dans la forêt des Abeilles au Gabon soit 2,5 chablis/km. Le relief, l'exposition (arbres de lisière) et la composition du sol (rapport argile/sable), influencent secondairement la fréquence des chablis : en forêt de Ngotto en Centrafrique, sur sol fortement sableux, Brugière *et al.*

(1999), ont obtenu en moyenne 7.8 chablis naturels/ km. Florence (1981) fait remarquer que les chablis constituent les véritables moteurs de la sylvigenèse dans les forêts tropicales. Alexandre (1988) fait également remarquer qu'en fonction de la taille des chablis ceux–ci peuvent être"cicatrisées" par des espèces sciaphiles ou éliophiles.

III.2.1.2. Etat actuel de la secondarisation de la forêt du dja : influence des facteurs anthropiques passes, des elephants

Les résultats obtenus révèlent que les faciès secondarisés occupent une grande proportion de la végétation de la forêt du Dja, soit près de 50 à 60 % de la couverture forestière. Ces résultats sont très élevés par rapport à ceux obtenus dans le Dja par Mbolo (2004) qui a obtenue plus de 80 % de forêt primaire. Cette grande différence pourrait s'expliquer d'une part par la définition de la typologie des différents types de la forêt. D'autre part, la définition accordée dans cette étude à la formation secondaire, ne se limite pas aux vieilles jachères préforestières encore fortement marquées par les espèces pionnières comme *Musanga cecropioides*. Il a été distingué dans le cadre de ce travail, les jeunes forêts secondaires très caractéristiques et les forêts denses secondaires âgées. En effet, même si après plusieurs décennies, il s'est formé une sylve ayant l'aspect de la forêt "climacique", quelques grands arbres héliophiles longévifs, la forte densité de la strate inférieure et la structure de la canopée, permettent de différencier ces formations secondaires âgées (Emrich et *al.*, 2000 ; Gemerden et *al.*, 2003). Aussi, les travaux de Mbolo (op cit) ont été principalement axés sur la télédétection spatiale. Cette méthode bien qu'efficace pour l'observation de l'évolution du couvert forestier au niveau régional, présente des limites dans la caractérisation de la végétation au niveau local ou sur le terrain

(Mayaux & Malingreau, 2001). Dans la forêt du Congo, Gillet *et al.* (2008b), ont obtenu une différence de plus de 30 % dans l'estimation du couvert des faciès de forêts par l'utilisation de la télédétection satellitale et les observations du milieu relevées lors de l'inventaire de terrain.

Mayaux & Malingreau (2001), ont évalué par télédétection spatiale en 2001, que les forêts secondaires représentent seulement 8 % du couvert forestier camerounais et 8,27 % pour l'ensemble de la forêt du bassin du congo. La carte de la végétation de la zone d'étude obtenue après analyse des images photosaltelitaires par le World Ressources Institute, ne laisse entrevoire dans aucun des deux sites de Mimpala et de Dingué la présence de forêt secondaire (Fig. 46).

Bien que l'étude soit localement limitée et ne couvre pas toutes les zones de la forêt du Dja, nos résultats se rapprochent de ceux obtenus par d'autres auteurs, même si les méthodologies utilisées ne sont pas tout à fait similaires. Dupain *et al.* (2004) estiment à 65,8 % la proportion de forêt secondaire pour le site de *Ntonga* au nord du Dja. Germerden *et al.* (2003), l'estiment entre 40 et 60 % dans la zone d'Akom II et Bipindi au sud du Cameroun. Nkongmeneck *et al.* (2003), Fongnzossie *et al.* (2008), obtiennent des chiffres similaires (54 %) dans la forêt de Mengamé au Sud Cameroun (tableau XXXII).

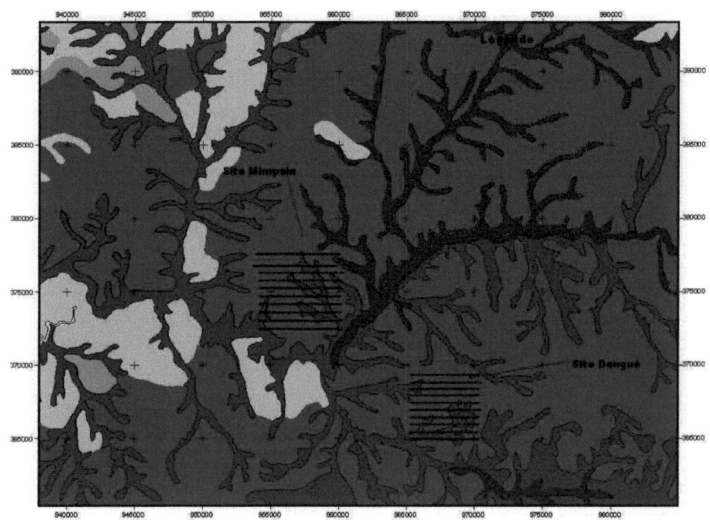

Fig. 46. Stratification forestière en périphérie nord de la Réserve de faune du Dja d'après l'analyse des images satelitaires (WRI -GFW, 2005).

Légende.

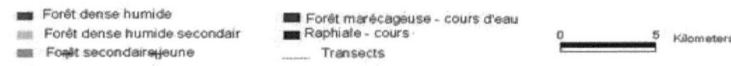

Tableau XXXII. Proportions des différents types de forêts obtenues par différents auteurs dans le Dja, les autres sites d'étude et au niveau du territoire camerounais.

Référence	Types de forêts	Composantes	Proportion (%)
Sonké, 1998 (forêt du Dja)	Forêts de terre ferme	Forêt hétérogène typique ; Forêt primaire à rotangs ; Forêt à *Gilbertiodendron* ; Forêt à *raphia regalis*	75
	Forêts sur sols hydromorphes		20
	Forêts sur rocher		5
Mbolo, 2004 (forêt	Forêt primaire		84

du Dja)	Forêts secondaires		7,5
	Jachères et cultures		2
	Forêt à *Gilbertiodendron*		< à 0,5
	Forêts sur sols hydromorphes		6
Dupain et *al.*, 2004 (*Ntonga* ; périphérie Nord du Dja)	Forêt primaire		17,6
	Forêt secondaire	Forêt secondaire âgée (10,8 %), Forêt secondaire (39,3 %), Jeune forêt secondaire (15,6 %)	65,8
	Forêts sur sol hydromorphe		9,3
Germerden et *al.*, 2003 (Campo ; Sud Cameroun)	Forêt secondaire		40 – 60
Nkongmeneck et *al.*, 2003 Fongnzossie et *al.*, 2008 Mégamé (Sud Cameroun)	Forêt secondaire		54
Anonyme, 2005 (FAO, Inventaire national forestier Cameroun)	Forêt mature		18,7
	Forêt secondaire	Forêt secondaire jeune (24,8 %), Forêt secondaire adulte (47,8 %)	72,6
	Forêt marécageuse		8,4
Présente étude (forêt du Dja)	Forêt mature		23
	Forêt secondaire	Forêt secondaire âgée (17 %) Forêt dense secondaire (22,5 %), Forêt secondaire jeune (6,5%), Forêt secondaire jeune clairsemée (9,5 %)	55,5
	Forêts sur sol hydromorphe	Forêt ripicole ; Raphiale ; Fourrée galerie	20

Tchouto (2004) note que la forêt côtière de Campo-Ma'an à l'extrême sud-ouest du Cameroun, révèle de part sa composition floristique actuelle, les marques de sa forte perturbation anthropique passée ; les poches de forêts "primaires" peu ou pas perturbées se trouvant seulement sur les sommets de colline ou les pentes difficiles d'accès.

La FAO (Anonyme, 2005) utilisant une classification similaire, distinguant les forêts secondaires âgées et les forêts secondaires jeunes, estime à 72,6 % la proportion des forêts secondaires du secteur forestier au Cameroun.

Au regard des proportions des forêts secondaires observées, il importe de s'attarder sur les origines et les causes de la sécondarisation de la forêt tropicale. Plusieurs auteurs ont décrit le processus de sécondarisation de la forêt tropicale (Nkongmeneck, 1998 ; Emrich et *al.*, 2000). Les principaux facteurs relevés, en insistant sur les causes liées aux perturbations anthropiques dans un passé récent, à l'action des éléphants et aux phénomènes paléo-environnementaux ont été repris ici.

III.2.1.2.1. Actions passées de l'homme sur la végétation

Plusieurs études archéologiques, anthracologiques ont contribué à montrer l'importance de l'homme sur les forêts tropicales. Clist (1990) fait remarquer que la plupart des chercheurs, peu au fait des connaissances archéologiques, traitent les zones forestières tropicales africaines comme des forêts vierges. Les recherches archéologiques récentes démontrent de manière concordante, la présence des chasseurs-cueilleurs avant, pendant et après l'arrivée des sociétés sédentaires vers 5000 BP, soit vers 3000 ans avant notre ère (Clist, 1990).

Schwartz (1992) situe l'implantation des populations bantoues dans le grand bloc forestier d'Afrique centrale aux alentours de 3000 et 2000 BP. C'est à cette époque qu'est datée une série de sites archéologiques en Afrique centrale avec d'abord l'apparition de la céramique, puis la métallurgie du fer. L'ensemble de cette série est rattaché aux migrations bantoues venues des confins nigéro-camerounais (Lanfranchi et *al.*, 1998).

La prospection menée dans la partie sud-est du Dja par Ossah Mvondo (1993) a permis de mettre en évidence des sites d'occupation préhistorique et métallurgique ainsi que des zones de peuplement ancien.

Si durant l'Age de la pierre, les populations de chasseur-cueilleurs n'ont guère modifié le milieu, l'apparition et l'extension progressive de l'agriculture et de la métallurgie, liées à l'augmentation de la population, ont exercé une pression croissante sur celui-ci (de Maret, 1985).

Bien qu'il soit clairement démontré le caractère rudimentaire de l'agriculture par le passé, du fait du peu d'intérêt et de temps accordé à celle-ci, de l'absence du droit sur les espaces agricoles abandonnés (Vansina, 1991), la grande mobilité des peuples de forêt a contribué énormément à perturber l'ensemble du paysage forestier. Letouzey (1968) et Nkongmeneck (1998) insistent sur les perturbations liées aux déplacements successifs des campements des chasseurs, de pêcheurs, et de cueilleurs qui affectent notamment le sous- bois. Aussi, Mbida *et al.* (2001) ont mis en évidence l'expansion de l'agriculture en zone forestière camerounaise, avec notamment l'introduction de la culture de la banane il y a environ 2500 ans BP.

Vermeulen (2000) a identifié dans le Dja, plusieurs sites d'anciens villages datant d'un peu plus d'un demi-siècle à plus de deux siècles. Ils sont la résultante des fréquentes migrations qui ont caractérisé les populations sylvestres africaines jusqu'à la colonisation. La disponibilité du milieu naturel en ressources (végétales, fauniques ou halieutiques), les guerres tribales, et les épidémies furent les principales causes de migration. Les indices d'anciennes présences humaines recensés dans la zone d'étude remonteraient de ces époques de grandes mobilités.

Schnell (1971) comparant les forêts guyanaises aux forêts africaines fait remarquer que les premières n'ont pas subi dans le passé de destruction importante par l'homme, alors que les forêts africaines où le nomadisme agricole y a été longtemps répandu ont plus ou moins subi une action anthropique importante, et de ce fait n'ont pas encore atteint leur équilibre définitif.

III.2.1.2.2. Phénomènes paléo-environementaux

La présence humaine antérieure ne peut être seule mise en cause dans la plupart des cas pour expliquer l'aspect en mosaïque et l'importance de la sécondarisation des forêts.

La distribution des formations végétales n'est pas essentiellement liée à celle du climat actuel. Les formations végétales sous les tropiques ont subi d'importantes variations climatiques au cours du quaternaire. Les destructions catastrophiques des forêts d'Afrique centrale survenues il y a environ 2500 ans exercent encore une influence majeure sur la répartition actuelle des formations végétales (Maley 2001). Plusieurs études ont tenté de reconstituer les paléoenvironnements et l'histoire de la forêt dense d'Afrique centrale (De Ploey, 1965 ; Giresse & Lanfanchi, 1984 ; Schwartz et al.1985 ; Maley, 1987).

La grande partie de l'Afrique centrale et de l'ouest a été affectée par une phase de réchauffement climatique entre 3000 et 2000 ans BP, durant laquelle les formations forestières se sont fragmentées en favorisant les espaces plus ou moins ouverts, repris par les hommes qui ont commencé à développer les premières plantations de palmiers à huile (Schwartz, 1992 ; Reynaud-Ferrera et al., 1996 ; Maley et Brenac, 1998, Ngomanda *et al.*,2009).

Dans la forêt du Dja, les périodes de péjorations climatiques n'auraient pas abouti à l'installation de savanes comme dans la forêt de la haute Sangha où on a jusqu'à nos jours des enclaves de savanes en forêt. Elles ont engendré une fragmentation de la forêt qui a permis une expansion dans la région des pionnières et des espèces héliophiles/tolérantes à l'occurrence de *Tabernaemontana crassa* et des grands arbres souvent utilisés pour caractériser les forêts secondaires comme : *Alstonia boonei, Petersianthus macrocarpus, Terminalia superba* et *Triplochiton scleroxylon*. Mbolo (2004) faisait déjà remarquer que ces espèces étaient bien présentes dans les formations dites "primaires" du Dja.

Les données obtenues des inventaires floristiques dans le cadre de cette étude et bien d'autres dans la zone, permettent d'appuyer cette hypothèse. En effet, *Alstonia boonei* et *Petersianthus macrocarpus* font partie des espèces les plus abondantes dans le peuplement dominant (Ø>70 cm) de la forêt du Dja. *Tabernaemontana crassa* est largement répandue pour les espèces de diamètre ≥ 10 cm (Sonké, 1998 ; Debroux, 1998 ; Nguenang et *al.*,2002).

Reynaud-Ferrera *et al.* (1996) sont arrivés à la même conclusion pour certains sites comme le lac Ossa près d'Edéa dans le Sud Cameroun, où la forte perturbation du milieu forestier préexistant n'a pas toujours été associée à une extension régionale des savanes, mais par une brutale extension des formations forestières pionnières. Les études palynologiques restent nécessaires pour confirmer cette hypothèse.

Les faciès de forêts denses de type mature peu ou pas perturbées, rencontrés ici particulièrement sur les versants des collines près des rivières constitueraient des micro-refuges. Maley (1996) et Senterre (2005) faisaient déjà remarquer que les divers " refuges " qui ont pu subsister n'ont pas toujours été constitués de blocs forestiers d'un seul tenant mais aussi de mosaïques de micro-refuges formés par des collines isolées, des forêts-galeries, des versants bien exposés, etc.

III.2.1.2.3. Actions des éléphants

L'étude montre que les éléphants des forêts (figure 47), bien que jouant un rôle important dans la dynamique de régénération forestière par la dissémination des diaspores, contribuent aussi à la perturbation de la végétation.

D'après Hemborg et *al.* (2006), les éléphants peuvent sérieusement endommager voire tuer les arbres en prélevant une part de l'écorce ou en cassant le tronc. Comme Plumtre (1993), cette étude montre que la perturbation des éléphants dépend du type de forêt. Les milieux déjà perturbés et ouverts sont préférentiellement visités par les éléphants (Campbell, 1991; Vanleeuwe *et al.* 1998).

Fig. 47. Eléphant des forêts (*Loxodonta africana cyclotis*).

Dans le Dja la perturbation des jeunes forêts secondaires est à l'origine d'un faciès particulier de la forêt qualifié de "forêt secondaire jeune clairsemée". Cette forêt apparaît comme les forêts à Marantacées rencontrées à l'extrême Sud-Est du Cameroun et au Nord du Congo (Fig. 48).

Alors que ces dernières tireraient leur origine des changements climatiques importants observés les cent derniers mille ans au Pléistocène observés au quaternaire (White *et al.*, 1998), la forêt clairsemée rencontrée ici résulterait principalement de l'action des éléphants sur la végétation secondaire des sites d'anciens villages abandonnés. Elle se rencontre en poches peu étendues dans la forêt. Lejoly (1995), avait déjà identifié dans la Réserve de Biosphère du Dja, les forêts clairsemées très localisées et peu importantes.

Les éléphants contribuent à maintenir les formations secondaires à un stade jeune, au travers des visites fréquentes de ces formations et notamment du piétinement qui affectent considérablement la croissance des plantules (Paul et *al.*, 2004 ; Campbell, et *al.,* 1996 ; Vanleeuwe & Gauthier, 1998).

Fig. 48. Poche de forêt clairsemée issue de l'action des éléphants sur la forêt secondaire jeune.
"On note un décalage net entre la strate herbacée et la strate ligneuse assez éparse."

III.2.1.2.4. Dynamique interne de la forêt

D'après la définition accordée par Chokkalingam & De Jong (2001) et adoptée par la FAO, les forêts secondaires peuvent être non seulement la résultante des perturbations anthropiques, mais aussi naturelles. Hartshorn (1978), propose un concept théorique du taux de reconstitution ou "turn-over rate" sous la base des paramètres suivants :

1. A : la proportion de forêt détruite annuellement (tempêtes, chablis,…) ;
2. B : la proportion de forêt jeune ou dégradée, en cours de reconstitution ;
3. C : la proportion de forêt au stade mature ;
4. T : le temps nécessaire pour que toute la surface soit parcoure par les chablis (parfois appelé taux de renouvellement) ;
5. N : la durée de la reconstitution vers le stade mature.

L'apparition transitoire et localisée des faciès différents à l'origine des mosaïques forestières, résulte de la combinaison de T et de N (Fig. 49). La mort des vieux arbres affecte surtout les sites de type C, alors que les événements aléatoires (tempêtes) se distribuent entre tous les sites. Après sa destruction, l'éco-unité se trouve au stade A et entame ensuite son itinéraire de reconstitution tout au long du stade B. Ce dernier se subdivise en " sous stades " B1, B2, B3,… Plus les valeurs A et N sont grandes, plus la probabilité est forte pour qu'un site en reconstitution soit à nouveau perturbé avant d'avoir atteint le stade mature.

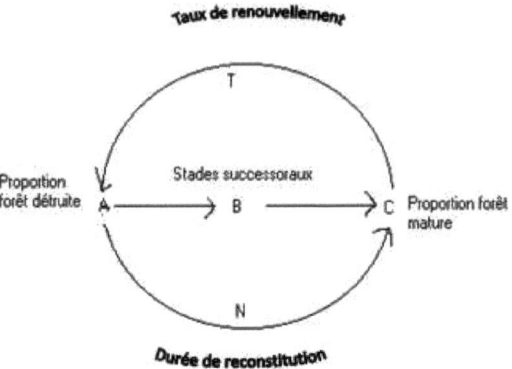

Fig. 49. Illustration du concept théorique du "*turn-over rate*" de la forêt.

Dans le cadre de l'étude, les trouées forestières quelles soient naturelles ou créées par les éléphants, représentent 2 % de la végétation. Ces trouées sont généralement envahies par les espèces de rotangs notamment *Laccosperma secundiflorum*. Ces lianes par le phénomène de phototropisme positif très marqué, développent des mécanismes de colonisation et d'adaptation et finissent de proche en proche à occuper des poches plus ou moins étendues ; ce qui amène Nzooh Dongmo (2005) à parler des clairières à rotangs. Le fourré inextricable créé par ces lianes contribue à maintenir un état de sécondarisation de la forêt.

Riswan & Kartawinata (1988) travaillant en forêt tropicale asiatique (Indonésie) estiment le taux de renouvellement (T) à environ 150 ans. Riera (1990) en forêt tropicale d'Amérique latine l'estime à 500 ans. Sonké (1998) situe la demi-vie du peuplement de la forêt du Dja entre 81 et 134 ans sous la base du taux de mortalité des arbres de 0,5 à 0,8 % soit un taux de renouvellement estimé à 250 ans.

III.2.1.2.5. Exploitation forestière

L'exploitation forestière dans la forêt du Dja date des années 1972 soit plus d'une trentaine d'années à ce jour. Elle constitue hors de la réserve un important facteur de perturbation de la forêt. L'exploitation détruit une partie du couvert végétal. Elle augmente donc la proportion des faciès secondarisés dans la mosaïque forestière et favorise les espèces héliophiles et pionnières. Un autre impact de l'exploitation du bois d'œuvre se caractérise essentiellement par une perte de la biodiversité avec un écrémage de la forêt en essences de valeurs et en individus de qualité.

Les pistes forestières représentent environ 2 % dans le site d'étude exploité de Mimpala. Durrieu (1997) indique 5,5 % de la surface endommagée par l'exploitation de 0,35 tige par hectare dans l'Est du Cameroun. Les travaux de Doucet (2003) dans la forêt de Makandé au Gabon après quatre années d'exploitation, montrent que le taux de découvert du couvert végétal est faible. Il a obtenu un taux de découvert de 1,2 % pour les parcelles exploitées contre 0,9 % pour les parcelles non exploitées. De même, il estime une diminution de la densité des arbres sur pieds de 4,3 % et de 10,2 % de la surface terrière dans les parcelles exploitées. Wilkie *et al.* (1992), eux, avancent une estimation de près de 7 % de chute de couverture au niveau de la canopée pour les forêts du nord Congo. Ces chiffres permettent de dire que l'impact de l'exploitation sur le peuplement résiduel reste faible notamment dans la forêt du bassin du Congo (Debroux, 1998). Par contre, quelque soient les indicateurs utilisés pour évaluer l'intensité de l'exploitation forestière, le volume de bois extrait par hectare, la réduction de la surface terrière, l'ouverture de la conopée, ou le pourcentage de surface détruite au sol, la plupart d'études montrent que l'exploitation forestière est plus extensive en Afrique que sur les autres continents. En Asie du Sud-Est les dégâts atteignent 40 à 50 % de la canopée pour l'extraction de 10 à 15 tiges à l'hectare (Crome *et al.,* 1992 ; Bertault & Sist 1995). Les forêts néotropicales connaissent le plus souvent des intensités d'exploitation intermédiares (D'oliveira & Braz 1995, cit. Debroux, 1998).

III.2.1.2.6. Réchauffement climatique

Les grandes unités de la végétation en Afrique tropicale étant étroitement liées au climat, les variations passées et actuelles du climat influencent énormément celles-ci. Déjà à l'Holocène, les perturbations paléo-géomorpho-climatiques ont entraîné un phénomène de désintégration de la forêt congolaise primitive et permis l'invasion de cette région (Letouzey, 1985).

Dans le passé, le climat terrestre a été marqué par des périodes successives de réchauffement et de refroidissement. Plus récemment, il y eut une période de réchauffement de 900 à 1200 ap. J.-C., puis une période de refroidissement de 1300 et 1900 ap. J.-C (Nguetsop, 1997). Sircoulon (1992, cit. Dupuy, 1998) distingue pour notre siècle une alternance de périodes climatiques plus ou moins humides, la période actuelle qui a débuté en 1968 étant la plus sèche. Nguetsop (1997) sur la base de l'étude de diatomées fossiles dans le lac Ossa dans la zone du littoral au Cameroun, observe une péjoration climatique qu'il date de 600/200 ans.

Depuis le début des années 1980, on discerne une tendance claire au réchauffement dont les milieux scientifiques croient qu'elle se distingue des variations cycliques que la terre connaît depuis des millénaires (Fig. 50).

D'après Sherr & Sthapit (2009), l'accumulation dans l'atmosphère des gaz dits à "effet de serre" étant principalement à l'origine de cette tendance (tableau XXXIII).

Après la combustion des carburants fossiles, les sources les plus importantes d'émissions de gaz à effet de serre sont les activités reliées à l'utilisation des terres, particulièrement la déforestation tropicale et les feux de forêt. Le déboisement des terres ou la transformation des forêts en zone agricoles ou de pature contribuent aujourd'hui à raison de 20 % environ au total des émissions de gaz à effet de serre, l'élevage et l'agriculture y ajoutant 10 à 12 %, tandis que moins de 1 % des émissions de CO_2 sont dues à l'agriculture et à l'élevage (Sherr & Sthapit, 2009).

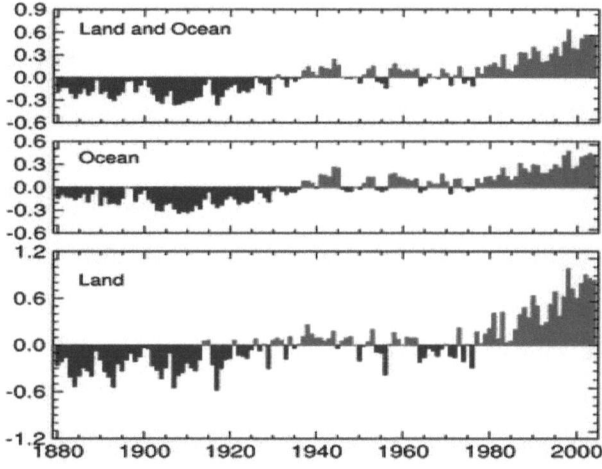

Fig. 50. Evolution des températures moyennes mondiales sur mer et sur terre de 1880 à 2004. En ordonnée, se trouvent les écarts de températures en °C par rapport aux normales calculées pour la période 1961-1990.
L'élévation de température depuis le début des années 1980 est notable tout comme les records des premières années du XXIème siècle. (Source : http://lwf.ncdc.noaa.gov, 2007).

Tableau XXXIII. Tendance des principaux gaz à effet de serre (Sherr & Sthapit, 2009, modifiée).

Gaz à effet de serre	Importance pour le changement climatique	Tendance dans l'atmosphère	Sources de gaz à effet de serre reliées à l'utilisation des terres
gaz carbonique	très	augmente; +30 % depuis 250 ans	proviennent avant tout du déboisement et des feux de forêt
méthane	modérée	augmente; +145 % depuis 250 ans	produits par les déchets d'élevage, la décomposition des marécages et la combustion de la biomasse
oxyde nitreux (N2O)	modérée	augmente; +15 % depuis 250 ans	proviennent du déboisement, de la combustion d'autres biomasses et de l'application d'engrais azotés
monoxyde de carbone	modérée	augmente	provient de la combustion incomplète des pâturages

Comme l'avait déjà souligné Dupuy 1998, les exigences climatiques de la forêt sempervirente ne sont actuellement plus remplies pour la régénération. Les caractéristiques du climat évoluent en effet vers celle de la forêt semi-décidue. Feeley et al. (2007) affirment qu'une augmentation de la température pourra réduire le taux de croissance et la productivité des ressources ligneuses dont dépend aussi l'industrie du bois.

Pour Fourni (1997), le climat actuel est toujours favorable à la forêt mais probablement plus assez humide pour l'avancée de la forêt "sempervirente". Ce dernier note dans la forêt du Sud-Est Cameroun une nette extension de *Sterculia rhinopetala* au-delà de la limite de son aire d'extension. Dans le Dja, il a été noté dans le cadre de cette étude, une prédominance marquée des *Celtis* notamment l'espèce *Celtis adolfi-fridericii* révélatrice de l'importance de la forêt dense semi-caducifoliée.

La forêt du Dja est marquée par une prédominance des formations secondarisées aussi bien dans le site situé à l'extérieur de la Réserve (Mimpala), que dans celui se trouvant dans la Réserve (Dingué), soit respectivement 52 % et 54 %. Elle a subi dans un passé récent des perturbations anthropiques relativement importantes. De nombreux sites d'anciens villages (révélés par les indices tels que les restes de fosses de pièges -faits au tour des champs-, les grands palmiers etc.) ont été recensés. L'action constante et très marquée des éléphants dans le site permet de maintenir cet état de sécondarisation du site. Cette action des éléphants est également le fait de la différenciation d'un faciès particulier de la végétation: forêt secondaire jeune clairsemée dominée par les Marantacées.

La forêt congolaise du Dja en plus des perturbations d'origines anthropiques plus ou moins récentes, a subi l'influence des phénomènes paléo-environnementaux et paléo-géomorphologiques. Dans la forêt du Dja les périodes de péjorations climatiques n'auraient pas abouti à l'installation des savanes comme dans la forêt de la Sangha où on a jusqu'à nos jours des enclaves de savanes saxicoles en forêt. Elles ont suscité une désintégration de la forêt qui a permis une expansion dans la région des espèces héliophiles tolérantes à l'occurrence de *Tabernaemontana crassa* et des grands arbres souvent utilisés pour caractériser les forêts secondaires : *Alstonia boonei, Petersianthus macrocarpus, Terminalia superba* ou des taches isolées de *Triplochiton scleroxylon*.

De manière générale, deux grands types de forêt peuvent être distingués dans le site: la forêt de terre ferme (85 %) et la forêt sur sol hydromorphe (15 %) avec une différenciation en fonction du degré d'hydrophilie du sol. La forêt de terre ferme est considérée comme une unité d'association large, dont les différents éco-unités le constituant sont les différentes phases d'une série évolutive. Cette mosaïque est le résultat complexe de l'hétérogénéité spatiale des conditions mésologiques, des facteurs anthropiques, notamment la dynamique de reconstitution post–agricole qui sera traité dans les paragraphes suivants.

Les résultats obtenus permettent de relever que la caractérisation de la végétation par la méthode de télédétection spatiale bien qu'efficace pour l'observation de l'évolution du couvert forestier au niveau régional, peut présenter des limites dans la caractérisation de la végétation à un niveau local.

Les exploitations forestières sont souvent accusées d'être la cause essentielle de la disparution de la forêt. S'il est certes vrai que cette exploitation caractérisée par un écrémage de la forêt constitue un risque certain de l'érosion génétique, la sécondarisation de forêt dense d'Afrique centrale telle que observée aujourd'hui découle aussi d'autres facteurs notamment des actions anthropiques traditionnelles passées et récentes.

Les faciès secondarisés de la forêt de part le micro climat qu'ils créent, de la flore spécique dont ils font l'objet ne sont pas sans conséquence sur l'utilisation de l'habitat par les animaux, notamment les grands mammifères comme les gorilles de plaine.

III.2.2. DISTRIBUTION DES NIDS DE GORILLE DANS LES DIFFERENTS FACIES DE VEGETATION

La densité de nids de gorille est estimée à 38,1/km². Cette densité est similaire à celle trouvée dans la même réserve du Dja par Williamson & Usongo (1998), et qui est de de 36,4/km². Elle est toutefois inférieure à la densité moyenne de sites de nid de 78,4/km² obtenue par Dupain et *al.* (2004), dans la zone de *Ntonga* plus au nord de la Réserve de Biosphère du Dja. Ces auteurs expliquent la différence observée par le fait que leur site d'étude *ntonga* se situe dans une zone dont la végétation a été perturbée par l'effet de l'exploitation forestière, créant des faciès riches en herbacées, notamment les Marantacées, propices à l'alimentation des gorilles. Aussi leur site bien que localisé hors de la réserve, se situe très loin des lieux d'habitation et des villages actuels.

La distribution des nids de gorilles recensés ne présente pas une distribution au hasard au sein de la végétation. Les gorilles ont une forte préférence pour les formations végétales secondaires jeunes. Les observations faites concordent avec celles faites par plusieurs spécialistes qui affirment que les gorilles construisent préférentiellement leurs nids dans les formations secondarisées (Williamson & Usongo, 1998; Dupain et *al.*, 2004).

La préférence qu'ont les gorilles de construire leurs nids dans les végétations dominées par les herbacées denses peut s'expliquer par l'importance de cette végétation dans leur régime alimentaire (Tutin et *al.*, 1995) et /ou en terme de cachette contre la pression des activités humaines (Lahn, 1993). En effet ces faciès secondarisés de la végétation sont caractérisés par le sous-bois dense, de faible visibilité et par conséquent de faible accessibilité à l'homme (Blom et *al.*, 2001 ; Dupain *et al.*, 2004). Une autre raison serait que les gorilles utilisent les feuilles de Marantacées pour la construction de leurs nids (Fig. 51).

Fig. 51. Nid de gorille généralement constitué des feuilles et tiges de Marantacées.

Les gorilles ont aussi une préférence certaine pour les formations sur sols hydromorphes pour la construction des nids. Williamson et Usongo (1998) l'ont également observé dans la Réserve du Dja. Ils expliquent cela par l'abondance dans ces formations végétales des Marantacées et surtout de certaines espèces spécifiques telles: *Marantochloa* spp., *Halopegia azurea* dont les organes végétatifs sans épines sont excellents pour la construction des nids contrairement à *Haumania danckelmaniana* rencontrée en forêt. Blake et *al.* (1995), présument quant à eux que, les gorilles utilisent ses zones marécageuses comme des refuges contre les chasseurs.

Par contre nos données sont en contradiction avec celles relevées dans la littérature au sujet des faciès spécifiques comme les anciennes pistes d'exploitation forestière, et les clairières sur sol hydromorphe. Il a été démontré que ces faciès constituent des sites préférentiels pour la construction des nids par les gorilles. Surtout s'ils se situent en pleine forêt et loin des activités humaines (Usongo, 1998, Dupain et *al.*, 2004). Le faible nombre de nids sur les anciennes pistes forestières et l'absence de nid dans les clairières qui ont été notés s'expliqueraient d'une part par la faible proportion de ces faciès ce qui limite la représentativité de l'échantillon, et d'autre part par l'effet des activités humaines dans le site de Mimpala situé à une quinzaine de kilomètre du village.

Williamson et Usongo (1998) ont constaté pour la distribution des gorilles, un modèle de distribution similaire à celui des éléphants.

Les études de Tutin et *al.* (1995), ont montré que la présence des éléphants dans un site peut lors de leur passage nocturne perturber le sommeil des gorilles qui évitent de construire leurs nids au sol. Il ressort tout de même de nos observations que l'action des éléphants sur la végétation peut à posteriori conduire à des faciès particuliers propices pour les gorilles.

Une corrélation négative est toujours de manière générale observée entre l'activité humaine (aujourd'hui la chasse, l'agriculture...) et la densité des animaux, notamment les grands mammifères dans l'espace forestier (Anonyme, 1998b ; Butinsky, 2000). De Merode et *al.*, (2000), dans une étude sur les relations entre les activités humaines et la distribution de la faune sauvage au Nord-Est du Congo, conclut que la présence des populations d'agriculteurs n'est pas toujours associée à une faible abondance des animaux. Les observations faites dans le cadre de cette étude montrent que dans des sites abandonnés résultantes des activités humaines, dans un passé plus ou moins récent sur la végétation, notamment les sites d'anciens villages, loin des lieux d'habitation actuels, pourraient contribuer avec l'action combinée des éléphants, à l'installation d'un habitat préférentiel pour les gorilles telles que les forêts secondaires jeunes clairsemées identifiées dans le site d'étude.

L'identification des types de végétation présentant un intérêt écologique et dont d'une forte valeur de conservation est généralement liée aux critères telles que : la diversité spécifique, le nombre d'espèces endémiques, le nombre d'espèces pondérées par la rareté ou la vulnérabilité, la présence d'espèces phares… (Beentje, 1996 ; Doucet et *al.,* 1998 ; Doucet, 2003 ; Tchouto, 2004). Sur la base de ces critères, les vieilles forêts secondaires n'apparaissent pas toujours comme type de végétation présentant un fort intérêt écologique (Doucet, 2003).

Les observations faites dans le cadre de ce travail concordent avec celles des autres auteurs qui notent que, les faciès de jeunes formations secondaires de forêts tropicales africaines et notamment les sites d'anciens village en forêt constituent les pôles d'attraction pour les éléphants et bien d'autres grands mammifères comme les gorilles de plaine (De Merode et *al.*, 2000 ; Dupain et *al.,* 2004 ; Nguenang et *al.*, 2004). Ces faciès de forêt secondarisée, pourraient avoir une forte implication pour la conservation.

Toutefois, Brugière et *al.* (2000), font remarquer que, les densités d'éléphants et de gorilles pourraient temporairement augmenter dans ces faciès, mais la biodiversité animale et végétale y est réduite. On aurait là une illustration particulièrement démonstrative de l'inadéquation qui peut exister dans le domaine de la biologie de la conservation entre la valeur patrimoniale d'un site (définie par le statut de conservation des espèces présentes; gorilles et éléphants sont deux espèces à forte valeur patrimoniale) et sa valeur biologique (définie par sa richesse spécifique).

Les données obtenues montrent qu'il existe une relation entre les faciès de végétation perturbés par les éléphants et la distribution spatiale des nids de gorilles.

Les resultats obtenus montrent également que dans des sites abandonnés résultantes des activités humaines, dans un passé plus ou moins récent sur la végétation, notamment les sites d'anciens villages, loin des lieux d'habitation actuels, pourraient contribuer avec l'action combinée des éléphants, à l'installation d'un habitat préférentiel pour les gorilles telles que les forêts secondaires jeunes clairsemées identifiées dans le site d'étude.

Il est important de souligner qu'il s'agit ici des données très préliminaires, les études plus approfondies sur le sujet s'avèrent nécessaires pour confirmer cette assertion.

Bien que la biodiversité animale et végétale soit réduite au sein des formations secondaires, les densités d'éléphants et de gorilles pourraient temporairement augmenter dans ces faciès. On aurait là une illustration particulièrement démonstrative de l'inadéquation qui peut exister dans le domaine de la biologie de la conservation entre la valeur patrimoniale d'un site (définie par le statut de conservation des espèces présentes) et sa valeur biologique (définie par sa richesse spécifique).

Dans le *Dja* les jeunes formations secondaires clairsemées pourraient avoir une forte implication pour la conservation. En effet, l'identification de ces faciès de jeunes formations secondaires très caractéristiques et les sites d'anciens villages pourrait être intégrée dans les stratégies d'aménagement des aires protégées et la définition des séries de conservation au sein des concessions forestières. Ils devraient également être pris en compte comme un élément relevant pour l'identification des forêts à haute valeur de conservations (FHVC, www.taigarescue.org) dans le cadre des critères exigibles pour la certification forestière, concept actuellement promu afin de garantir la gestion durable et équitable des forêts.

III.2.3. DYNAMIQUE DE RECONSTITUTION POST-AGRICOLE

III.2.3.1. Synthèse de la dynamique évolutive post-culturale de la forêt du Dja

La série évolutive qui part des champs abandonnés pour aboutir aux forêts secondaires âgées, a pour résultat (si elle n'est pas interrompue par de nouveaux défrichements), la reconstitution de la forêt mature originale.

Après la déprise agricole, la restauration de l'écosystème forestier se déroule selon une série de phases successives (Fig. 52).

La première phase est essentiellement herbacée. Elle commence avec les adventices de culture telles que : *Ageratum conyzoides, Cassia mimosoides, Oxalis corniculata, Phyllanthus amarus, Spermacocea stachydea,* mais aussi avec l'herbacée vivace *Chromolaena odorata* qui s'impose très tôt et va formir une strate continue et dense sous les plants restant de manioc (voir § III.3.2.1.1. : groupement à *Chromolaena odorata)*.

Sur les sols épais, faiblement sarclés, cette phase est essentiellement marquée par une herbacée lianescente *Selaginella myosurus* (voir § III.1.3.2.2. : groupement à *Mostuea brunonis* et *Brillantaisia vogeliana*).

La deuxième phase est marquée par les arbustes pionniers. L'installation de cette phase est généralement annonciatrice de la disparition de la précédente. Son individualisation est difficile du fait de son emboîtement avec les phases qui lui sont temporellement voisines (Mbarga, 1992). Dans le Dja, cette phase peut persister jusqu'à la 15^e

année après la déprise agricole. Mbarga (op. cit.) situe la longevité de ces arbustes pionniers à cette même période pour la forêt guinéenne de la région de Yaoundé. Richards (1957), pour sa part, pense que ces arbustes pionniers ont une longévité comprise entre 15 et 20 ans.

Elle est marquée par la forte présence des espèces suffrutescentes et lianescentes telles que : *Alchornea cordifolia, Alchornea laxiflora, Manniophyton fulvum, Mussaenda tenuiflora.* Aussi émergent de ce fourré, quelques arbrisseaux et arbustes des espèces : *Albizia adianthifolia, Glyphaea brevis, Rauvolfia vomitoria, Trema orientalis, Vernonia conferta, Voacanga africana* (voir § III.1.3.2.1.2. : groupement à *Trema orientalis*).

La troisième phase est la phase intermédiaire entre les espèces arbustives et arborescentes pionnières et les espèces ligneuses héliophiles de grande taille, plus longévives. Elle succède normalement à la phase précédente et se situe entre 15 et 30 ans après la déprise agricole.

La disparition des herbacées pionnières et le dépérissement des arbustes pionniers laisse place à l'installation des espèces rhizomateuses herbacées ou lianescentes appartenant à la famille des Marantacées et des Zingiberacées. Aussi les herbacées caractéristiques du sous-bois forestier telles que *Geophila afzelii, Palisota ambigua, Palisota hirsuta, Rhektophyllum mirabile,* apparaissent. La strate ligneuse est marqué par une forte présence des espèces suivantes : *Macaranga spinosa, Musanga cecropioides* et surtout *Tabernaemontana crassa. Musanga cecropioides* constitue l'essentiel de la strate émergente. On note aussi l'émergence d'autres espèces telles que *Pycnanthus angolensis, Ricinodendron heudelotii, Terminalia superba* (voir § III.1.3.2.3.1. : groupement à *Bridelia grandis)*

La composition floristique est également fonction des conditions édaphiques et des activités anthropiques régnant dans le milieu. Sur les terrains forestiers frais, peu épuisés, on recense aussi à cette phase des espèces plus typiques des faciès de forêts secondaires comme *Uapaca paludosa, Strombosiopsis tetrandra* (voir : § III.1..3.2.4. : groupement à *Sorindeia grandifolia* et *Laportea aestuan*).

La quatrième phase est la phase de forêt secondaire, elle pourrait débuter à 35 ans après l'abandon des cultures. Elle correspond à l'installation de la structure forestière qui acquerra les caractéristiques floristiques de la forêt mature en faisant intervenir les chablis comme facteur de sylvigénèse. Lebrun & Gilbert (1954) parlent de "stade de reconstitution de la forêt initiale" pour désigner cette phase.

Les arbres de la forêt intermédiaire élaborent l'armature de la forêt mature : leur rôle, au cours de la succession, se limite à la réalisation d'un couvert de plus en plus continu, rôle fondamental dans la régression des formes lianescentes, particulièrement les Marantacées. Par contre d'autres herbacées caractéristiques du sous-bois forestier telles que : *Olyra latifolia, Corymborkis corymbis* vont apparaître.

C'est au cours de cette phase que s'installent, par paliers, les ensembles arbustifs et arborescents, et que se réalise une entité forestière constante.

Cette phase marque l'apparition au niveau de la strate ligneuse, des espèces de la famille des Annonacées (*Anonidium mannii, Greenwayodendron suaveolens)*, et des Olacacées (*Heisteria zimmereri, Strombosia pustulata, Strombosiopsis tetrandra)*. Ces Annonacées et Olacaées sont compagnes des espèces de *Petersianthus macrocarpus* et *Uapaca paudosa*

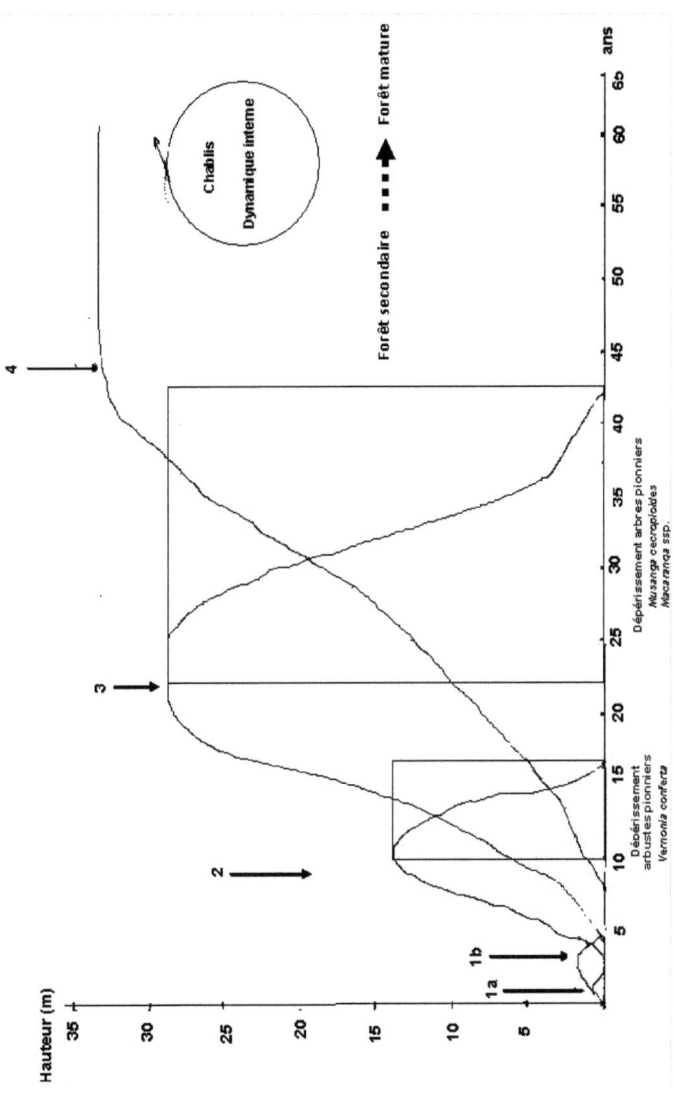

Fig. 52. Principales phases observées de la dynamique de reconstitution de la forêt du Dja.

1a : Stade herbacées annuelles
1b : Stade herbacées vivaces (*Chromolaena odorata*)
2 : Stade arbustif pionnier
3 : Stade intermédiaire (recru forestier)
4 : Stade forêt secondaire

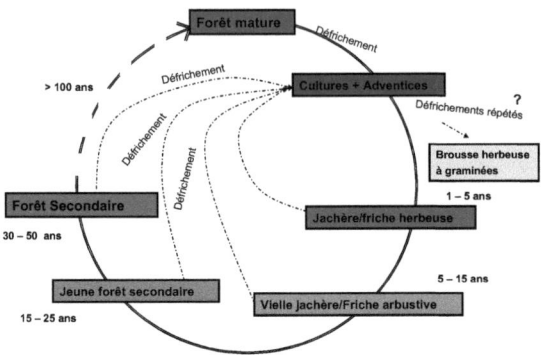

Fig. 53. Chronoséquence structurale de la reconstitution de la forêt dans la région du Dja.

Le schéma structural de la reconstitution de la forêt du Dja (Fig. 53) est similaire à celui décrit par Mbarga (1992) pour la forêt dense guinéenne mésophile de la région de Yaoundé. Cet auteur montre pour la zone de Yaoundé que le défrichement répété à intervalle de temps très cours des jeunes jachères a conduit à la mise en place des brousses herbeuses à graminées. Ce phénomène est encore très rare dans la zone du Dja, du fait de la faible pression sur la l'espace liée à une démographie faible et la disponibilité de la forêt. De Wachter (1995) a estimé dans la zone du Dja en considérant un cycle moyen culture – jachère de 19 ans, que les besoins en terre annuelle pour l'agriculture ne représentaient que 10,4 % des terres agricoles réellement disponibles. Cet auteur montre également que pour la proportion des superficies défrichées chaque année en périphérie nord du Dja, les jeunes jachères/friches herbeuses constituent environ 37 %, les vieilles jachères/friches arbustives constituent 27 %, les forêts secondaires jeunes et âgées constituent 31 %, et les forêts matures de plus de 100 ans constituent seulement 5 % de la superficie annuellement défrichée.

Schnell (1971), définit le processus de succession selon un schéma qui reflète mieux nos observations dans la Dja :

- " végétation herbacée basse : dès ce stade peuvent apparaître des semis d'espèces arborescentes ou arbustives" (phase herbacée et sous-ligneuse) ;
- "fourré arbustif dense avec des arbustes et jeunes arbres héliophiles (phase arbustive)" ;
- "forêt secondaire jeune, à voûte encore discontinue, constituée des essences héliophiles à croissance rapide qui surciment et éliminent progressivement en ombrageant, les espèces héliophiles basses du stade précédent" ;
- "forêt secondaire haute à voûte encore discontinue, qui tend à se fermer rapidement. Les espèces de la forêt primitive deviennent de plus en plus nombreuses (phase vielle forêt secondaire ou de forêt intermédiaire)".

Plusieurs auteurs s'accordent pour affirmer que la reconstitution de la forêt après perturbation semble se dérouler selon un schéma général identique dans l'ensemble des régions tropicales humides (Aubréville, 1947 ; Lebrun *et al.*, 1954 ; Richards, 1957 ; Kahn, 1982 ; Mbarga, 1992). "La succession présente en général dans les pluviisylves des caractéristiques semblables dans les régions tropicales humides du monde et, à moins d'être infléchie par le pâturage ou par l'écobuage et la culture répétée, elle tend à reconstituer la forêt originale à travers une série de biocénoses : plantes herbacées, buissons, arbres de petite taille à croissance rapide et à faible longévité, grands arbres caractéristiques de la forêt secondaire généralement héliophiles et à croissance rapide et enfin les espèces de forêt primaire" (Anonyme, 1979).

Ce schéma général peut présenter diverses variantes liées essentiellement à des critères floristiques, d'autant plus marquées que l'on se trouve dans des secteurs phytogéographiques différents, mais aussi à des critères écologiques (sol, climat…) et historiques qui influenceront, soit la durée des stades et du processus, soit la composition floristique.

III.2.3.2. Syndynamique évolutive post-culturale de la forêt du Dja

Le système de classification hiérarchique des communautés est nommé syntaxonomique par analogie au système taxonomique, et les constituants sont appelés syntaxons. Les phytosociologues ou syntaxonomistes procèdent comme les taxonomistes. Ils décrivent les communautés de manière complète (écologie, dynamique, physionomie, affinité, phytogéographie) en leur donnant un nom latin construit sur la base d'un couple d'espèces caractéristique de la communauté concernée.

Comme l'avait déjà relevé Mbarga (1992), les travaux portant sur l'analyse fine et la définition des groupements végétaux d'Afrique tropicale humide en vue de leur hiérarchisation sont rares.

Les différentes classifications proposées dans l'étude de la végétation dans cette aire géographique se confondent avec les grandes divisions géomorphologiques du territoire et sont fortement liées aux facteurs édaphiques.

L'approche phytosociologique, bien qu'éprouvée de longue date en milieu tempéré, se heurte à l'impressionnante richesse floristique des formations forestières des régions tropicales.

Toutefois, les travaux récents de Senterre (2005) se sont largement focalisés sur les recherches méthodologiques des approches phytogéographiques dans la forêt d'Afrique Centrale.

Pour le Dja, Debroux (1998) fait remarquer que sa forêt de terre ferme serait formée d'une seule unité phytosociologique au rang d'association et que les faciès perturbés s'inscrivent à l'intérieur de cette association dans un continuum évolutif. Cependant, il faut noter que si ces perturbations internes de la forêt sont caractérisées par une succession de phénophases (dynamique cyclique), le concept de série de végétation auquel est liée la succession secondaire, reste attaché aux variations linéaires, généralement continues dans le temps, plus ou moins rapides et correspond à la modification progressive, à la fois de la composition floristique et de la structure, permettant de différencier différentes unités phytosociologiques.

En effet, bien que les espèces de la forêt du Dja aient des aires de répartition assez vastes voire pantropicales, l'obtention de leur optimum écologique en fonction de l'âge d'abandon, de certaines conditions de milieu, la nature du sol, le types de la forêt initiale, amènera l'une ou l'autre à dominer à une phase de la reconstitution.

Les communautés identifiées dans le Dja ont été décrites par rapport aux syntaxons connus dans le système syntaxonomique actuel. Les études phytosociologiques plus détaillées en République Démocratique du Congo par Lebrun et Gilbert (1954), Mullenders (1949), Léonard (1952), au Cameroun par Mbarga (1992) et en Afrique de l'Ouest, Schnell (1952) ont été référées.

La région du Dja présente du point de vu syndinamique une diversité de schémas successionnels liée sans doute à la diversité d'habitats, aux facteurs tels que la fréquence des cultures, la pratique culturale, la présence ou non d'une ambiance forestière…

L'étude de la dynamique cicatricielle de la végétation post-agricole du Dja par l'approche synchronique a permis de discriminer 10 groupements. Ces groupements se rapportent à 6 catégories syntaxonomiques, ayant valeur d'alliance, déjà décrites dans la littérature dans d'autres territoires phytogéographiques de la région guinéenn. Le déterminisme de ces groupements s'avère avant tout édaphique et chronologique (âge d'abandon).

En général, la syndynamique démarre par les groupements de l'alliance *Bidention pilosae* de la classe des *Ruderali-Manihotetea*. Dans le Dja, il s'agit du groupement à *Chromolaena odorata* sur les friches de terre ferme. Cette végétation herbacée peut être encore rencontrée 5 années après la déprise culturale.

Entre 5 et 15, la végétation pionnière des *Bidention pilosae,* fait place à celle des friches arbustives du *Caloncobo-Tremion* (sur terre ferme) ou du *Macarango-Anthocleistion* (sur sols épais, peu labouré), représentés respectivement par les groupements à *Trema orientalis,* et *Mostuea brunonis* et *Brillantaisia vogeliana*. Il y a retour vers des groupements du *Bidention* en cas de remise en culture des parcelles.

L'évolution normale de la végétation des friches arbustives aboutit, aux environs de 20 à 25 ans, à celle des forêts juvéniles du *Musangion-Cecropioidis* représenté par le Groupement à *Bridelia grandis*.

L'installation de la végétation dite des "vieilles forêts secondaires" du *Triplochito-Terminalion* se fait généralement à partir de 30 ans. Elle est représentée par les groupements à *Terminalia superba* et *Olyra latifolia et à Sorindeia grandifolia* et *Laportea aestuan*. Le groupement à *Sorindeia grandifolia* et *Laportea aestuan* bien que rencontré sur les parcelles d'âge d'abandon de moins de 30 ans, se trouve sur les sols épais, moins labouré et dans l'ambiance forestière. Ce groupement peut être considéré comme transitoire du *Musangion-Cecropioidis* et du *Triplochito-Terminalion*, car il comprend à la fois les espèces caractéristiques des jeunes forêts secondaires comme *Musanga cecropioides*, et les espèces de vielles forêts secondaires.

Cette végétation, à l'instar de celle des stades suivants, se renouvelle essentiellement par le mécanisme des chablis, avec un retour vers des groupements du *Musangion*.

L'évolution normale de la végétation du *Triplochito-Terminalion*, aboutit au delà d'un siècle, par enrichissement en espèces sempervirentes vers des îlots de forêt ombrophile du *Tarrietion*. Cette végétation est représentée par le groupement à *Rinoria oblongifolia et strombosia grandifolia*. Ce groupement peut être considéré comme représentant le stade terminal de l'évolution post-agricole de la végétation de la région du Dja. La dynamique qui s'en suit après procède de la dynamique interne de la forêt. Pour le Dja le stade ultime de l'évolution de la forêt serait caractérisé par une forte dominance des Caesalpiniacées (Doucet, com. Pers.).

Debroux (1998) fait remarquer que cette végétation présenterait un polymorphisme au cours de la restauration en fonction des caractères édaphiques. La dynamique successionnelle aboutit à une formation sempervirente sur sols profonds et à une formation semi-décidue, dominée par les espèces d'Ulmacées sur sols moins profonds (Fig. 54).

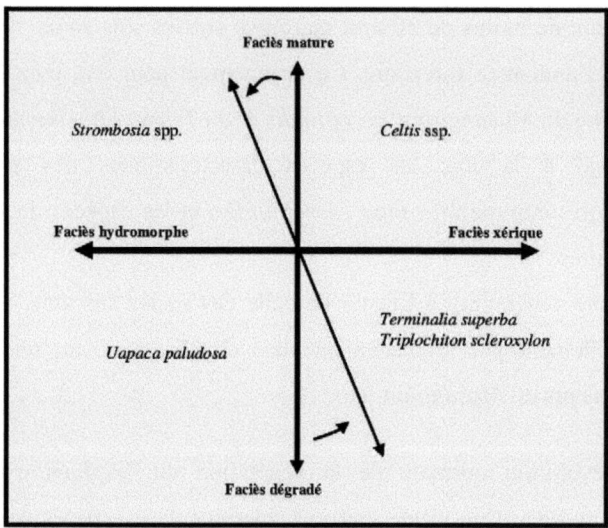

Fig. 54. Illustration d'un essai d'analyse des faciès forestiers selon les gradients : hydromorphie et stade évolutif (Debroux, 1998).

Le schéma évolutif de la région du Dja se rapproche dans ses grandes lignes syntaxonomiques (Fig. 55), de ceux décrits dans la région de la forêt équatoriale d'Afrique centrale (Lebrun & Gilbert, 1954 ; Mbarga, 1992). Les unités syntaxonomique de rang supérieur qui ont été décrites ici, correspondent à la description de Sonké (1998) dans le Dja.

Bien que les diffirents groupes aient été différenciés, ils s'organisent plutôt selon un continuum avec un certain chevauchement le long de la chronoséquence, traduisant l'existence comme l'avait déjà noté Mbarga (1992) pour forêt mésophile de la région de Yaoundé, d'un lot impressionnant d'espèces "compagnes" voir transgressives, et celle d'un nombre relativement faible d'espèces exclusives ou montrant des degrés de présence parfois dérisoires. Le caractère vicariant de ces groupements, de même que la définition des unités élémentaires (associations) devront être ultérieurement envisagés sur la base d'un échantillon plus conséquent.

```
┌─────────────────────────────────────────────────────────┐
│                  STROMBOSIO-PARINARIETEA                │
│        Végétation dense non marécageuse de basse altitude│
│                                                         │
│                     Tarrietion utilis                   │
│        Groupement à Rinoria oblongifolia et strombosia grandifolia │
└─────────────────────────────────────────────────────────┘
```

```
┌─────────────────────────────────────────────────────────────────┐
│                    MUSANGO-TERMNALIETEA                         │
│                 (Végétation forestière secondaire)              │
│                                                                 │
│                     Triplochito -Terminalion                    │
│          Groupement à Sorindeia grandifolia et Laportea aestuan │
│            Groupement à Terminalia superba et Olyra latifolia   │
│                                                                 │
│                              Chablis                            │
```

```
│                     Musangion-Cecropioidis                      │
│                   Groupement à Bridelia grandis                 │
│         Unité à Porterandia cladantha et Jateorhiza macrantha   │
│         Unité à Antidesma membranaceum et Bridelia grandis      │
│                                                                 │
│                                                                 │
│                                      Echanges                   │
│                                     d'éléments                  │
│        Coloncobo-Tremion                                        │
│   (Végétation des friches sur terre ferme)                      │
│       Groupement à Trema orientalis         Macarango-Anthocleistion │
│       Unité à Rauvolfia vomitoria et    (Végétation des friches sur sols │
│       Cnestis ferruginea                    épais, peu labourés)│
│       Unité à Trema orientalis et Ficus    Groupements à Mostuea│
│       exasperata                            brunonis et Brillantaisia │
└─────────────────────────────────────────────────────────────────┘
```

Déprise culturale   Répétition des cultures

```
┌─────────────────────────────────────────────────────────┐
│                   RUDERALI-MANIHOTETEA                  │
│                                                         │
│                      Bidention pilosae                  │
│              Groupement à Chromoleana odorata           │
│                       Unité à Commelina benghalensis et │
│                       Phyllanthus amarus                │
│                       Unité à Chromolaena odorata       │
└─────────────────────────────────────────────────────────┘
```

Fig. 55. Schéma syndynamique de la végétation post-agricole de la région du Dja.

III.2.3.3. Dynamique structurale et floristique

De manière générale, on observe une tendance à l'accroissement du nombre d'espèces avec l'âge de la végétation. La diversité est minimale au stade pionnier et maximal au stade de forêt intermédiaire notamment à 35 ans à l'abandon des cultures. On note à la fois la présence des espèces du recru forestier et les espèces forestières. Ruiz *et al.* (2005), travaillant en forêt tropicale d'Amérique du Sud, ont obtenu les résultats similaires avec un pic de la diversité entre 32 et 56 ans. Mbarga (1992) dans la forêt tropicale semi-décidue de Yaoundé le situe entre 20 et 35 ans.

Les gaulis des espèces de forêt secondaire vont diminuer comparativement à celles des espèces forestières à partir de 35 ans. A partir de cette phase, les conditions mésologiques donnant une ambiance forestière sont favorables à la croissance des espèces forestières. Guariguata & Ostertag (2001) ont montré dans leurs travaux en forêt néotropicale que la puissance de régénération de la forêt est élevée si les sources de production de propagules sont proches et si la l'intensité d'utilisation du sol avant l'abandon n'est pas sévère. Toutefois les études sur la probabilité de survie des diaspores/semis ont montré que les graines et plantules subissent d'autant plus d'attaques (prédateurs et/ou parasites) qu'elles sont localisées à proximité d'un semencier de la même espèce et/ou qu'elles sont présentes en nombre à un endroit donné (Janzen, 1970 ; Connell, 1971). Ainsi, peu de plants germés sous semencier atteignent la phase de gaulis.

Certains auteurs soutiennent que la diversité spécifique des groupements végétaux est très élevée durant les premiers stades de la succession avec une réduction du nombre d'individus vers le stade adulte (Margalef Shafi *et al.* in Sonké, 1998). De même pour Devineau (1984), la structure de peuplement se met en place dès les premiers stades de la succession et la maturation forestière n'entraîne qu'une baisse notable de la richesse spécifique. Par contre, l'évolution de l'indice de diversité au cours de la succession obtenue, est très proche de celle déjà décrite par de nombreux auteurs qui reconnaissent que la diversité est minimale au stade pionnier (Guariguata & Ostertag, 2001 ; Mbarga, 1992 ; Alexandre et *al.*, 1978). Ramande (1994 in Sonké, 1998), souligne que la tendance à la croissance de la richesse, de la densité et de la diversité des peuplements constitue une loi générale pour toutes les successions écologiques. Le maximum de diversité spécifique est atteint au stade de forêt intermédaire ; ce maximum résulte de la coexistence d'espèces d'ombre et d'espèces héliophiles, tandis que la diminution de la diversité au stade mature trouve son explication dans la disparition des espèces de la forêt secondaire. .

Les données sur l'Equité de Pielou obtenues sont de manière générale, assez faibles. Dajoz (1982), relève qu'une équitabilité faible représente une grande importance de quelques espèces dominantes. Les écosystèmes qui ont atteint un niveau de maturité et qui ne sont pas soumis à des contraintes perturbatrices ont une équitabilité optimale, de l'ordre de 0,6 à 0,8 ; par contre, les écosystèmes qui sont à une phase transitoire ou sous l'influence d'un stress ont une équitabilité faible (Odum, 1976 cit. Sonké, 1998). Ceci amène à conclure que même pour les parcelles âgées de plus d'un siècle dans le Dja, la végétation est encore en cours de reconstitution. Mbarga (1992) note dans le secteur forestier de la région de Yaoundé, que cet indice montre une valeur minimale aux stades pionniers (peu d'espèces représentées par plusieurs individus), ensuite elle est maximale au stade intermédiaire (distribution plus équitable des espèces et des individus respectifs) et tend à décliner aux stades matures.

Pour les arbres, une similarité supérieure à 50 % est observée à partir de 25 ans entre les parcelles de vieilles forêts secondaires âgées (de plus de 100 ans) et parcelles de jeunes formations secondaires. Ceci pourrait s'expliquer par le fait qu'à 100 ans et plus, la forêt est encore en pleine phase de reconstitution marquée par une forte présence des espèces caractéristique des forêts secondaires. En effet, plusieurs études sur le changement floristique au cours de la *chronoséquence* en forêts tropicales, s'accordent à conclure que la conversion floristique des forêts secondaires vers la forêt mature se fait plus lentement que la conversion structural et physionomique (Kassr & Decocq, 2007 ; Brearley, et *al.,* 2004 ; Dewalt et *al.,* 2003 ; Guariguata & Ostertag, 2001).

Pour les herbacée, cette similitude entre les vielles forêts secondaire et les formations jeunes est observé déjà à partir de 15 ans. Kassr & Decocq (2007), ont relevé pour la forêt tropicale semi-décidue de la Côte d'Ivoire, que les herbacées du sous-bois envahissent très tôt les recrus forestiers à partir 15 ans.

Au regard des données obtenues par Sonké (1998) dans la forêt hétérogène typique du Dja (tableau, XXIV), on peut noter que le recouvrement structural de la forêt s'observe déjà entre 35 et 50 ans. Kassr & Decocq (2007), en Côte d'Ivoire, note une forte similarité structurale des parcelles de 30 ans sur le sol ferrallitique avec la forêt primaire adjacente.

Dewalt *et al.* (2003), en forêt néotropicale d'Amérique latine, situent cette similarité structurale à 70 ans.

Les resultats obtenus montrent que la surface basale pour les parcelles de classes d'âge de 30 et 35 ans est légèrement supérieure à celle des parcelles plus âgées de vielles forêts secondaires. Cette tendance à la prédominance de la surface basale de la forêt secondaire sur la forêt mature a été observée par Zapfack, et *al.* (2002), dans leur étude sur l'impact de l'utilisation des sols sur la phytodiversité en zone forestière du Cameroun. Ces derniers ont obtenues 44,9m2/ha et 39,2 m2/ha respectivement pour la surface basale de la forêt secondaire et de la forêt mature. Ils concluent que ces observations renforcent l'idée selon laquelle la surface basale est un indicateur pour la classification structurale de la végétation (Malaisse, 1984).

Tabernaemontana crassa, Macaranga spinosa, Musanga cecropiodes, Vernonia conferta, constituent les espèces donc les proportions de pieds morts par rapport au total ont été les plus importantes. Sonké (1998), avait déjà noté pour la forêt du Dja, que *Tabernaemontana crassa* représente l'espèce dont le taux de mortalité annuelle est le plus élevé. Cette espèce constituait à elle seule près de 12,6 % des pieds morts recensées par l'auteur. Nguenang & Dupain (2000) ont identifié cette espèce comme un marqueur de l'état de sécondarisation de la forêt. Cette espèce en association avec *Macaranga barteri, Myrianhus arboreus* peut être considérée comme un indicateur de l'âge local des éléments de la mosaïque forestière y compris les chablis où elle est implantée. Hladik (1982) dans son étude sur la dynamique de la forêt de Makoukou au Gabon, montre que *Macaranga barteri* de diamètre supérieur à 65 cm meurt généralement de vieillissement.

Le recouvrement de la phytomasse au-dessus du sol des forêts secondaires a fait l'objet des travaux de Brown et Lugo, 1990. Les forêts secondaires sont généralement admises comme des réservoirs de biomasse au cours de leur processus de recouvrement et donc aussi directement comme des réservoirs de carbone atmosphérique (Lugo et Brown, 1992). En général, les forêts secondaires accumulent jusqu'à 100 t/ha entre 15 et 25 ans après abandon (Brown et Lugo, 1990).

Les données obtenues dans le cadre de cette étude montrent une corrélation positive entre l'âge d'abandon des parcelles post-cultural et le stock de carbone accumulé. Ces données concordent avec celles obtenues par Zapfack (2005) dans la forêt sémie-décidue du Centre et Sud Cameroun. Il obtient les valeurs maximales stock de carbone l'hectare pour les forêts secondaires (175 – 304 t/ha).

Entre 15 et 25 ans, la biomasse à l'hectare des espèces ligneuses (ø ≥ 10 cm) obtenue est comparable à celle décrite par la FAO pour la forêt dense humide sémie-décidue du Cameroun et estimée à 145,6 t/ha (Anonyme, 2005).

Au-delà de 100 ans, une croissance exponentielle du stock de carbone a été observée. Divers auteurs affirment que même après plus 50 à 80 ans la phytomasse des forêts secondaires n'est pas comparable à celle des forêts matures ; très probablement cette phytomasse ne pourrait être comparable qu'avec l'apparition de très grands arbres qui séquestrent une grande proportion de la biomasse totale (Brown et Lugo, 1990 ; Hughes et *al.*, 1999 ; Clark & Clark, 1996).

Des études ont permis de montrer qu'au cours de la succession secondaire de la forêt, on observe une variation de l'allocation de la biomasse au sein même des plantes (Ewel, 1971, Cuevas et *al.*, 1991 ; Cavalier et *al.*, 1996 ; Carvalheiro *et al.*, 1996 ; Silver et *al.*, 1996). Aux premiers stades de la reconstitution, on note plus d'allocation de la phytomasse aux tissus directement impliqués dans l'acquisition des ressources nutritives (feuilles, radicelles) et aux phases ultérieures une plus grande allocation aux parties impliquées à la structuration (tiges, grandes racines) (Guarigata et *al.*, 2001).

Il est aussi admis que le recouvrement de la phytomasse racinaire au cours de la reconstitution secondaire de la forêt est lié à l'évolution de la communauté de champignons mycorhiziens à vésicules et arbuscules (Guarigata et *al.*, 2001 ; Jemo et *al.*, 2007). Les mycorhizes affectent la succession secondaire en facilitant la résistance ou la dominance de certaines espèces et ceux probablement, à leur capacité à tolérer plusieurs types de sols (Janos, 1980).

Les souches d'arbres constituent un élément important du potentiel végétatif dans l'implantation des différents cortèges floristiques de la chronoséquence de la végétation que Alexandre (1989) n'a pas pris en compte dans sa définition. Jusqu'à 15 ans après abandon des cultures, les espèces ligneuses issues des rejets des souches représentent à plus de 25 % du stock de carbone du peuplement résiduel. Dans la jachère de 5 ans au Gabon, Mitja & Hladik (1986) ont recensé près de 35 % des espèces ligneuses de plus de 2 m issus des rejets des souches. Les travaux de Carrière (2002) ont clairement établi que l'abattage sélectif que font les agriculteurs du Sud – Cameroun en préservant certains arbres lors de la préparation des champs permet de rentabiliser au mieux le temps de jachère. Zapfack et al. (1998) montrent que, par cette pratique on arrive à réduire de près de 15 % les pertes en carbone du fait de l'agriculture sur brûlis. Celle-ci pourrait d'avantage être réduite par une parfaite maîtrise du phénomène de réitération /rejets des souches. Les récherches dans ce sens méritent d'être poursuivies.

Le recouvrement structural de la forêt du Dja (le nombre de tiges, la surface basale à l'hectare...) s'observe déjà entre 35 et 50 ans. Par contre, la reconstitution du potentiel floristique de la forêt mature pré-perturbation nécessite plus de temps. Bien que le modèle utilisé soit assez simple et n'intègre pas tous les paramètres qui influencent le rythme de reconstitution secondaire de la forêt comme le type de sol, au rythme cultural (Kassr & Decocq 2007), il permet d'estimer entre 500 et 700 ans le temps de reconstitution du potentiel floristique de la forêt ombrophile. A titre de comparaison, les travaux récents synthétisés par White et Oates (1999, cit. Doucet, 2003) suggèrent que les arbres actuellement exploités dans le nord du Congo ont 80 – 510 ans avec une moyenne de 271 ans. Sonké (1998) a estimé le turn over de la forêt du Dja à 250 ans.

Liebsch et *al.* (2008) se basant sur un modèle similaire, ont estimé pour les forêts atlantiques néotropicales d'Amérique latine, qu'il faut environ 167 ans pour que la proportion d'espèces non-pionnières dans la forêt mature soit atteinte après perturbation de la forêt. Ces mêmes auteurs ont estimé pour ces mêmes forêts qu'il faudrait environ 1900 ans après perturbation que la forêt recouvre sa proportion initiale d'espèces endémiques.

III.2.3.4. Dynamique dispersion diaspores

Les premières espèces qui s'installent au cours des premières phases de la reconstitution sont les sarcochores ou des ptérochores. L'importance des sarcochores témoigne du rôle capital que jouent les animaux dans la dissémination des diaspores et aussi sur la dynamique de reconstitution de la végétation. L'action des animaux pourrait aussi expliquer la présence des premières espèces ballochores (Pentaclerathra macrophylla), celles-ci sont en effet susceptibles d'être transportées par les rongeurs et entreposées dans les cachettes (Price et Jinkins, 1986 ; Becker et *al.*, 1985).

La probabilité d'arriver à un endroit donné, à un instant donné, d'une espèce zoochore dont le premier semencier est éloigné d'un km, peut dépasser celle d'une autochore ou d'une anémochore située à 100m (Alexandre, 1989).

Les travaux de Carrière (2002) montrent l'importance des arbres laissés sur pied lors de travaux champêtres sur la dissémination des diaspores. Son étude sur la pluie de graines sous la couronne d'arbres isolés dans les champs du Sud Cameroun, révèle en moyenne une centaine d'espèces disséminées dont 67 % sont dispersées par les animaux frugivores, par endozoochories, 33 % par le vent ou par un moyen mis en place par la plante elle-même, comme l'éclatement des gousses de légumineuses (ballochorie).

Lamperti et *al.* (1996) travaillant dans la forêt du Dja ont montré qu'il existe une forte relation entre les espèces consommées et dispersées par les Calaos (Ceratogymna spp.) et certaines affinités structurales observées dans les associations d'arbres. Concernant la zoochorie, Gautier-Hion et *al.*

(1985) décrivent l'influence de la morphologie des fruits sur le comportement des vertébrés qui les dispersent (Fig. 56).

Un regroupement de certaines catégories, sous la terminologie plus classique et proche du système de Molinnier & Müller (1938), permet de noter qu'on obtient les proportions similaires à celles obtenues dans le Dja par Sonké, 1998 à savoir 83 % zoochores, 9 % anémochores, 8 % autochores pour les parcelles âgées de plus de 100 ans (Fig. 35).

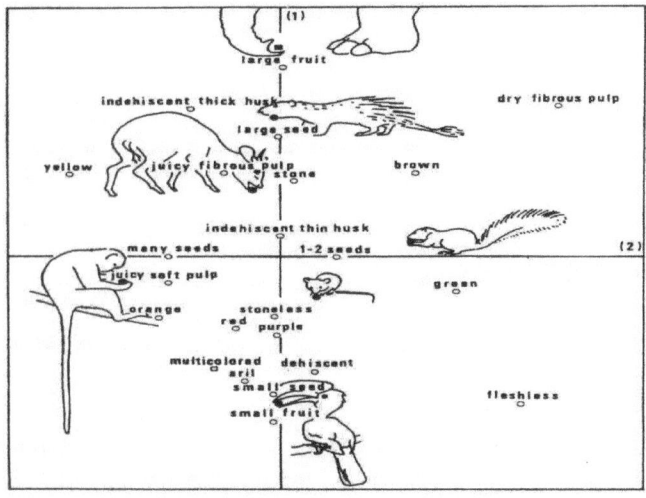

Fig. 56. Illustration des interrelations pouvant exister en forêt tropicale entre 6 groupes de frugivores et les caractéristiques morphologiques des fruits d'après Gautier-Hion et *al.*, (1985).

Alexandre (1989) définit le concept de potentiel floristique pour déterminer l'origine de l'implantation des différents cortèges floristiques au cours de la reconstitution secondaire. Quatre formes de potentiels sont distinguées :

- potentiel végétatif : plantes présentes à l'état végétatif sur le site perturbé
- potentiel séminal édaphique (seed bank) : plantes présentes sous forme de graines dans le sol du site
- potentiel de lisière : plantes présentes à l'état végétatif au-tour du site
- potentiel advectif : plantes présentes sous forme d'individus sexuellement mûrs à l'extérieur du site

Pour réussir, une plante doit satisfaire successivement à 3 conditions déjà considérées comme critiques par Clements (1916, cit. Alexandre, 1998) : (i) exister avant la perturbation, (ii) résister à la perturbation, (iii) s'exprimer grâce à la perturbation.

Le potentiel floristique rend compte de la première condition pour l'ensemble des espèces en un lieu et à un instant donné. La deuxième condition dépend de la nature et de l'intensité de la perturbation. La troisième dépend des ressources libérées par la perturbation mais surtout de l'écophysiologie des espèces en présence (Alexandre, 1988). La figure 57 ci-dessous essaie d'illustrer en fonction des ces conditions l'expression des potentiels floristiques au cours de la chronoséquence. Le potentiel édaphique du cortège floristique héliophiles/pionnières séminal s'exprime plus dès le stade jeune de la reconstitution. Le potentiel de lisière et végétatif s'exprime à differents niveaux au cours du processus de reconstitution. Le potentiel advectif s'exprime dès qe les conditions favorables sont créées soit au stade jeune de la reconstitution ou avec la création des trouées dans la forêt mature

Malgré le fait que les brûlis réduisent la densité des graines du sol, l'apport du potentiel séminal édaphique aux premières phases de la restauration de la végétation est plus élevé que celles des graines récemment dispersées (Young et *al.*, 1987). Malgré le fait qu'on note une large variation dans la longévité des graines dans le sol, les graines des espèces secondaires héliophiles ne dépassent généralement pas plus d'un an après la dispersion (Guarigata, 2000, Guarigata & Ostertag 2001). Ainsi leur développement après la perturbation de la forêt dépend fortement de leur proximité et de leur fructification fréquente (potentiel advectif).

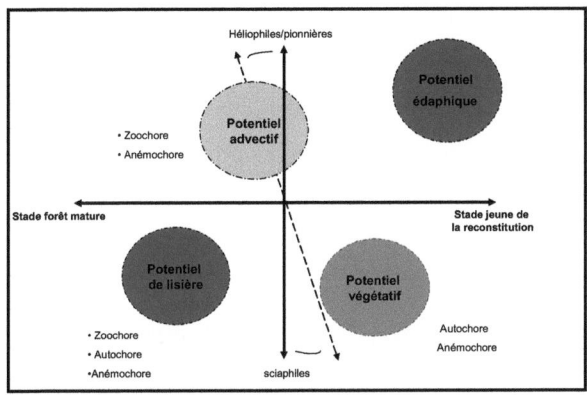

Fig. 57. Essai d'illustration de l'expression des différentes formes de potentiels floristiques au cours de la reconstitution secondaire forestière après abandon de la culture.

III.2.3.4. Stratégie adaptatives

Au cours du processus de reconstitution de la végétation, se succèdent dans le temps, depuis les stades pionniers jusqu'aux stades de forêt mature, des groupes biologiques aux stratégies adaptatives différentes. Ces stratégies adaptatives sont basées sur le tempérament des espèces qui traduit l'évolution de leurs besoins en lumière au cours du développement.

Avant la présentation de nos résultats ici, il a été jugé opportun de faire une synthèse des travaux existants sur le tempérament des espèces.

Selon la synthèse faite des travaux de Doucet (2003), c'est souvent de manière dualiste qu'à lieu la classification des tempéraments. Outre les termes usuels d'héliophiles et de sciaphiles, Van Steenis (1956) a introduit la notion des « nomades » et de « dryades ». La première se réfère aux espèces en mouvement continuel d'une génération à l'autre, la seconde aux espèces considérées comme véritables hôtes de la forêt. Withmore (1989) parle d'espèces pionnières et d'espèces primaires. Brazzaz et Picket (1980) parlent de « Gambler » et de « Strugglers » et Begon *et al.* (1990), opposent stratégie « r » et « k ». Swaine et Withmore (1988) proposent une division en deux groupes espèces pionnières et non-pionnières, basée sur les conditions de germination des semences et la croissance des plantules.

Toutefois, plusieurs auteurs ont relevé la difficulté à ranger les espèces dans de groupes uniques. Ainsi Grime et Al., (1986) pensent qu'il existe une troisième stratégie qui comprend à la fois les plantes considérées comme plante des stratèges « r » et « k », capables de vivre dans des milieux faiblement perturbés mais très contraignant et montrant une grande forme de croissance, un effort de reproduction faible, et une phénologie florale sans rapport direct avec le cycle saisonnier « stress-tolerant strategy ».

Alexandre (1982) illustre trois stratégies différentes basées sur le stade clé qui détermine la dispersion ou la colonisation et aussi la phase d'attente de la plante. Il distingue alors :
- la « stratégie forêt-forêt » où le stade clé est le jeune plant. Ces espèces germent en sous-bois. La plantule est tolérante à l'ombrage

et poursuit lentement sa croissance mais elle ne pourra atteindre la voûte qu'à la faveur d'une petite trouée ;
- la « stratégie trouée-trouée » dont le stade clé est la graine. Elle caractérise les plantes possédant une dormance photolabile. Elles peuvent rester en attente dans le sol tant que le couvert demeure intact. L'espèce appartient au potentiel séminal édaphique ;
- la « stratégie forêt – trouée » dont le stade clé est l'adulte. Elle ne possède ni graine capable de survivre dans le sol, ni une plantule résistante à l'ombrage. Le point de départ de sa régénération est donc une graine apportée de l'extérieur.

Doucet (2003) fait remarquer qu'il n'existe pas de transition nette entre les tempéraments. Il propose le concept de plage optimale de développement, des juxtapositions étant possibles. Ainsi, on peut distinguer plusieurs grandes catégories de tempéraments selon des exigences décroissantes en lumière dans le jeune âge. Elles peuvent être regroupées en « héliophiles strictes », « héliophiles modérées », « semi-héliophiles », « sciaphiles modérées », « sciaphiles strictes » (Fig. 58).

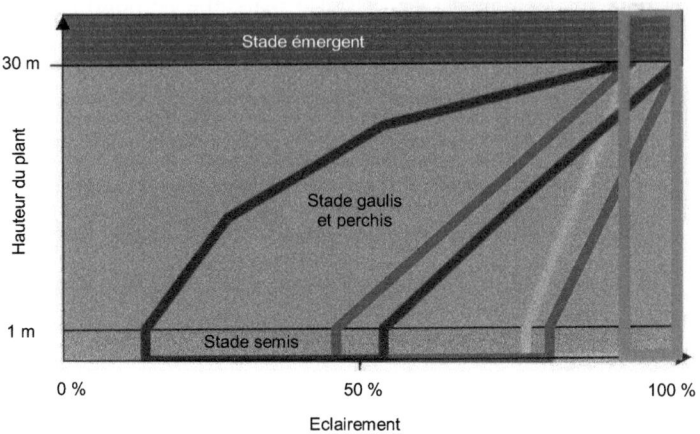

Fig. 58. Limites des plages de développement proposées par Doucet (2003).

La figure 59 ci-dessous présente la distribution des principales plantules d'espèces ligneuses au cours de trois stades de la reconstitution (pionnier, jeune forêt secondaire, vieille forêt secondaire).

Le stade pionnier regroupe les parcelles d'âge d'abandon de moins d'un an à 10 ans. Il est dominé au début par les herbacées pionnières et principalement par *Chromolaena odorata*. Par la suite on observe progressivement l'installation des plantules d'arbustes pionniers. Ce sont principalement les espèces suivantes : *Albizia adianthifolia, Bridelia micrantha, Ficus exasperata, Glyphaea brevis, Macaranga spinosa,*

Margaritaria discoidea, Musanga cecropioides , Rauvolfia vomitoria, Ricinodendron heudelotii, Vernonia conferta...

Ces espèces répondent très rapidement à une perturbation, notamment à l'exposition du sol au macroclimat, et elles sont tolérantes aux fluctuations des conditions environnementales, en particulier à une grande amplitude des températures journalières de la surface du sol. Ces capacités adaptatives permettent à ces espèces de s'emparer rapidement du terrain après une perturbation.

La plupart voire la quasi-totalité de ces arbustes pionniers sont des héliophiles stricts, généralement éphémères (Nkongmeneck et *al.,* 1991). La croissance rapide, la production très impressionnante des diaspores de faibles dimensions et de longue dormance dans le sol (Mbarga, 1992), sont autant de caractéristiques.

Ainsi, les contraintes imposées à ces individus pionniers sont-elles essentiellement d'ordre abiotique (stratégie « r »). Il s'agit des espèces de la stratégie « trouée – trouée » d'Alexandre (1982). C'est aussi dans cette gamme que devraient en principe se trouver les plantules d'espèces de la stratégie « forêt – trouée » telles que *Terminalia superba, Triplochiton sclaroxylon*. La rareté des plantules de ces espèces dans le jeu des données des espèces de plantules principales ci-dessous, pourrait s'expliquer en majeure partie par leur stratégie adaptative. Ces espèces bien qu'étant des héliophiles strictes, leur colonisation est liée non seulement à la proximité d'individus adultes mais à leur fructification au moment opportun c'est-à-dire pendant la période que subsiste l'ouverture de la végétation après perturbation.

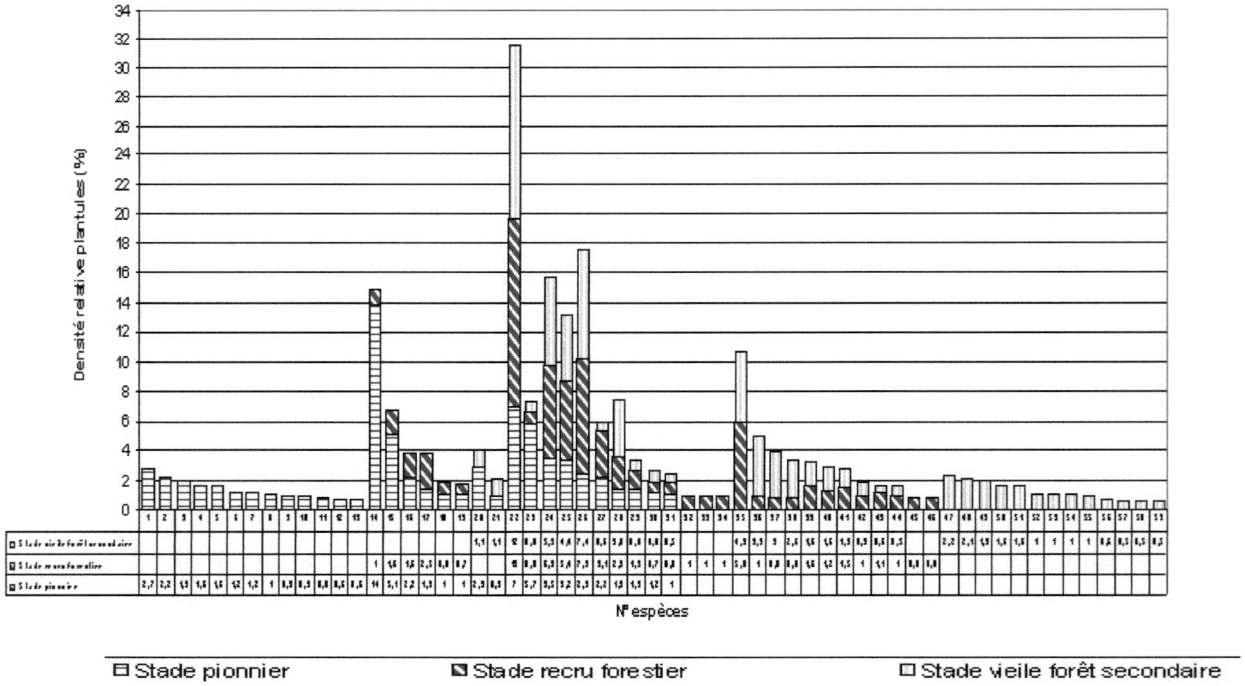
Densité relative plantules (%)
N° espèces
Stade pionnier
Stade recru forestier
Stade vieile forêt secondaire

N° code espèces

N°	Nom Latin
1	*Glyphaea brevis* (Spreng.) Monachino
2	*Macaranga spinosa* Müll.Arg.
3	*Ricinodendron heudelotii* (Baill.) Pierre ex Heckel
4	*Caloncoba glauca* (P. Beauv.) Gilg.
5	*Rauvolfia vomitoria* Afz.
6	*Lindackeria dentata* (Oliv.) Gilg.
7	*Pachystela* cf. *msolo*
8	*Vernonia conferta* Benth.
9	*Margaritaria discoidea* (Baill.) Webster
10	*Musanga cecropioides* R. Br. Ex Tedlie
11	*Ficus exasperata* Vahl.
12	*Bridelia micrantha* (Hochst) Baill.
13	*Ficus mucuso* Welw. Ex Ficalho
14	*Albizia adianthifolia* (Schum) W.F. Wight
15	*Voacanga africana* Stapf

N°	Nom Latin
16	*Funtumia elastica* (Preuss) Stapf
17	*Allophylus africanus* P. Beauv.
18	*Distemonanthus benthamianus* Baill.
19	*Pentaclerathra macrophylla* Benth.
20	*Albizia zygia* (DC) J.F.Macbr.
21	*Hymenocardia lyrata* Tul.
22	*Tabernaemontana crassa* Benth.
23	*Celtis tessmanii* De Wild.
24	*Trichilia rubescens* Oliv.
25	*Petersianthus macrocarpus* (Beauv.) Liben
26	*Microdesmis puberula* Hook. f. ex Planch.
27	*Hylodendron gabunensis* taubert
28	*Myrianthus arboreus* P. Beauv.
29	*Celtis mildbraedii* Engl.
30	*Pterocarpus soyauxii* Taub.

N°	Nom Latin
31	*Olax* sp.
32	*Desbordesia glaucescens* (Engl.) Van Thiegh
33	*Pauridiantha dewevrei* (De Wild. & Th. Durand) Bremek
34	*Uapaca staudtii* Pax
35	*Uapaca paludosa* Aubrev. & Léandri
36	*Greenwayodendron suaveolens* (Engl. & Diels) Verdc.
37	*Rinorea dentata* P. Beauv
38	*Strombosiopsis tetrandra* Engl.
39	*Strombosia pustulata* Oliv.
40	*Uapaca acuminata* (Hutch.) Pax & Hoffm.
41	*Plagiostyles africana* (Müll.Arg.) Prain
42	*Maesobotrya klaineana* (Pierre) J. Léonard
43	*Ouratea* sp
44	*Staudtia kamerunensis* Warb.
45	*Allanblackia floribunda* Oliv.

N°	Nom Latin
46	*Tetrapleura tetraptera* (Schum.&Thonn.)Taub
47	*Santiria trimera* (oliv.) Aubrév.
48	*Cephaëlis densinervia* (K. Krause) Hepper
49	*Lecaniodiscus cupanioides* Planch. ex Benth
50	*Uapaca guineensis* Müll. Arg.
51	*Uapaca vanhouttei* De Wild.
52	*Lovoa trichilioides* Harms
53	*Massularia acuminata* (G. Don) Bullock ex Hoyle
54	*Tabernaemontana penduliflora* K. Schum.
55	*Pauridiantha micrantha* (K. Krause) Hepper
56	*Pycnanthus angolensis* (Welw.) Exell
57	*Desplatsia dewevrei* (De Wild.& Th. Dur.) Burrey
58	*Aningeria altissima* (A.Chev) Aubr.& Pelleg.
59	*Coelocaryon preussii* Warb.

Des observations particulières ont été notées sur le terrain pour les espèces *Ricinodendron heudelotii* et *Musanga cecropioides*. Le feu mis lors des brûlis à la préparation des champs, jouerait un rôle positif à la réduction de la dormance tégumentaire des graines de *Ricinodendron heudelotii*. Il a été aussi noté que *Musanga cecropioides* régénère rarement sur les sols fortement labourés même si la condition de disponibilité de la ressource lumineuse est suffisante. Federspiel (1996) a fait les mêmes observations concernant la raréfaction des plantules de cette espèce dans les jachères du Dja du fait de la réduction des périodes de repos. Réduction qu'elle a attribuée à un manque de motivation pour mettre en culture des jachères forestières et non à une pression excessive de la population.

Une catégorie d'espèces qu'on pourrait qualifier de « héliophiles modérées » selon la terminologie définie par Doucet (2003), germent aussi bien au stade pionnier qu'à la phase de recru forestier marquée par une diminution de la ressource lumineuse qui arrive au sol. Ce sont les espèces telles que : *Allophylus africanus, Distemonanthus benthamianus, Funtumia elastica, Pentaclethra macrophylla, Voacanga Africana*. D'autres espèces qu'on pourrait également qualifier de « héliophile modérée » : *Allanblackia floribunda, Pauridiantha dewevrei, Tetrapleura tetraptera*, germent essentiellement dans les recrus forestiers.

Certaines espèces telles que *Myrianthus arboreus, Petersianthus macrocarpus, Tabernaemontana crassa,* germent assez bien tout au long du processus de la reconstitution ; de la phase pionnière initiale à la phase de vielle forêt secondaire. Ces espèces vont faire partie du cortège floristique tout au long de la chronoséquence forestière. Leur classification dans un groupe de tempérament n'est pas aisée. Toutefois, elles se rapporteraient aux espèces « semi –héliophiles ».

Les espèces qui vont marquer le stade de forêt mature apparaissent déjà sous forme de plantule aux stades intermédiaires de la végétation de recrus forestiers. Ce sont : *Greenwayodendron suaveolens, Maesobotrya klaineana, Plagiostyles africana, Rinorea dentata, Strombosiopsis tetrandra, Uapaca paludosa*. Elles peuvent être qualifiées de « sciaphiles modérées ».

Le dernier groupe des espèces est marqué par leur germination dans le sous-bois de la forêt âgée. Elles peuvent à quelques exceptions près être qualifiées d'espèces « sciaphiles ». Ce sont : *Cephaelis densinervia, Massularia acuminata, Santiria trimera, Uapaca guineensis, Uapaca vhanouttei*.

La constance de la structure spatiale des espèces de la communauté de forêt mature, correspond à des caractéristiques adaptatives intrinsèques : croissance lente, production allouée essentiellement à la biomasse végétale et sa maintenance (respiration) (Mbarga, 1992). Les contraintes imposées aux individus sont essentiellement biotiques (stratégie « k »).

III.2.4. DYNAMIQUE DE REGENERATION DES ESSENCES COMMERCIALES

III.2.4.1. Place des essences commerciales dans la régénération

Les essences commerciales principales ne représentent que 3 % de la régénération observée en terme de nombre de plantules. Les résultats obtenus sont similaires à ceux de Doucet (2003). Dans son étude de la forêt du Centre du Gabon, il conclut que la part des espèces commerciales dans la régénération est faible. Il note que les espèces régulièrement commercialisées ne représentent que 3 % des individus de moins de 10 cm de diamètre. Dupuy 1998, fait les observations similaires pour les forêts centrafricaines et ivoiriennes où il mentionne que les essences commerciales représentent moins de 10 % de la régénération observée (1 cm > diamètre > 10 cm). Ces observations confirment les allégations d'une mauvaise régénération des essences commerciales déjà signaées par Aubréville (1938) et Letouzey (1968). Ce sont les essences héliophiles qui sont concernées, de même que dans une moindre mesure les espèces semi-héliophiles (Doucet, 2003).

Bongjoh et Nsangou (1998) dans leur étude sur la régénération des essences commerciales de la forêt du Sud Cameroun, ont noté une prédominance des essences suivantes dans les trouées d'abattage : Canarium schweinfurthii, Lophira alata, Pycnanthus angolensis, Staudtia kamerunensis. A l'exception de Lophira alata dont l'aire de distribution écologique ne couvre pas suffisamment la zone d'étude, ces essences correspondent à celles observées dans cette étude à la phase préforestière de la reconstitution post-agricole. En effet, à ce stade marqué par une canopée très discontinue, les conditions mésologiques du micro climat pourraient être comparées à celles observées au niveau des trouées forestières où une certaine quantité de lumière arrive au sol permettant la germination de ces essences.

Au regard des observations qui précèdent on peut noter que le potentiel en essences économiques de la forêt post-culturale de la forêt du Dja est essentiellement dominé (i) par les essences actuellement qualifiées de secondaires sur le marché du bois donc : *Erythrophleum suaveolens,*

Funtumia elastica, Petersianthus macrocarpus, Piptadeniastrum africanum, Pterocarpus soyauxii, Pycnanthus angolensis, Staudtia kamerunensis, Terminalia superba ; (ii) quelques essences classées comme principales : *Distemonanthus benthamianus, Nauclea diderrichii, Nesogordonia papaverifera.* Ces essences constituent les essences d'avenir de la forêt secondaire âgée.

Pour que les essences principales d'après le marché actuel du bois, soit reconstituées, il est évident d'après nos résultats qui corroborent avec plusieurs autres études menées sur la dynamiques des essences commerciales en forêt tropicale africaine (Doucet, 2003, Dupuy 1998, Ezana, 2005), que des actions d'appui à la régénération par l'enrichissement ou par des actions sylvicoles liées aux techniques de régénération naturelle assistée sont nécessaires.

L'appui à la régénération par l'enrichissement des jachères pourrait être envisagé pour les essences utiles présentant des problèmes de régénération ou se régénérant de manière irrégulière comme *Nauclea diderrichii, Milicia excelsa, Triplochiton scleroxylon.* Le constat sur l'abondance des semis de Méliacées dans le sous-bois et leur forte mortalité suite à une absence de lumière avait été longtemps relevé et une technique de régénération naturelle assistée : le *tropical shelterwood system* basée sur la sylviculture des Méliacées commerciales a été proposée (Doucet et *al.*, 2007).

III.2.4.2. ABALE, *Petersianthus macrocarpus* (Beauv.) Liben : essence de promotion par excellence

L'exploitation forestière est limitée au Cameroun comme dans beaucoup d'autres forêts tropicales à un nombre limité en essences commerciales. Vivien et Faure (1985) donnent une description de 333 espèces d'arbres de forêt dense du Cameroun atteignant des diamètres supérieurs ou égaux à 50 cm au stade adulte. De toutes ces espèces, seules 90 font l'objet d'une exploitation plus ou moins régulière, et 19 essences constituent plus de 90 % du volume exploité, plus de trois quart des exportations sont assurées par 6 essences, alors deux essences seulement (Ayous et Sapelli) constituent près de 50 % du volume exporté produit (Anonyme, 2006). Ce système d'écrémage de la forêt pose un problème écologique réel. Bien que la prescription de l'élaboration des plans d'aménagement des forêts soit aujourd'hui appliquée, celle –ci ne permet pas toujours de garantir la gestion durable et soutenu de ces essences forestières fortement exploitées (Vandenhaute, 2006, Cerutti et *al.*, 2008). Plus qu'un problème écologique, ce système d'exploitation pose d'avantage avec le temps un problème économique.

La diversification des essences exploitées notamment, par la promotion des essences secondaires, est proposée comme une des solutions pour limiter ce phénomène d'écrémage de la forêt. Mais la promotion de ces essences secondaires pour être durable devrait être basée non seulement sur les critères économiques et technologiques des essences à promouvoir, mais aussi et surtout sur les aspects écologiques.

L'Abalé (*Pertersianthus macrocarpus*) fait partie de la liste des essences de promotion publiée par l'administration forestière du Cameroun

(Anonyme, 1998a). En terme d'abondance, elle fait partie des "top 20" des essences les plus représentées dans la forêt camerounaise (Anonyme, 2005). Cette essence n'est actuellement presque pas exploitée par les industriels du secteur bois. En 1997, son volume exporté en grume représentait 0,005 % des essences exportées. Jusqu'en 2006, l'exploitation industrielle de cette essence était quasiment nulle. En 2007, son volume exporté en grume est monté à 0,42 % du volume totale des essences exportées en grume suite en à demande croissante des pays de l'Asie comme la Chine et le Taiwan. Toutefois, ce chiffre reste très insignifiant par rapport à ceux de l'Ayous (*Triplochiton scleroxylon*) par exemple qui représente près de 47 % du volume des grumes exportés (Chaudron, 2000 ; Anonyme, 2008). Au niveau national, l'Abalé ne figure pas sur la liste des essences utilisées par las artisans (Ngatchou *et al.*, 2005).

Par contre, il a été relevé sur le terrain que cette essence est utilisée par les populations locales dans la construction de leur maison. Les grands individus sont abattus et débités pour les poteaux de maison.

Des informations tirées de la fiche technique sur l'Abalé (Anonyme, 1954), cette essence est considérée comme un bois de charpente et de construction forte. Dans les pays d'exportation, les billes d'Abalé, veinées, mouchetées et rubanées pourraient trouver un débouché sous forme de feuilles tranchées d'ébénisterie et de décoration. Une étude sur les propriétés physico techniques de cette essence conclut qu'elle a des caractéristiques similaires à celles de l'Iroko (*Milicia excelsa*) (Kofi et *al.*, 1999).

L'Abalé (*Petersianthus macrocarpus*) est apparue comme l'espèce qui régénère le plus de toutes les essences commerciales qui ont été recensées (tableau XXX). Cette espèce régénère très bien dans les formations secondarisées des stades jeunes au stade veille forêt secondaire où elle semble plus adaptée (Fig. 60). Il s'agit d'une espèce anémochore dont les fruits secs ailés sont disséminés par le vent. Elle est caractérisée par une floraison abondante pouvant être de deux par an (Anonyme, 1954). L'étude de Ezana en 2005 sur la dynamique des essences commerciales dans les jachères issues de l'agriculture itinérante dans la zone Est du Dja avait déjà relevé le bon comportement de *Pertesianthus macrocarpus* dans les jachères.

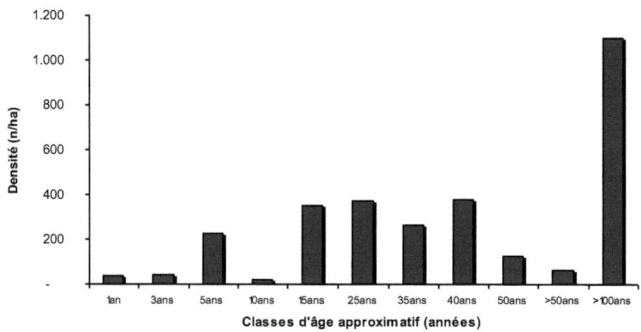

Fig. 60. Densité des plantules de l'Abalé (*Petersianthus macrocarpus*) au cours de la reconstitution post-culturale.

La structure de distribution de diamètre de l'Abalé (*Petersianthus macrocarpus)* montre une allure exponentielle décroissante à pente forte, caractéristique d'une population en équilibre, à régénération constante dans le temps avec une forte présence des tiges de petits diamètres et très peu de tiges de gros diamètres. Cette essence atteint rarement plus de 1m de diamètre (Fig. 61).

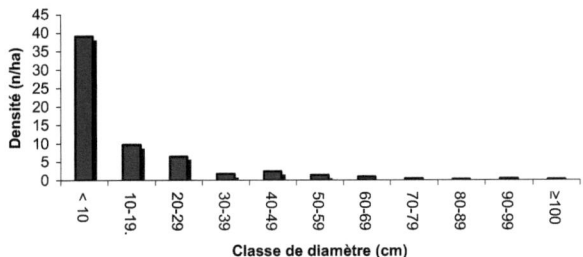

Fig. 61. Distribution de classes de diamètre de l'Abalé (*Petersianthus macrocarpus*).

Le nombre de pieds morts sur pied est assez considérable pour cette espèce. 0,9 pied mort/ha a été recensé (tableau XXVII). Les individus morts se recensent à partir de 20 cm de diamètre. Ila été relevé que 50 % des individus ayant atteint 90 cm étaient morts sur pied (Fig. 62). Ces derniers seraient probablement morts par sénescence, ceci expliquerait le fait que les individus de classe de diamètre supérieur à 90 cm soient faiblement représentés.

Le bois de l'Abalé est sensible à la piqûre des insectes xylophages, mais une fois son bois bien sec il ne paraît pas attaqué et est modérément résistant aux attaques des pourritures (Anonyme, 1954).

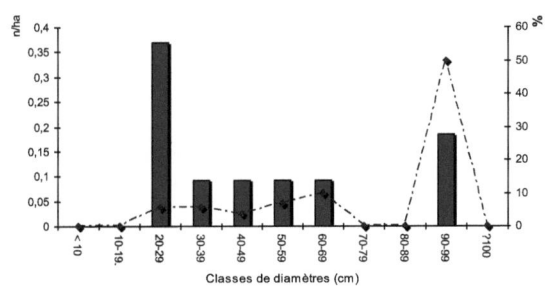

ig. 62. L   de pieds morts
                                                                    le diamètres.

Au Cameroun, le diamètre minimum d'exploitation de l'Abalé est fixé à 50 cm. Les travaux de Durrieu De Madron & Daumerie (2004) ont montré que cette essence peut fructifier à partir de 40 cm, mais que son "diamètre efficace de fructification" est de 60 cm. Ces auteurs préconisent que, le diamètre minimum d'exploitation soit supérieur d'au moins 10 cm au diamètre de fructification optimal de l'arbre. Ceci permettant de laisser le temps aux arbres de produire des graines avant leur abattage éventuel. Sur cette base, le diamètre d'exploitation de l'Abalé serait alors de 70 cm. Cependant, les données du présent travail ont permis de montrer qu'une grande proportion de pieds morts parmi les individus de classes de diamètres supérieures à 50 cm (Fig. 61). Ce qui n'est pas en faveur des recommandations de Durrieu De Madron & Daumerie (2004). La suggestion faite pour l'Abalé est le maintien du diamètre minimum d'exploitation administratif actuellement en vigueur, c'est-à-dire 50 cm, mais avec comme prescription d'aménagement en cas d'exploitation de cette essence, l'obligation de laisser sur pied les semenciers. La règle de ne pas exploiter une tige de diamètre exploitable sur dix peut alors être appliquée (Durrieu De Madron & Daumerie, 2004).

III.2.4.3. AYOUS, Triplochiton scleroxylon K. Schum. : essence problématique

L'Ayous n'a pas été recensé dans les inventaires de régénération effectués. Parmi les gaulis, la densité de l'Ayous de 0,3 pied à l'hectare reste relativement faible comparée à celle obtenue d'autres espèces de tempérament héliophile comme le Fraké (*Terminalia superba*) avec 1 pied à l'hectare observé. Ezan (2006) dans les travaux similaires en périphérie nord de la réserve du Dja, n'a pas pu recenser l'Ayous dans l'inventaire de régénération faite dans les parcelles de jachères.

L'Ayous fait l'objet d'une forte demande du marché en bois d'œuvre aussi bien au niveau nternational, sous-régional que national. La proportion du volume de grume d'Ayous exportée par rapport au volume total de grume des essences exportées n'a cessé de croître depuis 1999.

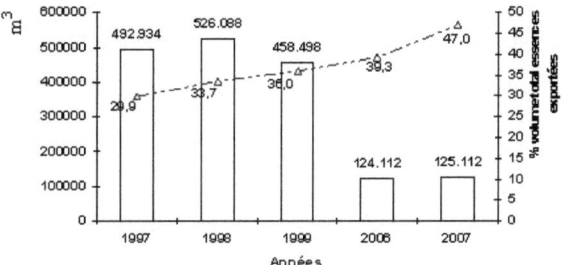

Fig. 63. Statistique d'exportation en grume de l'Ayous et proportion du volume total des essences exportées (Sources : Chaudron, 2000 ; Anonyme, 2008b).

▭ Volume de grume Ayous exporté (m3)   - -△- - % volume total de grume d'essences exportées

La forte exploitation de cette essence a conduit à réduire considérable son stock dans la forêt. L'inventaire CTFT entre 1960 et 1970 estimait le stock en terme de volume de grume sur pied de l'Ayous de plus de 60 cm de diamètre au Cameroun à 23,5 m3/ha (Palla & Louppe 2002). En 2005 le stock sur pied du volume de grume exploitable (à partir de 80 cm de diamètre) a été estimé à 2,6 m3/ha (Anonyme, 2005). Même si l'inventaire de la CTFC en 1960 considère deux classes de diamètre inférieur par rapport à celui mené en 2005, la différence parait énorme et est révélatrice d'une diminution considérable du stock.

Les forêts denses humides d'Afrique Centrale recèlent une grande diversité d'espèces ligneuses mais l'exploitation forestière se concentre sur une gamme relativement étroite d'essences précieuses : elle est donc extensive par rapport au peuplement total mais intensive par rapport aux espèces commerciales. C'est le paradoxe de l'exploitation forestière qui abandonne derrière elle un peuplement ligneux relativement peu perturbé mais vidé de sa valeur commerciale (Debroux, 1998). L'exploitation de l'Ayous illustre bien ce constat. L'Ayous est actuellement classée comme menacée sur la liste rouge de l'UICN du fait de sa surexploitation et son faible potentiel de régénération.

Le problème de régénération observé pour l'Ayous dans les parcelles perturbées des recrus post-agricoles paraît paradoxal par rapport au tempérament héliophile de cette essence qualifiée d'espèce envahissante et colonisatrice d'espaces défrichés (Palla & Louppe, 2002). Une des explications données au problème de régénération de l'Ayous est liée à la fructification irrégulière de cette essence avec des cycles de fructification de 3 à 5 ans, et fortement limitée par les avortements spontanés et par le parasitisme. Les graines sont disséminées par le vent sur une distance de 100 à 150 m, mais perdent leur pouvoir germinatif en quelques jours (Palla & Louppe, 2002). Notons toutefois que Bellefontaine (1993), dans une étude montre que les semences d'Ayous, ayant une teneur en eau initiale de 11,15 %, germent encore à plus de 50 % après 7,5 années de conservation en récipients hermétiques en chambre froide et, après plus de 9 ans, la capacité de germination est encore de 32,6 %.

Les principes de gestion durable aux-quels le gouvernement camerounais a adhéré l'a amené à imposer aux exploitants forestiers l'élaboration du plan d'aménagement de leur concessions forestières dont l'objectif est de garantir une gestion durable des forêts (Anonyme, 1998a). L'un des objectifs de l'aménagement est de garantir la restauration du volume de bois exploité suivant un cycle de rotation de temps bien précis. Le taux de reconstitution adéquat, garantissant un rendement soutenu est alors calculé en ajustant certains paramètres d'exploitation en particulier le diamètre d'exploitabilité.

Le problème de régénération de l'Ayous n'est pas toujours suffisamment pris en compte les plans d'aménagement forestier au Cameroun (Vandenhaute, 2006). De plus, la formule de calcul du taux de reconstitution prend en compte les diamètres immédiatement inférieurs au diamètre minimum d'exploitation par l'administration. Pour les essences comme l'Ayous dont les structures de classes de diamètres se présentent généralement en "cloche" (Doucet, 2002), il est facile d'obtenir un taux de reconstitution acceptable, mais avec une structure présentant de sérieux problèmes de régénération (Fig. 64). Si l'aménagiste se limite au calcul du taux de reconstitution, il occulte alors le problème de régénération qui se pose. Ce problème se pose avec acuité pour la gestion durable des essences forestières exploitées au Cameroun. L'étude de Vandenhaute (2006) révèle que dans la plupart des cas, les inventaires de régénération ne sont pas faits et même, lors qu'ils le sont, ne sont pas pris en compte dans l'analyse des prescriptions du plan d'aménagement.

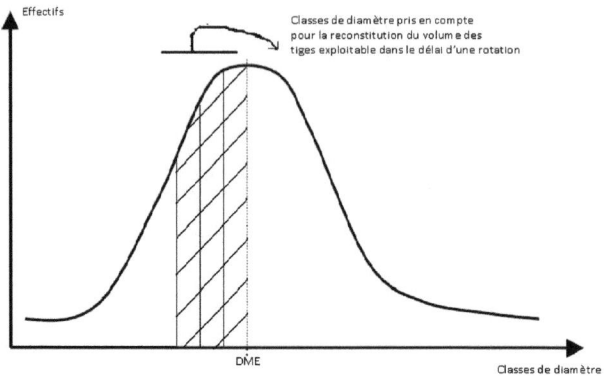

Fig. 64. Illustration d'une structure de classes de diamètre en forme de "cloche" permettant d'avoir un taux de reconstitution acceptable, mais une mauvaise régénération (cas fréquent pour l'Ayous).
DME : Diamètre Minimum d'Exploitabilité.

L'Ayous présente des problèmes de régénération réels, les mesures sylvicoles s'imposent pour cette essence. La question devra être considérée au niveau de décision stratégique national élevée et pris en compte dans les axes d'intervention prioritaires de l'Agence National d'Appui au Développement Forestier (ANAFOR) avec la production la distribution à grande échelle des plants d'Ayous par bouturage.

Au niveau des concessions forestières, la mise en place des pépinières des plants d'essences devra être effective, l'Administration devra alors veiller à ce que cette prescription exigible dans le cadre de la mise en œuvre des plans d'aménagement soit appliquée par tous. Actuellement seules quelques industries forestières engagées dans le processus de certification appliquent cette règle.

Notons toutefois que compte tenu de la taille limitée de l'échantillon utilisée dans l'étude pour une véritable étude de l'autoécologie de l'Ayous, les études écologiques sur cette espèce s'avèrent cruciales pour une meilleure compréhension de sa dynamique évolutive. L'approche démographique de la dynamique forestière ciblée non sur le peuplement total, mais sur l'ensemble des individus d'une même espèce dans un territoire donné, est alors préconisée.

III.2.5. IMPORTANCE DES FORMATIONS SECONDAIRES POUR LA COLLECTE DES PRODUITS FORESTIERS

Emrich et al. (2000) font remarquer que, comparée à la forêt primaire, la diversité des plantes utiles est moins importante dans la forêt secondaire et même, la perturbation de la végétation originale s'accompagne souvent des pertes de certains produits traditionnels et des connaissances de leur utilisation. Dounias (1996) relève chez les Mvae du Sud Cameroun que l'ampleur de la collecte des produits forestiers est faible durant la phase du recrû naissant et qu'elle croit pour devenir importante dans la forêt âgée.

Chez les essarteurs traditionnels de forêts, les espèces d'arbres utiles sont souvent préservées lors des travaux d'essartage. Ces arbres laissés et souvent caractéristiques de la forêt originale se trouvent ainsi, encastrés de manière plus ou moins éparse, dans les recrus post-agricoles (Dounias, 1996 ; De Wachter, 1995 ; Carrière, 1999). Ce qui a pour conséquence d'accroître la valeur utile des ces formations secondaires qui présentent généralement cet avantage pour la population locale d'être situées plus proches des villages par rapport à la forêt mature et aussi, cette dernière se situe dans la plupart des cas au delà des limites des aires protégées fixées par l'administration.

Les formations secondaires des recrus forestier post-agricoles jouent un rôle très important pour la collecte du bois de chauffe pour les villageois et notamment pour les femmes (Fig. 65). Les "valeurs utiles" suivantes 6,1 ; 4,5 et 2,9 ont été obtenues respectivement pour l'Ebour, le Kwalkomo et l'Ekomo. Carrière et al. (2005) font des observations similaires chez les Betsileo de Madagascar où ils montrent que le bois de chauffe constitue la principale catégorie des plantes utiles à usage domestique collectées dans les recrus post-agricole et vient en premier rang devant les autres usages comme les usages pharmaceutiques, l'artisanat et la construction.

Fig. 65. Femme Badjoué de retour de la collecte du bois de feu.

Le palmier à huile (Elaeis guineensis) constitue une des plantes alimentaires naturelles emblématiques de recru forestier. Il n'a pas toujours été évoqué par tous les interviewés. Mais un coefficient d'importance maximal lui a été attribué chaque fois qu'il était mentionné. En effet la consommation du vin de palme est pour de nombreux essarteurs en Afrique centrale, un acte quotidien dont l'importance sociale et économique a été mainte fois soulignée (Vermeulen, 2000 ; Vermeulen & Fankap, 2001). Dounias (1996) qualifie le palmier à huile comme l'essence la plus représentative des activités de cueillette en forêt secondaire en Afrique centrale. Le turn-over démographique de ce palmier a amené certains auteurs à parler de peuplement "domestique" d'Elaeis guineensis (Vermeulen & Fankap, 2001). Les peuplemenst les plus productifs sont ceux qui occupent les jachères et sites abandonnés d'anciens villages (Dounias, 1996 ; Nguenang, 1999). Pour reprendre les termes de Dounias (1996), l'exploitation du palmier à huile illustre parfaitement l'importance écologique, économique et culturelle d'un vaste continuum de pratiques et de manipulations des végétaux situées à mi-chemin entre la "cueillette" et "l'horticulture", entre la "ressource naturelle" et "ressource domestiquée".

Pour la production de vin de palme, les Badjoué utilisent systématiquement comme agent fermentant, l'écorce ou la racine de Garcinia kola. Cette dernière ressource est victime d'une surexploitation intense qui pose le problème de la pérennité de son peuplement dans la zone agroforestière de la forêt du Dja (Vermeulen & Fankap, 2001). Alors que les individus adultes se raréfient de façon drastique suivant un front des zones proches vers les zones éloignées des villages, les collecteurs villageois se ruent sur les jeunes tiges qu'elles déterrent pour leurs racines (Fig. 66).

Fig. 66. Racine déterrée de jeune pied de Garcinia kola (ressource surexploitée).

Les recrûs forestiers post-agricoles constituent des entités importantes de l'espace ressources des populations Badjoué. Outre la collecte des produits forestiers, les recrûs post-agricoles jouent un rôle très important pour les autres aspects du système traditionnel de production comme l'agriculture, la chasse… Gomez et al. (1974), ont stipulé que l'agriculture itinérante sur brûlis était une manière naturelle d'utiliser les propriétés de régénération de la forêt au bénéfice de l'homme. L'action de l'homme n'a pas du tout pour but de perturber la forêt, mais de transformer le milieu tout en respectant ses dynamiques afin de lui emprunter ce dont l'homme à besoin (Boissau, 1998). Dounias, 1996 décrit les recrûs post –agricole en tant qu'entités spatiales au sein de l'agroécosystème, en tant qu'entité de déprise agricole au sein du système agraire, et en tant qu'entités foncières au sein du terroir.

En tant qu'entités au sein de l'agroécosystème, les différentes unités de recrûs post-agrocoles permettent de distinguer l'espace de production qu'elles représentent et l'espace de prédation représenté par la forêt. La figure 68 suivante, présente le schéma de la typologie spatiale de l'agroécosystème adapté de Dounias, (1996) et Vermeulen, (2000) qui illustre bien cette dichotomie entre espace de production et l'espace ressource chez les Badjoué. Il n'existe pas chez les peuples de forêt de séparation entre ce que l'on pourrait appeler un milieu naturel et un milieu social. Le milieu naturel lui-même est assez socialisé. La forêt est un milieu habité par les esprits et les ancêtres (Boissau, 1998).

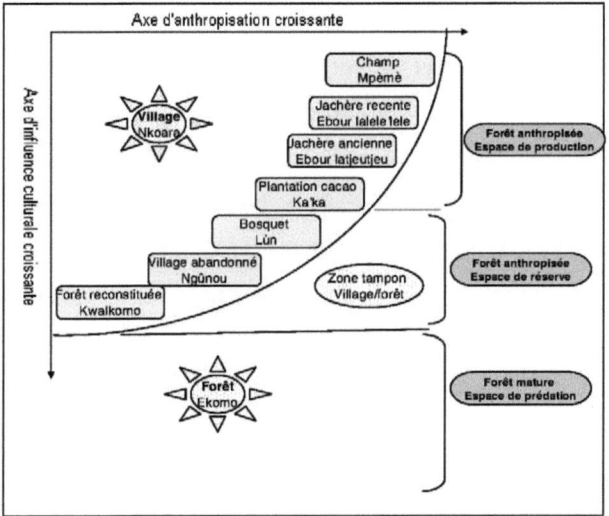

Fig. 67. Typologie spatial de l'agroécosystème Badjoué (Adaptée de Dounias, 1996 et Vermeulen, 2000).

En tant qu'entité au sein du système agraire, les travaux de De Wachter (1995) ont montré que les jachères représentaient chez les essarteurs Badjoué, près de 64 % en terme de superficie de surface défrichée pour l'agriculture.

En tant qu'entité foncière au sein du terroir, les travaux de Vermeulen (2000) montrent que chez les Badjoué comme chez la plupart des essarteurs traditionnels, le droit foncier porte en grande partie sur les terres de cultures y compris les recrûs post-agricoles. Dès qu'une parcelle est défrichée, le défricheur et ses descendants conservent une prééminence sur ce qui deviendra jachère, pour la défricher à nouveau une dizaine d'année après (Joris et Bahuchet, 1993, cit. Vermeulen, 2000).

Les forêts secondaires issues de recrûs post-agricoles sont aussi les habitats de prédilection pour une certaine faune, particulièrement les gros rongeurs (athérure, aulacode) et de certaines espèces d'artiodactyles. La faune anthropophile fréquentant la brousse villageoise représente une biomasse considérable voire dans certaines régions de la République Démocratique du Congo, supérieure à la biomasse animale de forêt primaire (Wilkie, 1987, Wilkie & Finn, 1990). Ces animaux constituent des prédateurs qui menacent sérieusement les cultures. Les systèmes de coadaption piège – culture développés pour que l'espace agraire se mue en véritable pourvoyeur indirect de protéines animales (Dounias, 1996, De Wachter, 2001) restent encore cependant peu promus chez lez les Badjoué.

III.2.6. AGRICULTURE ITINERANTE SUR BRULIS DANS LE DJA : UNE MENACE POUR LA FORET ?

L'agriculture itinérante sur brûlis a longtemps été considérée comme une pratique néfaste qui conduit nécessairement à une disparition des forêts primaires et à une dégradation irréversible des sols. Ce système de production qui utilise le feu comme moyen de défrichement est alors considéré comme inefficient du fait que de larges pans de forêt étaient coupés alors que les rendements restaient faibles. D'après Bahuchet *et al.* (2000), le système agricole est universellement accusé d'être la première cause de disparition des forêts denses humides. Qu'en est-il de la situation actuelle de cette agriculture dans la forêt du Dja ? Pour répondre à cette question, reccourt sera fait, des travaux de De Wachter (1995 ; 2001) et des observations propres de l'étude sur le système agraire des populations *Badjoué*.

Le cycle moyen culture-jachère permet de calculer le besoin minimal en terre cultivable. De plus, la durée moyenne de jachère suffisante est un indicateur partiel de la durabilité de la production agricole. Se basant sur les données obtenues de la répartition du défrichement annuel par types de végétation, les durées moyennes de culture et l'âge d'abandon des différents types de jachères, De Wachter (1995) arrive a un cycle moyen culture – jachère de 19 ans chez les *Badjoué* (tableau XXXIV).

Tableau XXXIV. Répartition de la superficie défrichée, la durée moyenne de période de culture, et l'age d'abandon par type de formation végétale chez les *Badjoué*.

Type de formation végétale	% superficie défrichée	Durée moyenne période de culture	Age d'abandon
Jachère (*Ebour atjétjé*)	37 %	16 mois	4 ans
Jeune forêt secondaire (*Ebour lalelelele*)	27 %	24 mois	11 ans
Forêt secondaire (*Kwalkomo*)	31 %	24 mois	25 ans
Forêt mature (*Ekomo*)	5 %	-	100 ans

Source : De Wachter (2001)

Cycle moyen

= Σ [(superficie relative mise ne culture)*(durée de culture+ âge d'abandon, en années)]

= [(37 % * (16/12 +4)] + [(27 %* (24/12 +11)] + [(31 % + (24/12 +25)] + [5 % * (100)] = **19 ans**

L'intensité de l'utilisation des terres, ou inversement le caractère extensif de l'agriculture vivrière est exprimé par le facteur d'Allan $L = (C+F)/C$.

C étant la durée de la période de culture et F la durée de la jachère (De Wachter, 2001).

- Le cycle moyen $C+F$ obtenu pour le Dja est de 19 ans.
- La valeur moyenne de C est de (37 %*16 mois) + (63 %*24 mois) = 21 mois soit 1,75 ans.

Alors, $L = 19/1,75 = 10,9$.

Avec un cycle de 19 ans et un facteur d'Allan $L = 11$, le système d'essartage *Badjoué* a donc un caractère réellement extensif suivant l'échelle d'Allan. En effet, les systèmes avec $L > 10$ sont classés comme culture itinérante vraie, alors que des systèmes avec $L = 5$ à 10 sont classés comme agriculture avec rotation des terres (Okigbo, 1986).

Laudelout (1990, cit. Federspiel, 1996) estime la densité de population à partir de laquelle l'agriculture itinérante devient une menace pour les ressources à 20 habitants au Km^2 dans le bassin centrale du Congo Démocratque et à 10 en Zambie. En deçà de ce seuil, l'agriculture itinérante est un système durable d'exploitation du milieu.

A Ekom, De Wachter, (op cit) a estimé à 4,2 habitants/km^2 la densité de la population agricole actuelle par rapport à la superficie de terre suffisamment proche (< à 5 km de la route principale de ce village linéaire) et ayant un sol avec un bon système de drainage.

Il a également établi que le défrichement annuel atteint 0,55 ha par femme cultivatrice chez les *Badjoué*.

Le besoin en terre qui en résulte pour un cycle de 19 ans est de 10,5 ha par femme cultivatrice. Les femmes cultuvatrices représentant 25 % de la population, De wachter (op cit) conclut que le système d'essartage *Badjoué* nécessite 10,5 ha pour quatre personnes résidentes soit alors 0,14 ha/personne résidente/an pour un cycle de 19 ans.

En considérant le cycle moyen culture – jachère de 19 ans, il estime que les besoins en terre annuelle pour l'agriculture chez les *Badjoué* d'Ekom ne réprésentent que 10,4 % des terres agricoles réellement disponibles.

Il propose plusieurs scénarios du nombre d'années nécessaire pour atteindre le seuil de 50 % des terres proches soumis à l'agriculture en considérant différents facteurs tels que :
- l'augmentation de la superficie de champs vivriers du fait d'une meilleure commercialisation des produits vivriers de rente (plantain, macabo, courge). En effet une diminution de la quantité de ressources cynégétiques disponibles par homme dû à l'épuisement faunistique, des restrictions de la chasse, l'augmentation de la population et le développement rapide de pôles semi –urbains (Somalomo, Lomié, Mindourou), le bitumage de l'axe Ayos – Abong-Mbang pourraient inciter à une augmentation de l'activité agricole vivrière ;
- la prise en compte des plantations pérennes de cacao et de café ;

- la considération des défrichements par les non-résidents. Les non-résidents étant considérés comme les fils et filles du terroir vivant ailleurs et susceptibles de retourner à un moment ou un autre au village. Leur nombre a été estimé plus ou moins égal au nombre de résidents.

Le tableau suivant récapitule pour le cas du village Ekom le nombre d'années nécessaire pour que 50 % des terres disponibles proches soient soumises à l'agriculture dans l'hypothèse d'une croissance de la population de 3,5 % (World bank, 1992, cit. De Wachter, 2001) suivant différents effets d'une modification des activités agricoles.

Tableau XXXV. Nombre d'années nécessaires pour que 50 % de terre disponible soient soumises à l'agriculture, suivant différentes pratiques (De Wachter, 2001).

(*) Dans l'hypothèse d'une croissance de la population de 3,5 %

	Habitants qui peuvent être supportés par Km^2 de terres agricoles disponible	Nombre d'année avant que 50 % des terres proches soient soumises à l'agriculture (*)
Système agricole actuel (agriculture itinérante)	40 habitants	57 années
Système agricole actuel (agriculture itinérante + plantation pérenne + défrichage par non résident	32 habitants	52 années
Agriculture itinérante modifiée (avec développement du vivrier de rente)	18 habitants	36 années
Agriculture itinérante modifiée (avec développement du vivrier de rente) + plantation pérenne + défrichage par non résident	17 habitants	33 années

Source : De Wachter, 2001

Les facteurs de production agraire chez les populations *Badjoué* du Dja sont la terre, le capital constitué essentiellement des outils à acheter comme les houes, machettes, haches, limes... et le travail.

La terre est abondante et par conséquent ne constitue pas un facteur limitant de la production. Dans les deux décennies à venir, le paysage agricole consistant en une mosaïque de végétation secondaire – vieille forêt continuera à exister. Le travail est l'intrant le plus coûteux dans le système de production. Concernant l'investissement en travail, l'agriculture vivrière est en concurrence avec les cultures de rente, la chasse et la pêche, la cueillette, ...La migration des jeunes hommes vers les villes ou le manque de motivation de ceux-ci pour le dur travail d'abattage des arbres défavorise l'utilisation des vielles jachères. La pénurie en main d'œuvre masculine peut donc conduire, comme dans une agriculture avec manque de terre, à un raccourcissement des cycles et éventuellement à une dégradation des sols. Mais contrairement à une situation de rareté de terres, on remarque la présence de veilles forêts dans les environs des villages. L'étude de Federspiel (1996) indique que dans le Dja la dégradation des sols ne se manifeste pas.

Chokkalingam *et al.* (2001b), présentent un cadre conceptuel pour l'évaluation de la dynamique des forêts secondaires tropicales. Ils présentent un modèle d'intensification basé sur l'intensité d'exploitation et d'usage des forêts comme cadre pour l'analyse de la physionomie et de la dynamique de l'évolution des forêts secondaires. Quatre stades d'exploitation ont été reconnues : stade d'utilisation extensive, où les forêts secondaires tendent à être limitées ; stade d'exploitation intensive où les forêts secondaires tendent à s'accroître en valeur absolue et relative, et résultent principalement de l'exploitation forestière industrielle et locale et des incendies ; stade de forêt appauvrie, le couvert forestier naturel est faible et il se manifeste un intérêt croissant pour la conservation de la forêt, le reboisement, et l'aménagement en vue d'une production soutenue de bois de services écologiques et d'usage local de la forêt ; stade de reconstitution de la forêt, le couvert forestier se développe à la suite des actions de reboisement ou de régénération. Au regars de ce cadre conceptuel, la forêt au nord de la périphérie du Dja se situe au stade d'utilisation extensive avec une agriculture itinérante à longue rotation.

La pression de l'agriculture traditionnelle sur la forêt dans le Dja reste faible et ne constitue pas une menace dans le contexte de la faible densité de population. Toutefois il convient de souligner que ce constat peut être nuancé dans le cas de certaines communautés dont un autre facteur de changement outre l'augmentation de la densité de la population notamment, le confinement dans une aire limitée peut être contraignant ou alors dans le cas d'un dévellopement dans la région des activités d'exploitation minière.

Pour le cas du confinement dans une aire limité, il pourrait s'agir des cas précis des communautés dont la délimitation du plan de zonage méridional du secteur forestier du Cameroun ne laisse pas suffisamment d'espace en fonction de la capacité de charge (tenant en compte la relation entre population humaine et surface agricole). Dans ce cas, le risque majeur réside dans la réduction de la durée de jachère et l'accélération des rotations, limitant la reconstitution de la forêt et donc de la restauration de la fertilité du sol par la végétation naturelle. Un essartage répété favorise une évolution vers des brousses puis des herbages, entraînant la disparition du couvert arboré continu. Vermeulen (2000) se basant sur le model prédictif du besoin en terre de l'agriculture itinérante *Bajoué* développé par De Waters (1995), arrive à la conclusion que la zone agroforestière réservée par le plan de zonage méridional du secteur forestier camerounais pour le village Kompia en périphérie nord de la réserve du Dja n'est pas à même de loger la seule agriculture itinérante.

Ainsi, il est d'une importance cruciale de prendre en compte les préoccupations des populations locales, de l'accroissement prédictible de ces dernières et des facteurs de dynamique sociale lors du processus de classement des aires protégées ou tout autre forêt du domaine permanent (concession forestières, forêts communales …). Ceci afin que le zonage garantisse un meilleur aménagement des espaces agroforestiers en équilibre avec les relations trophiques des populations locales.

III.2.7. AMENAGEMENT DES FORETS SECONDAIRES

III.2.7.1. Forêt communautaire, cadre institutionnel pour l'aménagement des formations secondaires post-agricoles

L'OIBT (2002) dans son document de directive pour la restauration, l'aménagement des forêts dégradées et secondaires, a identifié cinq principes à considérer :
- les forêts dégradées et secondaires sont des composantes critiques de nombreux paysages et des économies vivrières des populations pauvres ;
- elles peuvent être utilisées pour augmenter le potentiel des fonctions relatives à la forêt à l'intérieur d'un paysage ;
- l'aménagement des forêts dégradées et secondaires demande des démarches participatives adaptables, pas de solutions « toutes faites » ;
- les stratégies d'aménagement sont construites sur un ensemble de solutions identifiées par/et impliquant la population locale, il n'y a pas une seule solution ;
- la politique de soutien (p. ex. clarification de la propriété et des droits d'accès) est aussi importante que les activités de restauration et de réhabilitation sur le terrain.

La mise en pratique des principes d'aménagement des forêts secondaires tels que préconisé par l'OIBT (2002), nécessite l'existence de cadres de concertation entre les différents acteurs concernés y compris les populations locales.

Hardin (1968) publie un article intitulé « *The tragedy of the commun*" qui met en exergue par une démonstration logique les tragédies liées à la ressource en libre-accès, sans cadre de concertation et plan de gestion préalable. Berker *et al.* (1989) quant à eux publient un article prenant le contre-pied de celui d'Hardin et intitulé "*The benefits of the commons* " qui montre que contrairement aux ressources en "accès libre", celles que l'on qualifie de "communs" peuvent faire l'objet d'une gestion viable, ne menant pas du tout à une quelconque dégradation.

Au Cameroun la loi forestière de 1994 a mis un accent particulier sur l'implication des populations locales dans la gestion durable et l'aménagement des ressources forestières. Cette volonté manifeste d'impliquer les populations dans la gestion forestière est marquée par la possibilité accordée à ces dernières de créer des forêts communautaires ou des forêts communales au travers des collectivités locales décentralisées.

L'implantation d'une forêt communautaire offre l'occasion de créer un véritable aménagement du territoire (Delvingt, 2001 ; Nguenang et *al.*, 2005). Les forêts communautaires qui se circonscrivent dans la zone agroforestière du secteur forestier camerounais sont constituées en majorité des forêts secondaires. La mise en œuvre des forêts communautaires nécessite l'élaboration d'un plan de gestion dans lequel peuvent s'inscrire les principes d'aménagement des forêts secondaires. La forêt communautaire offre une situation de "*win –win*" pour les communautés qui en respectant les prescriptions d'aménagement de la forêt ont aussi la possibilité d'exploiter pour leur compte le bois de la forêt. En effet les éventuelles innovations technologiques à apporter à l'agriculture itinérante ne sont pas toujours acceptées (Binswanger, 1986 ; De Wachter, 1995 ; Dounias, 1996).

Le cadre de concertation étant mis en place, l'amélioration du système agroforestier traditionnel dans le contexte de la forêt du Dja pourrait porter sur :

- La promotion davantage de la pratique de l'épargne des arbres déjà pratiquée par les essarteurs traditionnels des forêts. Il s'agira de sensibiliser, vulgariser l'application de manière systématique cette pratique traditionnelle menée quelquefois de manière empirique.
- L'enrichissement des jachères par les arbres utiles et la promotion de l'agroforesterie à partir des jachères et des cultures traditionnelles. Des initiatives pilotes d'appui des communautés à l'enrichissement des jachères, menées dans le Dja par Nature+ et l'Université des sciences agronomiques de Gembloux, ont montrée que l'atteinte de cet objectif passe par un encadrement technique des communautés rurales (Ezana, 2005). Le programme national de reboisement (Anonyme, 2006a) fait bien de prescrire pour les forêts communautaires l'obligation de planter 3 arbres pour 1 essence abattue. Si cette prescription vise la promotion de la plantation d'arbres au niveau des communautés, elle est moins suivie par ces communautés pour diverses raisons qui seraient plus d'ordre économique que culturelles. Aussi, il est recommandé la mise en place d'une véritable politique de reboisement intégrant la mise en place par région de centre de production de plants et la fourniture des plants aux agriculteurs suivant les critères simples, adaptés, peu onéreux et accompagnée des services de vulgarisation appropriés. Ceci persuaderait plus les agriculteurs à la plantation d'arbres. De plus, il est important de ne pas se focaliser uniquement sur les

essences forestières mais aussi les arbres à usages multiples dont les fruitiers domestiques usuels.
- L'intégration de la mosaïque agricole abattis/friches, en tant qu'élément constitutif de la biodiversité, dans les stratégies de conservation de la forêt. Ainsi, la détermination des surfaces minimales nécessaires pour le domaine agricole dans le cadre du plan de zonage ou d'aménagement doit prendre en compte la durée des jachères longues et l'accroissement potentiel de la population. Dans le Dja, De Wachter (1995) a estimé qu'il faut prévoir pour la superficie de terre nécessaire à l'agriculture vivrière 0,14 ha/personne résidente/an pour un cycle de 19 ans.
- La promotion du système bocager qui consiste à intercaler aux parcelles cultivées des zones boisées non défrichées, laissées intactes de toute emprise agricole, conservant ainsi les arbres à maturité qui produiront les fruits et semences nécessaires à la repousse du couvert boisé. Ainsi il est pertinent de souligner qu'il n y a pas lieu d'opposer conservation et gestion mais au contraire de les considérer comme différentes composantes de stratégies plus globales de gestion des terroirs.

Les recherches approfondies sur l'influence des rejets des souches d'arbres dans le processus de reconstitution forestière post-agricole et donc sur la durée du cycle de rotation culture vivrière – jachère forestière s'avèrent nécessaires.

III.2.7.2. Intégration des recrûs forestier post-agricoles dans la stratégie locale de gestion communautaire de la faune

L'accès libre à la ressource qui caractérise dans la plupart des cas les populations des zones forestières, est indexé comme la cause d'une surenchère entre les acteurs cherchant à s'approprier chacun d'un maximum de bénéfice dans le minimum de temps, ce qui conduit à la surexploitation de la faune sauvage.

Une bonne maîtrise "communautaire" de l'espace et des ressources par la mise en place de territoire de chasse à gestion communautaire, aiderait à la promotion de l'auto-gestion, et à la responsabilisation des populations villageoises pour une gestion rationnelle de la faune. Ceci constituerait ainsi un cadre idoine qui permettrait de manière participative de réglementer et de réorienter l'utilisation de la ressource faunique via l'élaboration d'un plan d'aménagement (Amougou & Mbolo, 1998).

L'intégration des recrûs post-agricoles dans la stratégie locale de gestion communautaire de la faune dans le contexte des populations locales situées en périphérie de la Réserve de Biosphère du Dja, pourrait se faire suivant le scénario de zonage adaptable suivant :
- (i) Autour des villages, l'agroécosystème est réservé à la chasse de subsistance pouvant concerner une large variété d'animaux (particulièrement les rongeurs). De Wachter (2001) propose à cet effet le développement d'un système co-adaptatif "agriculture – prédateurs sauvages". Ainsi la faune sauvage (Rongeurs, Moustan, …) profitant des cultures et des jachères est considérée par ce dernier comme le résultat d'un élevage extensif.
- (ii) Au-delà de ce terroir agricole, on peut envisager un terroir de chasse commerciale limitée (le gibier constituant une source de revenus qu'il est difficile d'ignorer dans le contexte socio – économique actuel).
- (iii) Plus en profondeur, au-delà des deux précédentes zones, une zone de protection où tout acte de chasse est réprimé.

La mise en place et la réussite d'une telle stratégie passe au préalable par une grande phase de sensibilisation, d'éducation, de formation..., des communautés villageoises. La responsabilisation des populations locales sous-entend le contrôle villageois des terroirs via les "comités de vigilances".

III.2.7.3. Sites d'anciens villages forestiers : niches écologiques pour l'aménagement et la préservation de la biodiversité

La législation forestière camerounaise en accord avec la communauté internationale en matière de gestion durable des ressources naturelles, et aussi, dans le cadre de sa stratégie nationale de mise en œuvre de la convention sur la biodiversité, impose aux exploitants forestiers un plan d'aménagement de leur concession (Anonyme, 1998a). Cet aménagement devrait non seulement tenir compte d'une coupe programmée dans le temps et dans l'espace des essences forestières, mais aussi de la protection de la biodiversité dans son ensemble. Dans cette optique, il est recommandé d'identifier au sein des concessions forestières des zones présentant des unités de conservation sous la base de leur particularité écologique, notamment leur rôle dans le maintien de la biodiversité.

La présente étude a relevé que les faciès de forêts secondaires issus des sites d'anciens villages, marqué par la présence d'espèces caractéristiques telles *Ceiba pentandra,* les peuplements naturels plus ou moins épars d'*Elaeis guinensis* et loin des lieux d'habitation actuels, constituent de part leur sous-bois riches en Marantacées, un habitat préférentiel et une niche alimentaire importante pour les gorilles de plaine (*Gorilla gorilla gorilla*) et les éléphants de forêt (*Loxodonta africana cyclotis)*. Outre leur importance pour la faune, ces sites d'anciens villages ont pour les populations riveraines une valeur culturelle certaine et constituent les lieux de prédilection pour la collecte de certains produits forestiers non ligneux comme les champignons, les plantes médicinales...

Il est recommandé que les sites d'anciens villages soient pris en compte dans :
- la cartographie et délimitation des séries de conservation dans le cadre de l'élaboration des plans d'aménagement forestier,
- l'identification et la cartographie des forêts à haute valeur de conservation (FHVC) comme éléments importants dans le processus de certification forestière.

III.2.7.4. Paiement des services environnementaux comme alternative à l'intégration des bonnes pratiques de gestion durable de la forêt par les communautés

Pour les populations *Badjoué*, le travail constitue l'intrant le plus coûteux dans le système de production, les autres facteurs de la production étant soit gratuit (terre) soit peu dominants (intrants à acheter). Les paysans ne seront donc pas enclins à accepter une innovation qui économise la terre et ne réduit pas nécessairement l'effort de travail, comme une jachère améliorée par exemple. Or, aujourd'hui plusieurs études ont démontré que la transformation des forêts secondaires âgées en terres agricoles contribue plus à l'émission des gaz à effet de serre que de jeunes jachères. Pour cela, il est recommandé le raccourcissement de jachères par l'application des méthodes d'agroforesterie adaptées (Zapfack, 2005). Des initiatives pilotes visant à supprimer la culture sur brûlis en améliorant la fertilité des sols sont actuellement testées dans le cadre de divers fonds en relation avec la réduction des émissions de carbone forestier. Le *Biochar,* charbon de bois produit artisanalement ou industriellement à partir de la biomasse, produit à haute teneur de carbone est actuellement proposé dans le cadre de ces projets pilotes (Dkamela et *al.,* 2009). Ainsi, en empêchant la déforestation par brûlis, les actions de conservation contribuent à la lutte contre l'effet de serre.

Le paiement des services environnementaux est de plus en plus proposé comme des alternatives pour les efforts menés ou prescrits en faveur de la gestion durable des forêts. (Lescuyer et *al.*, 2009). Le concept de paiement des services environnementaux est basé sur un principe simple : "celui qui contribue à la protection de la forêt et donc son carbone et sa biodiversité ne reçoit aucun paiement pour cela, contrairement à celui qui va abattre un arbre et vend les planches. Or, une façon efficace de modifier le comportement d'un gestionnaire de forêt est de modifier les revenus et les coûts qu'il tire de sa gestion/aménagement. Attribuer un prix aux fonctions environnementales qui puisse payer les bénéficiaires de ces services et constituer un revenu pour le producteur (protecteur) de ces services" (Lescuyer et *al.*, 2009). De cette manière les usagers reçoivent une incitation directe pour inclure dans leur décision d'usage des terres, les pratiques qui sécurisent la conservation, la restauration de l'écosystème. Les initiatives comme le REDD+ de réduction des émissions liées à la déforestation et à la dégradation des forêts dans les pays en voie de développement, bien qu'encore encours d'expérimentation et de négociation constituent une opportunité certaine si elle intègre suffisamment la dimension communautaire, pour l'incitation à l'adoption des bonnes pratiques par les populations locales en faveur de la préservation de la forêt. Aussi, les possibilités de financement de la conservation par le moyen de nouveaux mécanismes et via les acteurs de la coopération bi et multilatérale, le secteur privé et les acteurs non gouvernementaux devraient être davantage explorées et encouragées.

III.2.7.5. Processus REDD, stock de carbone et succession secondaire

Le processus de réduction des émissions liées à la déforestestation et à la dégradation des forêts (REDD) est un mécanisme financier visant à inciter par une compensation financière, les pays en développement à réduire leur déforestation et leur dégradation de la forêt en déça d'un seuil préalablment établi. Il vise à encourager ces pays à meiux protéger, gérer et utiliser leurs ressources forestières et de contribuer ainsi à la lutte contre les changements climatiques. Le processus REDD+ va plus loin et encourrage à conserver les stocks de carbone forestier, à renforcer ces tocks et à gérer durablement les forêts. Le processus REDD+ implique une multitude d'acteurs dans différents secteurs (agriculture, forêts, transport, production énergie, mines et autres).

La mise en œuvre du mécanisme implique de connaître le plus précisément possible la quantité de carbone emmagasinée dans les différents types de végétation sur pied (particulièrement les forêts) et les sols d'une part, et d'autre part celle rejetée par d'autres activités agricultuire, foresterie, et autres usages du sol (AFOLU « *agriculture, forestry, and other land use* »). Djuikouo et *al.*, 2010 ont évaluer pour le Dja le stock de carbone par type de forêt. Les forêts matures à *Gilbertiodendron* sont apparues les plus importantes en quantité de stock de biomase épigé (596,1 Mg/ha).

L'agriculture, tradtionnelle ou moderne, semble être une source d'émission potentiell de carbone beaucoup plus élévée que l'exploitation forestière par coupe sélective (Jaffré et *al.*, 1983). Dans le cadre de la mise en œuvre du concept REDD+, une amélioration de la politique agricole allant vers des systèmes plus adaptés en matière de réduction de la déforestation s'avère nécessaire.

L'analyse de la régression linéaire de la phytomasse et du stock de carbone au cours de la succession secondaire dans le Dja montre que la biomasse épigée est presque reconstituée vers 50 ans après abandon de la parcelle cultivée. Mais cela ne signifie pas que le stock de carbone se serait reconstitué au même niveau, puis qu'une partie de la croissance est le fait d'essences héliophiles à croissance rapide et de densité spécifique faible et du fait des essences sciaphiles de plus petites tailles. Les jachères et les jeunes forêts secondaires de part leur turn-over rapide constitue des espaces recommandables pour l'agriculte comparés aux vieilles forêts secondaires et forêts matures. Dans le cadre des approches méthodologiques du REDD+ à mettre en place pour favoriser une agriculture durable, et moins destructrice, les arbres laissés sur pieds par les agriculteurs et le phénomène de rejets de souche d'arbre davraient être pris en compte. Dans le Dja, jusqu'à 15 ans après abandon des cultures, les espèces ligneuses issues des rejets des souches représentent à plus de 25 % du stock de carbone du peuplement résiduel. L'accroissement de la productivité, la priorité aux terres non boisées, le renforcemment des capacités des petits agriculteurs, la relance de la recherche développement centrée sur une augmentation durable de la productivité sont autant des points à considérer pour encadrer le secteur agricole en accord avec la vision REDD+.

CONCLUSION, PERSPECTIVES ET RECOMMANDATIONS

L'objectif principal fixé dans le cadre de cette étude a été d'une part, de faire une caractérisation de la végétation permettant de décrire l'état de la sécondarisation de la forêt du Dja, avec un accent particulier sur le rôle que jouent les éléphants dans le processus de sécondarisation et d'autre part, d'étudier l'évolution de la composition et de la structure des communautés végétales tout au long du processus de reconstitution post-agricole de la forêt du Dja.

L'exploitation forestière et l'agriculture sont souvent accusées d'être la cause essentielle de dégradation de la forêt. S'il est certes vrai qu'elles y jouent un rôle important, la secondarisation de la forêt dense d'Afrique centrale telle que observée aujourd'hui découle aussi d'autres facteurs notamment des actions anthropiques traditionnelles passées et des éléphants. Nos résultats permettent de démontrer que la proportion des forêts secondaires est similaire dans le site situé hors de la Réserve que celui situé dans la Réserve et n'ayant jamais fait l'objet d'une exploitation forestière industrielle.

Les résultats obtenus permettent également de conclure que, la caractérisation de la végétation par la méthode de télédétection spatiale bien qu'efficace pour l'observation de l'évolution du couvert forestier au niveau régional, peut présenter des limites dans la caractérisation de la végétation à un niveau local.

La distribution des réseaux de pistes d'éléphants dans la forêt ne se fait pas de manière aléatoire. Ces derniers ont une préférence pour les formations secondaires jeunes. Dans le Dja, la perturbation des jeunes forêts secondaires probablement des sites d'anciens villages abandonnés est à l'origine d'un faciès particulier de la forêt qualifié de "forêt secondaire jeune clairsemée". Ces faciès sont des pôles d'attraction pour les gorilles. Le test de chi2 a permis de montrer que les gorilles auraient une préférence pour la construction de leurs nids dans les faciès perturbés par les éléphants.

L'étude de la dynamique de reconstitution post-agricole a permis de noter de manière générale, qu'on observe une tendance à l'accroissement du nombre d'espèces avec l'âge de la végétation. La diversité est minimale au stade pionnier et maximale au stade de forêt intermédiaire notamment à 35 ans après l'abandon des cultures.

L'évolution de la végétation se fait par phases floristiques et physionomiques relativement bien individualisées : les stades herbacées ouverts, monostrates, suivis par les stades arborescents plus ou moins fermés, pluristrates. Elle commence par l'installation des espèces montrant des facultés d'adaptation à des milieux très contraignants, prolifiques et éphémères (stratégie r) ou (troué –troué), se poursuit avec les espèces tolérantes à l'ombrage ou les sciaphiles modérées, sans stratégie apparente, et se poursuit avec les espèces plus spécialisées face à des conditions de compétition élevées (stratégie K).

Le recouvrement structural de la forêt du Dja (le nombre de tiges, la surface basale à l'hectare…) s'observe déjà entre 35 et 50 ans. Par contre, la reconstitution du potentiel floristique de la forêt mature pré-perturbation peut nécessiter jusqu'à 700 ans.

Le rythme auquel s'opère la succession dépend d'une série de facteurs: intensité et durée de la perturbation originelle, distance à laquelle se trouve la forêt primaire, présence des disperseurs de graines, autres conditions du site telles que la topographie locale, le climat, les caractéristiques du sol et la lumière.

Dans la forêt du Dja, la terre est abondante et par conséquence ne constitue pas un facteur de production limitant. Dans les deux décennies à venir, le paysage agricole consistant en une mosaïque végétation secondaire – vielle forêt continuera à exister. La pression de l'agriculture traditionnelle sur la forêt dans le Dja reste faible et ne constitue pas une menace dans le contexte de la faible densité de population. Toutefois il convient de souligner que ce constat peut être nuancé dans le cas de certaines communautés dont un autre facteur de changement outre l'augmentation de la densité de la population notamment, le confinement dans une aire limitée peut être contraignant.

Les formations secondaires jouent un rôle considérable dans la collecte des produits forestiers et dans le système de production des peuples de forêt. Cependant, les données obtenues permettent de faire le constat selon le quel, la forêt mature peu ou pas perturbée reste pour ces derniers un lieu important de collecte des produits forestiers. Les réglementations mises en place dans le cadre des différentes politiques nationales d'aménagement et qui tendent à confiner les activités des populations riveraines dans les zones agroforestières en empêchant leur accès à la forêt mature adjacente, devraient prendre en compte le rôle capital de la forêt mature pour la survie des populations locales. Ainsi, les processus de zonage, de classement des aires protégées ou de toutes autres forêts du domaine permanent de l'Etat, doivent tenir compte des besoins des populations locales afin de garantir pour elles une utilisation optimale des espaces-ressources.

En termes de perspectives de recherches, Il importe d'approfondir les recherches sur l'étude de la synécologie éléphants - gorilles pour tirer de véritables conclusions au regard de la taille de l'échantillon utilisée. Dans la forêt du Dja, les périodes de péjorations climatiques n'auraient pas abouti à l'installation des savanes comme dans la forêt de la Sangha où on a jusqu'à nos jours des enclaves de savanes en forêt. Elles ont engendré une fragmentation de la forêt qui auraient permis une expansion dans la région des espèces héliophiles caractéristiques des formations secondaires telles que : *Alstonia boonei, Petersianthus macrocarpus, Tabernaemontana crassa, Terminalia superba* et *Triplochiton scleroxylon*. Les études palynologiques approfondies restent toutefois nécessaires pour vérifier cette hypothèse. Les rejets de souches et drageons racinaires des arbres forment une composante importante de la régénaration des espèces. 10,33 % des individus d'espèces ligneuses recensées de manière globale sont issus des rejets. Compte tenu de l'influence que pourraient avoir ces rejets sur le processus de reconstitution post-agricole, il serait opportun d'approfondir les recherches dans ce sens.

Compte tenu de la forte valeur patrimoniale des formations secondaires confirmée dans le cadre de ce travail, Il est recommandé que ces formations secondaires jeunes et notamment les sites d'anciens villages abandonnés en forêt soient intégrés dans toute stratégie d'aménagement forestier. Plus précisément qu'ils soient pris en compte dans les prescriptions d'indentification des forêts à haute valeur de conservation (FHVC) exigées dans le cadre de la certification forestière.

Les actions d'appui à régénération des essences de bois d'œuvre considérées comme principales dans le marché actuel sont nécessaires et recommandées. En effet les résultats obtenus montrent qu'elles ont un faible taux de régénération le long de la chronoséquence post-agricole.

Il est d'une importance cruciale de prendre en compte les préoccupations des populations locales, de l'accroissement prédictible de ces dernières et des facteurs de dynamique sociale lors du processus de classement des aires protégées ou toutes autres forêts du domaine permanent (concession forestières, forêts communales …). Ceci afin que le zonage garantisse un meilleur aménagement des espaces agroforestiers en équilibre avec les relations trophiques des populations locales.

L'importance des formations secondaires a été longuement traitée dans le chapitre 3 et les recommandations relatives à l'aménagement de ces formations sont proposées à la fin de ce chapitre. Ces recommandations promeuvent une stratégie de reconstitution du couvert forestier combinant plantation forestière, enrichissement des formations dégradées, et agroforesterie. La mise en œuvre efficace de ces recommandations nécessite qu'elles s'insèrent dans un cadre institutionnel plus global des stratégies nationales REDD et de gestion des forêts secondaires. La stratégie nationale forêt secondaire reste toutefois à promouvoir, elle devrait alors être une déclinaison au niveau national des directives OIBT sur la restauration et l'aménagement des forêts secondaires.

BIBLIOGRAPHIE

Abe'ele Mbanzo'o P., 2001. La pêche traditionnelle *Badjoué* : Appropriation d'une ressource mobile. *In* : Delvingt W. (ed.). *La forêt des hommes.* Presses agronomiques de Gembloux, Belgique. pp. 43-63.

Alberlin J.P., Daget P., 2003. Etablir et comparer les spectres biologiques de plusieurs groupements végétaux. *Elev. Med. Vét. Pays trop.* 56 (1-2):57-61.

Alexandre D.Y., 1988. Dynamique et régénération naturelle en forêt dense de Côte d'Ivoire: stratégies écologiques des arbres de la voûte et potentielle floristiques. *ORSTOM. Collection Etudes et Thèses*, Paris. 120p.

Alexandre D-Y., 1982. Aspects de la régénération naturelle en forêt dense de Côte d'Ivoire. *Candollea* (37):579-588.

Alexandre D.Y., 1979. De la régénération naturelle à la sylviculture en forêt tropicale. *Multigr. ORSTOM. Adiopodoumé*, Paris. 12p.

Alexandre, D.Y., Guillaume J.L, Kahn F., Namur C., 1978. Conclusions : caractéristiques des premiers stades de reconstitution. *Cah. O.R.T.O.M.*, Sér. Biol., XIII (3):267-270.

Amougou A., Mbolo M., 1998. Concilier exploitation et conservation de la faune sauvage en Afrique Centrale. Cas de la Réserve de Faune du Dja. . *In* : Nasi R., Amsallem I., Drouineau S. (eds.). *La gestion des forêts denses africaines aujourd'hui* Séminaire FORAFRI- Libreville, Gabon. 12p.

Anonyme, 2008. Association Technique Internationale des Bois Tropicaux Statistique. Lettre de ATIBT 28 :1-10.

Anonyme, 2006a. Programme National de Reboisement. Cellule de suivi de la régénération, Ministère des Forêts et de La Faune – Cameroun. 68p.

Anonyme, 2006b. Association Technique Internationale des Bois Tropicaux. Statistique. Lettre de ATIBT 24:19-32.

Anonyme, 2005. Rapport national d'inventaire forestier du Cameroun. FAO – Ministère des Forêts et de La Faune - Cameroun 128p.

Anonyme, 2002. Directives pour la restauration, l'aménagement et la réhabilitation des forêts tropicales dégradées et secondaires. Organisation Internationale des Bois Tropicaux. Série développement de politique OIBT n°13. 92p.

Anonyme, 1998a. Guide d'élaboration des plans d'aménagement des forêts de production du domaine forestier permanent de la République du Cameroun. Ministère des Forêts et de L'Environnement du Cameroun – Yaoundé-Cameroun. 64p.

Anonyme, 1998b. The African bushmeat trade. A recipe for extinction. Ape Alliance, London, UK. 6p.

Anonyme, 1996. Revised 1996 IPCC guidelines for National Greenhouse gas Inventories workbook, Bonn. 98p.

Anonyme, 1991. Normes de vérification des travaux d'inventaire de reconnaissance d'aménagement et de pré-investissement. Office National du Développement des Forêt. République du Cameroun, Ministère de l'Agriculture. 28p.

Anonyme, 1979. Ecosystèmes forestiers tropicaux. Un rapport sur l'état des connaissances préparé par l'UNESCO, le PNUE, et la FAO. UNESCO, Coll. Recherches sur les ressources naturelles, XIV, Paris, 740p.

Anonyme, 1954. Abalé. Fiche botanique et forestière. BFT (37):27-30.

Aubréville A., 1930. Les forêts coloniales, les forêts de l'Afrique occidentale française. Académie des Sciences Coloniales, Annales IX, Paris. 244p.

Aubréville A., 1963. Classification des formes biologiques des plantes vasculaires en milieu tropical. *Adansonia.* (3):220-226.

Aubréville A., 1962. Position chorologique du Gabon. *Museum National d'histoire Naturelle,* Paris. (3):3-11.

Aubréville A., 1961. Sapotacées. Flaure du Gabon. Vol. 1. *Museum National d'histoire Naturelle,* Paris. 162 p.

Aubréville A., 1950. Le concept d'association dans la forêt dense équatoriale de la basse Côte-d'Ivoire. *Bull. Soc. Bot. fr.* (97):145-158.

Aubréville A., 1947. Les brousses secondaires en Afrique équatoriale. BFT (2):24-49.

Aweto A.O., 1981. Secondary succession and soil fertility restoration in South-Western Nigeria. I-succession. *J. of Ecol.* 69 (2):601-607.

Bahuchet S., Grenand F., Grenang P., De Maret P., 2000. Les peuples des forêts tropicales aujourd'hui. Volume I. Forêts des tropiques, Forêts anthropiques. Sociodiversité, Biodiversité: un guide pratique. APFT-ULB, Bruxelles. 132p.

Bahuchet S., 1996. Fragments pour une histoire de la forêt africaine et de son déplacement : les données linguistiques et culturelles. *In* : Hladick et al.(eds). *Alimentation en forêt tropicale.* UNESCO (1):97-119.

Barrow E., Hulme M., Semenov M., 1996. Effect of using different methods in the construction of climate change scenarios: examples from Europe. *Clim Res.* (7):195-211.

Becker P., Leighton M., Payne J.B., 1985. Why tropical squirrels carry seed out of sources crowns. *Journal of Tropical Ecology* 1:183-186.

Beentje H. J., 1996. Centre of plant diversity in Africa. *In*: Van Der Maesen L.J.G., Van Der Burgt X.M., Van Medenbach De Rooy J.M. (eds.). *The Biodiversty of African Plants*. Kluwer Academic Publishers, Netherlands. pp. 101-109.

Bellefontaine R., 1993. Prétraitements des semences forestières. *In*: Some L.M., De Kam M. (eds.). *Tree seed problems, with special reference to Africa*. Symposium du groupe de travail IUFRO - Ouagadougou, Burkina. pp. 275-279.

Berkes F., Feeny D., Mc Cay B.J., Acheson J.M., 1989. The benefits of the commons. *Nature* (340):91-93.

Bertault J.-G. & Sist P., 1985. Impact de l'exploitation en forêt naturelle. BFT (245) :5-14.

Betti J.L., 2004. An ethnobotanical study of medicinal plant among the baka pygmies in the Dja biosphere reserve, Cameroon. *African Study Monographs*, 25(1):1-27.

Betti J.L., 2003. Impact of forest logging in the Dja biosphere reserve, Cameroon. MINEF/PSRF. 13p.

Binswanger H.P., 1986. Evaluating research system performance and targeting research in land-abundant areas of Sub-Saharan Africa. *World Dev*. 14 (4):469-475.

Blake S., 2000. Quand on essaie d'en savoir plus sur les éléphants de forêt.*Canopée* (17), 7-8.

Blake S., Rogers E., Fay J.M., Ngangoue M., Beke G., 1995. Swamp gorillas northern Congo. *Afr. J. Ecol.* (33):285-290.

Blom A., Almasi A., Heitkönig I.M.A., Kpanou J-B., Prins H.H.T., 2001. A survey of the apes in Dzanga-Ndoki National Park, Central African Republic: a comparison between the census and survey methods of estimating gorilla (*Gorilla gorilla gorilla*) and chimpanzee (*Pan troglodytes*) nest group density. *Afr. J. Ecol.* (39):98-105.

Blondel J., 1995. Biogéographie. Approche écologique et évolutive. Masson (Collection d'écologie, n°27), Paris. 297p.

Boissau S., 1998. Unifier Malthus et Boserup ? L'exemple de la relation population–forêt. Mémoire de D.E.A. Ecole des Hautes Etudes en Sciences sociale – CIRAD, France. 106p.

Bongjoh Alaisahmbom C., NSANGOU M., 1998. Early regeneration of commercial timber species in a logged-over forest of southern Cameroon. *In*: Nasi R., Amsallem I., Drouineau S. (eds.). *La gestion des forêts denses africaines aujourd'hui*. Séminaire FORAFRI-Libreville, Gabon. 9 p.

Bonnehin L., 2003. La gestion des forets tropicales secondaires en Afrique: Réalité et perspectives. Les aspects socioéconomiques de la gestion des forêts tropicales secondaires en Afrique francophone. Actes atelier régional FAO/IUCN sur la gestion des forêts tropicales. Douala, Cameroun, 17 – 21 novembre 2003. 19p.

Bonnis G., 1980. Etude des chablis en forêt dense humide sempervirente de Taï (Côte d'Ivoire). *Multigr.ORSTOM*, Paris. 29p.

Bourland N., 2007. Analyse de la distribution spatiale des espèces d'arbres sur la base d'un inventaire d'aménagement forestier en Afrique centrale. Mémoire de DEA. FUSAGx, Belgique. 99p.

Brazzaz F.A., Pickett S.T.A., 1980. Physiological ecology of tropical succession: A comparatives review. *Annual Review of Ecology and Systematics* (11):287-310.

Brearley Q. F., Prajadinata S., Kidd P, S., Suriantata J.P., 2004. Structures and floristics of an old secondary rain forest in Central Kalimantan,

Indonesia, and a comparison with and adjacent primary forest. *Forest Ecol. and Management* (195):385-397.

Brown N. E., Hutchinson J., Prain D., 1913. Euphorbiaceae. *In* : Thiselton-Dye W.T. (ed). *Flora of Tropical Africa*. London. pp. 441-1020.

Brown S., Lugo A.E., 1990. Tropical secondary forests. *Journal of Tropical Ecology* (6):1-32

Brugiere D., Bougras S., Gautier-Hion A., 2000. Dynamique forestière et processus de colonisation extinction : relations faune-flore dans les forets à Marantacée d'Odzala. AGRECO-GEIE-BDPA-SCETAGRI-SECA-CIRAD-FORET/FAUNA & FLORA INTERNATIONAL, Programme ECOFAC II, République du Congo. 43p.

Brown S., 1997. Estimating Biomass and Biomass Change of Tropical Forests: A Primer. UN FAO Forestry Paper 134, Rome. 55 p.

Brugière D., Sakom D., Gautier-Hion A., 1999. Structure de la communauté de primates simiens de la forêt de N'Gotto. Rôle des milieux marginaux dans le maintien de la biodiversité. ECOFAC, Bruxelles. 70p.

Budowski G., 1965. Distribution of tropical Central American rain forest species in the light of succession processes. *Turrialba* (15):40-42.

Butynski T.M., 2000. Africa's great apes. Africa: *Environment and Wildlife* (8):33-43.

Campbell B.M., Butler J.R.A., Mapaure I., Vermeulen S.J., Mashove P., 1996. Elephant damage and safari hunting in *Pterocarpus angolensis* woodland in northwestern Matabeleland, Zimbabwe. *Af J Ecology* (34):380-388.

Campbell D.G., 1991. Gap formation in tropical forest canopy by elephants. *Biotropica* (23):195-196.

Carriere S.M., Andrianotahiananahary H., Ranaivoarivelo N., Randriamalala J., 2005. Savoir et usages des recrus post-culturales du pays Betsileo: valorisation d'une biodiversité oubliée à Madagascar. *VertigO* 6(1).14p.

Carriere S.M., 2002. L'abattage sélectif : une pratique agricole ancestrale au service de la régénération forestière. BFT (272):45-62.

Carriere S.M., 1999. Les orphelins de la forêt. Influence de l'agriculture sur brûlis des *Ntumu* et les pratiques agricoles associées sur la dynamique forestière du Sud Cameroun. Thèse de doctorat, université Montpelier-II, France. 448p.

Carvalheiro D.A.O.K., Nepstad D.C., 1996. Deep soil heterogeneity and fine root distribution in forest and pastures of eastern Amazonia. *Plant and Soil* (182):279-285.

Cavalier J., Estevez J., Arjona, B., 1996. Fine root biomass in tree successional stages of an Andean cloud forest in Colombia. *Biotropica* (28):728-736.

Cerutti P.O., Nasi R., Tacconi L., 2008. Sustainable forest management in Cameroon needs more than approved forest management plans. *Ecology and Society* 13(2):36.

Chao, A., Shen T.-J., 2003. Program SPADE (Species Prediction And Diversity Estimation). Program and User's Guide published at http://chao.stat.nthu.edu.tw. 42p.

Chaudron A., 2000. Cameroun : l'arrêt des exportations des grumes. *Canopée* (16):14-16.

Chevalier A., 1948. Biogéographie et écologie de la forêt dense ombrophile de Côte d'Ivoire. *Rev. Int. Bot. Appl.* (28) :101-115

Chokkalingam U., De Jong W., 2001a. Secondary forest: a working definition and typology. *International Forestry Review* (3):19-26.

Chokkalingam U., Smith J., De Jong W., Sabogal C., 2001b. A conceptual framework for the assessment of tropical secondary forest dynamique and sustainable developpement potential in Asia. *Journal of Tropical Forest Science* 13 (4):577-600.

Clark, D.B., Clark D.A., 1996. Abundance growth, and mortality of very large tree in neotropical lowland rain forest. *Forest Ecol. and Management* (80):235-244.

Clements F.E., 1916. Plant succession. An analyse of the development of vegetation. *Carnegia institut. Washington. Publ.* (242):1-512.

Clements F.E., 1949. Dynamic of vegetation. Hafner, New-York. 296 p.

Clist B., 1990. Des derniers chasseurs aux premiers métallurgistes : sédentarisation et début de la métallurgie du fer (Cameroun, Gabon, Guinée équatoriale). *In* : Lanfranchi R. et Schwartz D. (eds). *Paysage quaternaire de l'Afrique centrale Atlantique*. ORSTOM, Paris. pp. 458-478.

Collin-Bellier C., 2007. Etude de l'organisation spatiale des sols et de leurs propriétés dans le cadre du projet « Analyse intégrée des facteurs écologiques et des processus de dispersion responsables de la diversité en espèces d'arbres et de la diversité génétique de ces espèces en forêt tropicale ». Rapport intermédiaire, Faculté Universitaire des Sciences Agronomiques de Gembloux, 14p.

Connell J. H., 1971. On the role of natural enemies in preventing competitive exclusion in some marine animals and in rain forest trees. *In* : Boer P. J, Den, Gradwell G. R. (eds), *Dynamics of Populations*. Centre for Agricultural Publishing and Documentation, Wageningen. pp. 298-312.

Cote S., 1993. Plan de zonage du Cameroun forestier méridional : objectif, méthodologie, plan de zonage préliminaire. Agence Canadienne de Développement International- MINEF, Cameroun. 55p.

Crome F.H.J., Moore L.A., Richards D.C., 1992. A study of logging damage in upland rainforest in North Queenland. *Forest Ecol. and Management* (19):1-29.

Cuevas E., Brown S., Lugo A.E., 1991. Above and belowground organic matter storage and production in a tropical pine plantation and a paired broadleaf secondary forest. *Plant and Soil* (135):257-268.

Curtis J. T., Mcintosh R. P., 1950. The interrelations of certain analytic and synthethic phytosociological characters. *Ecology* (31):434-455.

D'oliveira M.V.N., Braz E.M., 1995. Reduction of damage to tropical moist forest through planned harvesting. *Comm. For. Rev.* (74)3 :208-210.

Dajoz R., 1982. Pécis d'écolgie, 4e édition. Bordas, Paris. 503p.

Danserau P., Lems K., 1957. The grading of dispersal types in communities and their significance. *Montréal Cintr. Inst. Bot.* (71):52.

De La Mensbruge G., 1966. La germination des plantules des essences arborées de la forêt dense de Côte d'Ivoire. CTFT/Cirad forêt, Nogent-sur-Marne. 382 p.

De Maret P., 1985. Le contexte archéologique de l'expansion Bantu en Afrique Centrale. Colloque CICIBA, Libreville. 29p.

De Marret P., 1980. Le néolithique et l'âge du fer ancien dans le sud –ouest de l'Afrique Centrale *in* : Lanfranchi R., Schwartz D. (eds.). *Paysages quaternaires de l'Afrique centrale atlantique*, ORSTOM, Paris. pp. 447-457.

De Merode E., Hillman-Smith K., Niholas A., Ndey A., Likango M., 2000. The spatial correlates of wildlife distribution around Garamba

National Park, Democratic Republic of Congo. *Remonte sensing.* 21 (13&14):2665-2683.

De Namur, C., 1990. Aperçu sur la végétation de l'Afrique centrale atlantique. In : Lafranchi R., Schwartz D. (eds.). *Paysages quaternaires de l'Afrique centrale atlantique.* ORSTOM, Paris. pp. 60-67.

De Ploey J., 1965. Position géomorphologique, genèse et chronologie de certains dépôts superficiels au Congo Occidental. *Quaternaria* (7):131-1154.

De Wachter P., 2001. L'agriculture itinérante sur brûlis, base de l'économie *Badjoué. In* : Delvingt W. (ed.). *La forêt des hommes.* Presses agronomiques de Gembloux, Belgique. pp. 15-42.

De Wachter P., 1995. Agriculture itinérante *Badjoué* dans la Réserve de Faune du Dja (Est-Cameroun) : Etude de cas Ekom. Mémoire de fin d'étude M.sc., Faculteit Landbouwkundije en Toegespaste Biologie Wetenschappen, Katholiche University Leuven, Belgique. 123 p.

Debroux L., 1998. L'aménagement des forêts tropicales fondé sur la gestion des populations d'arbres : l'exemple du Moabi (*Baillonnella toxisperma* Pierre) dans la forêt du Dja, Cameroun. Thèse de Doctorat FUSAGx. 283p.

Delibrias G., Giresse P., Lanfranchi R., Lecocq A., 1983. Datations de dépôts holorganiques quaternaires sur la bordure occidentale de la Cuvette congolaise (R.P. du Congo) corrélations avec les sédiments marins voisins. *C. R. Acad. Sci.* Paris. 296(II):463-466.

Delvingt W., 2001. La forêt des hommes. Terroirs villageois en forêt tropicale africaine. Presses agronomiques de Gembloux, Belgique. 286p.

Dethier M., 1998.Valorisation des produits ligneux et non ligneux de la forêt dense humide tropicale. Application à la gestion durable de la

Forêts Communautaires du village Kompia. (Est-Cameroun). Mémoire de DEA FUSAGx. 70p.

Devineau J.L., 1984. Structure et dynamique de quelques forêts tropicales de l'ouest africain (Côte d'Ivoire). Programme MAB savane. Université d'Abidjan. 249p.

Dewalt S. J., Maliakal K. S., Denslow J.S., 2003. Change in structure and composition along tropical forest chronosequence: implication for wildlife. *Forest Ecol. and Management* (182):139-151.

Dkamela G.P., Kabamba F., Minnemeyer S., Stolle F., 2009. Des forêts du bassin du Congo pour le climat global : Questions et réponses pour appréhender les défis et les opportunités de la REDD. WRI, Washington, DC. 26p.

Donfack P., 1993. Etude de la dynamique de la végétation après abandon de la culture au Nord Cameroun. Thèse de Doctorat, Université de Yaoundé. 192p.

Doucet J-L., Dissaki A., Mengome A., Issembe Y., Dainou K., Gillet J.F., Kouadio L. Laporte J., 2007. Dynamique des peuplements forestiers d'Afrique Centrale. Document de formation ATIBT, FUSAGx-Belgique, ENEF-Gabon. 134p.

Doucet J-L., 2003. L'alliance délicate de la gestion forestière et de la biodiversité dans les forêts du centre du Gabon. Thèse de Doctorat. Faculté Universitaire des Sciences Agronomique de Gembloux, Belgique. 323p.

Doucet J-L, Brugiere D., 1998. Etude de la biodiversité dans les forêts du centre du Gabon : méthode et implications pour la gestion forestière. *In* : Nasi R., Amsallem I., Drouineau S. (eds.). *La gestion des forêts denses africaines aujourd'hui*. Séminaire FORAFRI- Libreville, Gabon. 16p.

Doucet J-L., Mougazi A., Issembe Y., 1996. Etude de la végétation dans le lot 32. Rapport interne. CNRS, Université de Rennes Unité de Sylviculture, Faculté Universitaire des Sciences agronomiques de Gembloux, IRET, Libreville. 74p.

Dounias E., 1996. Recrûs forestiers post-agricoles : perception et usages chez les *Mvae* du Sud-Cameroun. *Journ. d'Agric. Trad. Et de Bota. Appl.* XXXVIII (1) :153-178.

Drouin J.M., 1991. L'écologie et son histoire. Flammarion, Paris. 213p.

Dufrëne M., Legendre P., 1997. Species assemblages and indicator species definition: the need of an asymmetrical and flexible approach. *Ecological Monographs* (67):345-366.

Dupain J., Guislain P., Nguenang G.M., De Vleeschouwer K., Van Elsacker L., 2004. High chimpanzee and gorilla densities in a non-protected area on the northern periphery of the Dja Faunal Reserve, Cameroon. *Oryx* 38(2):209-215.

Dupain J. 2001. Conservation des grands singes près de la Réserve de Dja. *Gorilla Journal* (23):18-20.

Dupuy B., 1998. Bases pour une sylviculture en forêt dense tropicale humide africaine. CIRAD-Forêt, Montpellier. Serie FORAFRI, Document 4. 328 p.

Durrieu De Madron L., Daumerie A., 2004. Diamètre de fructification de quelques essences en forêt naturelle centrafricaine. BFT 281(3):87-95.

Elizabeth A., Williamson L., 1993. Methods used in the evaluation of lowland gorilla habitat in the Lopé Reserve, Gabon. *Tropics* 2(4):199-208.

Emberger L., Mangenot G., Miege J., 1950. Existences d'association végétale typiques dans la forêt dense équatoriale. *C.R. Acad. Sci.* Paris. 231:640-6422.

Emrich A., Pokorny B., Sepp C., 2000. The significance of secondary forest management for development policy. GTZ/TÖB/ECO, Eschbonn. 198p.

Escamilla A., Sanvicente M., Sosa M., Galindo-Leal C., 2000. Habitat mosaic, Wildlife availability, and Hunting in the tropical forest of calakmul, Mexico. *Conservation Biology* 14 (6):1592-1601.

Evrard C., 1968. Recherche écologique sur les peuplements forestiers des sols hydromorphes de la cuvette congolaise. *Publ. I.NE.AC., sér. Scient.* 295p.

Ewel J.J., 1971. Biomass changes in early tropical succession. *Turrialba* (21) :110-112.

Ezana S., 2005. Etude de la dynamique des essences commerciales au sein des jachères issues de l'agriculture itinérante *Badjoué* (Cameroun). Mémoire de fin d'étude. FUSAGx – Belgique. 96p.

Favrichon V., 1994. Classification des espèces arborées en groupes fonctionnels en vue de la réalisation d'un modèle de dynamique de peuplement en forêt Guyanaise. *Rev. Ecol.(Terre vie)* (49):379-403.

Fedrspiel M., 1996. Etude de l'évolution de la fertilité des sols dans le cadre d'une agriculture itinérante sur brûlis. Mémoire fin d'étude FUSAGx. 70p.

Feeley K.J., Wright K.S.J., Supardi M.N.N., Abd, R.K., Davies S.J., 2007. Decelerating growth in tropical forest trees. *Ecology Letters* (10):1-9.

Florence, J., 1981. Chablis et sylvigenèse dans une forêt dense humide sempervirente du Gabon. Thèse de Doctorat. Université Louis Pasteur, Strsbourg. 261p.

Fogiel M.K., Parker V.T., 1998. Vegetation analyse in Cameroon semi-deciduous rainforest. Oral presentation at the Ecological Society of America Annual. 14p.

Fongnzossie F.E. Tsabang N., Nkongmeneck B.A., Nguenang G.M., Auzel, Ellis C., Kamou, E., Balouma J.M., Apalo P., Halford M, Valbuena, M., Valere, M., 2008. Les peuplements d'arbres du Sanctuaire à gorilles de Mengamé au sud Cameroun. *Tropical Conservation Science* (3) :204-221.

Fourni E. 1997. Type de forêts dans l'Est du Cameroun et étude de la structure diamétriques de quelques essences. Mémoire de DEA. FUSAGx, Belgique. 64p.

Gartland S., 1989 La conservation des écosystèmes du Cameroun. U.I.C.N., Gland, Suisse et Cambridge, Royaume-Uni. 186p.

Gaussen N., 1951. La dynamique des biocénoses végétales. *Ann. Biol.* (27):90-102.

Gautier L., 1990. Biologie et écologie de *Chromolaena odorata* en Côte d'Ivoire Centrale. Compte rendu de la XII réunion plénière de l'AETFAT, Hamburg. pp. 871-878.

Gautier-Hion A., Duplantier J. M., Quris, R., Feer F., Sourd C., Decoux J. P., Doubost G. L., Emmons L., Erard C., Hecketsweiler P., Moungazi A., Roussilhon C., Thiollay J. M. 1985. Fruit-characters as a basis of fruit choice and seed dispersal in a tropical forest vertebrate community. *Oecologia* (65):324-337.

Gemerden B.S. Van, Olff H., Parren P.E., Bongers F., 2003. The pristine rain forest ? Remnants of historical human impacts on current tree species composition and diversity. *J. Biogeography* (30):1381-1390.

Genot J.-C., 2006. Vers un changement « climacique » ? Courrier de l'environnement *INRA* (53):129-131.

Gesnot K., 1994. Inventaire forestier dans la Forêt des Abeilles. Mémoire de fin d'études. Université Libre de Bruxelles, Belgique. 108p.

Gillet J.F., Beeckman H., Doucet J.L., 2008a. The origin of the forest in the Congo Republic: An anthraco-pedological Contribution. Poster, 4th International Meeting of anthracology Brussels, 8 -13 September. 1p.

Gillet J.F., Ngalouo B., Missamba-Lola A.P., 2008b. Suivi du programme dynamique forestière-agroforesterie-inventaires faune. Rapport d'analyse. Volet dynamique forestière. République du Congo. CIB/FFEM/Nature+. 100p.

Giresse P., Lanfranchi R. 1984. Les climats et les océans de la région congolaise pendant l'Holocène. Bilan selon les échelles et les méthodes de l'observation. *Palaeoecology of Africa* (18):307-334.

Gomez-Pompa, A., Vázquez-Yanes C, 1981. Successional studies of a rain forest in Mexico. *In* : West D.C., Shugart H. H., Botkin D. B. (eds.). *Forest succession: concepts and application*. New-York. Springer Verlag. pp. 246-266.

Gomez-Pompa A., Yanes-Vasquez C., 1974. Studies on the secondary succession of tropical lowlands: the live cycle of the secondary species. Proc. Intern. Congr. Ecology, La Haye. pp. 336-342.

Greig-Smith P., 1983. Quantitative plant Ecology. Third Edition. Studies In Ecology, 9th ed. Blackwell Scientific Publication, Oxford. 359p.

Grime J.P., Crick J.C., Rincon J.E., 1986. The ecological significance of plasticity in plants. *In* : Jennings D.H., Trewavas A.J., (eds). *Symposia of the Society for experimental biology*. Symposium XXXX. pp. 5-29.

Guariguata M.R., Ostertag R., 2001. Neotropical secondary forest succession: change in structural and functional characteristics. *Forest Ecol. and Management* (148):185-206.

Guillaumet J. L., 1967. Recherches sur la végétation et la flore de la région du Bas Cavally (Côte-d'Ivoire). Mémoires ORSTOM, Paris. 247p.

Guillaumet J. L., Khan F., 1978. Les diagnose de la végétation *In* : Recherche d'un langage transdisciplinaire pour l'étude de milieu naturelle, (Tropiques humides).Compte rendu des séminaires de Paris, ORSTOM, 13 septembre 1977 ; Montpellier, Institut de Botanique Tropicale, octobre, 1977 ; Abidjan, Institut de Géographie tropical, 6 Février 1978. pp. 21-29.

Guinochet M., 1973. Phytosociologie. Masson et Cie. 227p.

Halle F., Oldeman R.A.A., 1970. Essai sur l'architecture et la dynamique de croissance des arbres tropicaux. Masson, Paris. 178p.

Halle N., 1961. Sterculiacées. Flore du Gabon. Vol. 2. *Museum National d'histoire Naturelle*, Paris. 150p.

Halle N., 1962. Melianthacées, Balsaminacées. Flore du Gabon. Vol. 4. *Museum National d'Histoire Naturelle,* Paris. 74p.

Halle N., 1966. Rubiacées (seconde partie). Flore du Gabon. Vol.12. *Museum National d'Histoire Naturelle*, Paris. 278p.

Halle N., 1970. Rubiacées (seconde partie). Flore du Gabon. Vol. 17. *Museum National d'Histoire Naturelle*, Paris. 335p.

Hardin G., 1968. The tragedy of the commons. *Science* (162):19 -53.

Hardy O., 2005. BiodivR 1.0. A program to compute statistically unbiased indice of species diversity within samples and species similarity between samples using rarefaction principles. User's Manuel. Université Libre de Bruxelles, Beligique. 5p.

Hart T.B., Hart J.A., Deschamp R., Fournier M., Atoholo M., 1996. Changes in forest composition over the last 4000 years in the Ituri bassin, Zaire. *In :*Van Der Maesen *et al. : The biodiversity of African plants*. Kluwer, Doredrecht. pp. 545-563.

Hartshorn G.S., 1978.Tree falls and tropical forest dynamics. *In*: Tomlinson, Zimmerman (eds.). *Tropical trees as living systems.* pp. 617-638.

Hartshorn S., 1980. Neotropical forest dynamics. *Biotropica, Special Issue : Tropical succession* (12):23-30.

Hembourg A.M., Bond, J.W., 2006. Do browsing elephants damage female trees more? *Af. J Ecology* (45), 41-48.

Hladik A., 1982. Dynamique d'une forêt équatoriale africaine : mesure en temps réel et comparaison du potentielle de croissance des différentes espèces. *Acta Oecologica Gener.* 3(3):373-392.

Hughes R.F., Kauffman J.B., Jaramillo V.J., 1999. Biomass, carbon, and nutrient dynamics of secondary forests in a humid tropical region in Mexico. *Ecology* (80):1892-1907.

Jaffré T., de Namur C., Fritsch E., Monteny B.A., Barbier J.-M., Omont C., 1983. Contribution à l'étude de l'influence de la déforestation en zone équatoriale sur l'évolution de la concentration en gaz carbonique de l'atmosphère. Rapport interne ORSTOM Centre d'Adiopodomé, 76p.

Janos D.P., 1980. Mycorrhizae influence tropical succession. *Biotropica* 12:13-18.

Janzen D. H., 1970. Herbivores and the number of tree species in tropical forests. *Am. Nat.* (104) :501-528.

Jemo E., Frossard R.C., Abaidoo, Jansa J., 2007. Communautés des champignons mycorhizes arbusculaires et vesiculaires sous trios systèmes d'utilisation des terres en zone de forêt humide du Cameroun. Biotechnologies et maîtrise des intrants agricoles en Afrique centrale. Résumés des communications. AUF-Univesités de YdéI-IRD-IRAD. 70p.

Jongman R.H.G., Ter Braak C.J.F., Van Tongeren O.F.R., 1995. Data analysis in community and landscape ecology. Cambridge university press. 299p.

Kahn F., 1982. La reconstitution de la forêt tropicale humide : Sud-Ouest de la Côte d'Ivoire. ORSTOM Collection Mémoire n° 97. 150p.

Kassr J., Decocq G., 2007. Succession secondaire post-culturale en systeme forestier tropical semi-décidu de Cote d'Ivoire: approche phytosociologique intégrée et systémique. *Phytocoenogia* 37(2):175-219.

Kathlen Van E., 1997. Typologie de la végétation de la réserve de faune du Dja. Groupement AGRECO-CTFT. Univ. Libre de Bruxelle. 12p.

Keller R., 1996. Identification of tropical woody plants in the absence of flowers and fruits. A field guide. Basel-Boston-Berlin-Birkhäuser. 229p.

Kent M., Coker P., 1994. Vegetation description and analysis : a pratical approach. 2^{nd}ed. Chichester, Wiley. 363 p.

Koch H., 1968. Magie et chasse dans la forêt camerounaise. Berger-Levrault, Paris. 271p.

Kochummen K.M., 1966. Natural plant succession after farming. *Sungei Kroh. Malayan Forester* (29):170-181.

Kochummen K.M., NG F.S.P., 1977. Natural plant succession after farming in Kepong. *Sungei Kroh. Malayan Forester* (40):61-78.

Kofi P., Qinglin W., Vlosky R., 1999. Wood properties and their valorisation within the tree stem of lesser-used species of tropical hardwood from Ghana. *Wood and Fiber Science* 33(2):284-291.

Lacoste A., Salanon R., 1995. Eléments de biogéographique et d'écologie. F. Nathan, Paris. pp. 83-121.

Lahm S.A., 1993. Utilization of forest resources and local variation of wildlife populations in northeastern Gabon. *In.* Hladik C.M., *et al.* (eds.). *Tropical Forests, People and Food.* UNESCO and Parthenon Publishing, Paris. pp. 213-226.

Lamperti Aaron M., Fogiel M., Parker T., 1996. Hornbill seed dispersal and forest tree association in an African rainforest. *Abstracts. Supplement to buil. Of Ecol. Soc. of America.* 77(3):248-249.

Lanfranchi R., Ndanga J. P., Zana H., 1998. Nouvelle datation du 14C de la métallurgie du fer dans la forêts dense Centrafricaine. *Yale school of forestery and Environmental studies. Bulletin* (111102) :46-55.

Lanfranchi R., Schwartz D., 1990. Paysages quaternaires de l'Afrique centrale atlantique. IRD, Collection Didactiques, Paris. 535p.

Le Bourgeois T., Merlier H., 1995.- Adventrop – Les adventices d'Afrique Soudano – Sahéliennes. CIRAD-CA. 640p.

Lebrun J., 1966. Les formes biologiques dans les végétations tropicales. *Bull. Soc. Bot. Fr.* 164-175.

Lebrun J., 1964. A propos des formes biologiques en régions tropicales. *Bul.Acad. R. Sci. Outre-Mer :* 926-937.

Lebrun J., Gilbert G., 1954. Une classification écologique des forêts du Congo. Publ. I.NE.AC., sér. Scient. (63):45-63.

Lebrun J., 1947. La végétation de la pleine alluviale au sud du lac Edouard. Inst. Parcs. Nat. Congo belge. Expl. Parc Nat. Albert, Mission J. Lebrun, fasc. (2):1-17.

Legendre L.& P., 1984. Écologie numérique. Volume 2. Masson. 832p.

Lejoly J., 1995. Suivi des programmes botaniques et ethnobotaniques dans la Réserve de Faune du Dja. Projet ECOFAC, AGRECO-CTFT. 60p.

Lejoly J., 1993. Méthodologie pour les inventaires forestiers (partie flore et végétation). AGRECO-CTFT, Bruxelles. 53p.

Léonard J., 1996. *Euphorbiaceae* (troisième partie). Flore d'Afrique Centrale (Zïre-Rwanda-Burundi). Jardin Botanique national de Belgique, Meise. 73 p.

Léonard J., 1995. *Euphorbiaceae* (deuxième partie). Flore d'Afrique Centrale (Zïre-Rwanda-Burundi). Jardin Botanique national de Belgique, Meise. 115p.

Leonard J., 1962. *Euphorbiaceae.* Flore du Congo et du Rwanda-Burundi. Vol. VIII.1. Institut National pour l'Etude Agronomique du Congo (INEAC). Bruxelles. 115p.

Léonard J., 1960. Notulae systematicae XXIX. Révision des Cleistanthus d'Afrique continentale (Euphorbiacées).*Bull. Jard. Bot. Etat* XXX (4):421-461.

Léonard J., 1952. Aperçu préliminaire des groupements végétaux pionniers dans la région de Yangambi (Congo Belge). *Bull. Soc. Roy. Bot. Belg.* (114):229-237.

Lepart J., Escarre J., 1983. La succession végétales mécanismes et modèles : analyse bibliographique. *Bull. Ecol.* 14(3):33-178.

Leroux M., 1983. Le climat de l'Afrique tropicale. Champion. Paris, 633p.

Lescuyer G. ; Karsenty A., Eba'a Atyi R., 2009. Un nouvel outil de gestion durable des forêts d'Afrique centrale : Les paiements pour les services environnementaux. *In :* De Wasseige, C., Devers D., De Marcken, P., Eba'a Atyi R., Nasi R., Mayaux Ph. (eds.). *Les forêts du Bassin du Congo – Etat des forêts 2008.* Office des publications de l'Union européenne. pp. 179-198.

Letouzey R., 1986. Manuel of forest botany tropical Africa, general botany (translation by huggett R.). Nogent-sur-Marne, France. CTFT. 194 p.

Letouzey R. 1985., Carte phytogeographique du Cameroun et notice. Inst. Carte. Internat. Végétation, Toulouse. 240p.

Letouzey R., 1979. Végétation. *In :* Laclavere G. (ed.). *Atlas de la République Unie du Cameroun.* Editions Jeune Afrique, Paris. pp. 20-23.

Letouzey R., White F., 1978. Chrysobalanacées et Scytopétalacées. Flore du Gabon. Vol. 24. *Museum National d'histoire Naturelle,* Paris, 202p.

Letouzey R., White F., 1970. Ebenacées. Flore du Gabon. Vol. 18. *Museum National d'histoire Naturelle,* Paris. 189p.

Letouzey R. 1968. Etude phytogéographique du Cameroun. Editions P. Lechevalier, Paris. 511p.

Liebsch D., Marques M.C.M., Goldenberg R, 2008. How long does the Atlantic Rain Forest take to recover after a disturbance? Changes in species composition and ecological features during secondary succession. *Biological Conservation* 141(6):1717-1725.

Lubini A., 2003. La gestion des forets tropicales secondaires en Afrique: Réalité et perspectives. Les aspects écologiques des forêts secondaires en Afrique centrale et occidentale francophone. Actes atelier régional FAO/IUCN sur la gestion des forets tropicales. Douala, Cameroon. 19p.

Lubini A., 1996. Végétation adventice et post-culturale de kisanga et de la Tshopo (Haut-Zaïre). *Bull. Soc. Roy. Bot. Belg.* (56) :315-348.

Lugo A.E., Brown S., 1992. Tropical forests as sinks of atmospheric carbon. *Forest Ecol. and Management* (54):239-255.

Malaisse F., 1984. Contribution à l'étude de l'écosystème forêt dense sèche (Muhulu). Structure d'une forêt sèche zambéziènne des environs de Lubumbashi (Zaïre). *Bull. Soc. Roy. Bot. Belg.* (117):428-458.

Maley J., 1987. Fragmentation de la forêt dense humide africaine et extension biotopes montagnards au Quaternaire récent : nouvelles données polliniques. *Palaeoecology of Africa* (18):307-334.

Maley J., 1990. Synthèses sur le domaine forestier africain au Quaternaire récent. *In:* Hladik, C.M., *et al.* (eds.). *Tropical Forests, People and Food.* Unesco and Parthenon Publishing, Paris. pp. 383-389.

Maley J., 2001. La destruction catastrophique des forêts d'Afrique centrale survenue il y a environ 2500 ans exerce encore une influence majeure sur la répartition actuelle des formations végétales. *National Botanic Garden Belgium. Syst. Geogr.* (71):777-796.

Maley J., 1996a. Fluctuations majeures de la forêt dense humide Africaine au cours des vingt derniers millénaires. *In:* Hladik C.M., *et al.* (eds.). *Tropical Forests, People and Food.* Unesco and Parthenon Publishing, Paris. pp. 55-76.

Maley J., 1992. Mise en évidence d'une péjoration climatique entre ca. 2500 et 2000 ans BP en Afrique tropicale humide. *Bull. Soc. géol. France* (163) :363-365.

Maley J., Brenac P., 1998. Les variations de la végétation et des paléoenvironnements du sud Cameroun au cours des derniers millénaires. Etude de l'expansion du palmier a huile. *In :* Vicat J.P., Bilong P. (eds.). *Geosciences au Cameroun* (1):85-97.

Maley, J. 1996b. Le cadre paleoenvironnemental de refuges forestiers africains : quelques données et hypothèses. *In:* Van De Maesen L.J.G., *et al. The Biodiversity of african plants.* Kluwer. pp. 519-535.

Mangenot G., 1955. Etudes des forêts des plaines et plateaux de la Côte-d'Ivoire. *IFAN, Etude Eburréennes* IV:5-81.

Mayaux P., Malingreau J.P., 2001. Couvert forestier d'Afrique centrale : un nouvel état des lieux. *Bulletin des Séances académiques de la Société Royale d'Outre-Mer* 46(2000-4): 475-480.

Mbarga Bindzi M.A., 1992. Processus de reconstitution de la forêt dense mésophile guinéenne : Cas du secteur forestier de la région de Yaoundé (Cameroun). Thèse de Doctorat. Université de Paris-Sud. Centre d'Orsay. 167p.

Mbida C.M., Doutrelepont H. ; Vrydaghs L., Sennen R.L., Swennen R.J., Beeckman H., De Langhe E., De Maret P., 2001. First archaeological evidence of banana cultivation in central Africa during the third millennium before prensent.Vegetation. *History and Archeolobotany* (10) :1-6.

Mbolo M., 2004. Cartographie et typologie de la végétation de la réserve de la biosphère du Dja. Thèse d'Etat ès Sciences. Université de Yaoundé 1. 144p.

Mc Cune B., Mefford M.J., 1995. PC-ORD. Multivariate Analysis of Ecological Data. Version 2.0. MjM Software Design (ed.). Gleneden Beach, Oregon, USA. 126p.

Meffe G.K., Carroll C.R., 1997. Principles of Conservation Biology. Second Edition. Sinauer Associates Inc. Publishers. 729p.

Miquel S., 1985. Plantules et premières stades de croissance des espèces forestières du Gabon : Potentialité d'utilisation en agroforesterie. Thèse de Doctorat Université Pierre et Marie Curie. Paris 6. 158p.

Mitja D., Hladjik A., 1989. Aspect de la reconstitution de la végétation dans deux jachères en zone forestière africaine humide (Makoukou, Gabon). *Acta Oecologica Gener.* 10(1) :5-94.

Mollinier R., Müller P., 1938. La dissémination des espèces végétales. *Rev. Gén. Bot.* (50):53-67.

Mullenders W., 1949. Communication préliminaire sur les essais de cartographie pédologique et phytosociologique dans le Haut-Lomani (Congo belge). *Bul. Agr C.B.* 40(1) :511-532.

Muller J. P., Gavaud M., 1979. Les sols. *In* : LACLAVERE G. (ed.). *Atlas de la République Unie du Cameroun*. Editions Jeune Afrique, Paris. 25-27.

Nahal I., 1998. Principes d'agriculture durable. AUPELF-UREF. Edition ESTEM. Paris, France. 121p.

Namur C.D.E, Guillaumet J.L., 1978. Observation sur les premiers stades de la reconstitution de la forêt dense humide (Sud-Ouest Côte d'Ivoire). Quelques caractéristiques du développement d'un peuplement ligneux au cours d'une succession secondaire. *ORSTOM Ser. Biol.* XIII (3):211-221.

Nasi R., 1997. Les peuplements d'okoumés au Gabon. *Canopée* (11) :15-16.

Ngatcho Towo E., Nkwenkeu S., Noiraud J.M., 2005. Etude sur l'identification du secteur de la $2^{\text{ème}}$ transformation du bois à Yaoundé. MINFOF-SCAC-JMN, Cameroun. 124p.

Ngomanda A., Neumann K., Schweizer A., Maley J., 2009. Seasonality change and the third millennium BP rainforest crisis in southern Cameroon (Central Africa). *Quaternary Research* (71):307-318.

Nguenang G.M. ; Nkongmeneck B.-A. ; Gillet J.-F. ; Vermeulen C. ; Dupain J. ; Doucet J.-L. 2010. Etat actuel de la sécondarisation de la forêt en périphérie nord de la Réserve de biosphère du Dja (Sud-Est Cameroun): influences des facteurs anthropiques passés et des éléphants. Int. J. Biol. Chem. Sci., 4(5), 1766-1781.

Nguenang G. M., Fongnzossie F. E., Nkongmeneck, B.A., 2010. Importance des forêts secondaires pour la collecte des plantes utiles chez les *Badjoué* de l'Est Cameroun. *Tropicultura*, 28(4):238-245.

Nguenang G.M., Dupain J., Nkongmeneck B.A., 2005. Perturbation de la végétation par les éléphants et distribution spatiale de gorilles de plaine de la forêt du Dja. Parc et Réserve 60(3):22-27.

Nguenang G.M., Nkongmeneck B.A., Tsabang N., Fongnzossie F.E., 2005. Plan d'aménagement des forêts communautaires au Cameroun ; prospective pour une gestion rationnelle des produits forestiers non ligneux : Cas d'*Enantia chlorantha* Oliv. (*Annonaceae*). *Cameroon Journal of Ethobotany* (1):76-81.

Nguenang, G.M., Dupain J., 2002. Typologie et description morpho-structurale de la mosaïque forestière du Dja : Cas du site d'étude sur la socio-écologie des grands singes dans les villages MalenV – Doumo-Pierre et Mimpala (Est-Cameroun). Société Royale Zoologique d'Anvers – MINREST – Univ.Ydé I, Cameroun. 40p.

Nguenang G.M., 1999. Inventaire des ressources ligneuses et non ligneuses de la forêt communautaire de Kabilone1 (Est-Cameroun) : Contribution à l'élaboration d'un plan simple de gestion. Rapport probatoire. PFC-FUSAGx, Belgique. 42p.

Nguenang G.M., 1998. Plantes antidysentériques et antihemorroïdaires de Bangou : Inventaire et Ecologie. Mémoire de Maîtrise. Université de Yaoundé 1, Cameroun. 73p.

Nguetsop F., 1997. Evolution des environnements de l'Ouest Cameroun depuis 6 000 ans, d'après l'étude des diatomées actuelles et fossiles dans le lac Ossa. Implications paléoclimatiques.Thèse M.N.H.N., Paris. 277p.

Nkongmeneck B.A., 1999. The Boumba beck & Nki forest reserve: Botany and Ethnobotany. Rapport technique, WWF CARPO, Yaoundé, Cameroun. 212p.

Nkongmeneck B.A., 1998. Processus de sécondarisation en forêt dense humide camerounaise. *In :* Nasi R., Amsallem I., Drouineau S., (eds.). *La gestion des forêts denses africaines aujourd'hui* Séminaire FORAFRI- Libreville, Gabon. 7p.

Nkongmeneck B.A., Tsabang N., Fongnzossie F.E., Balouma J.M., Apalo P., Kamou E., 2003. Etude botanique du Sanctuaire à gorilles de Mengamé (sud Cameroun) : Ressources ligneuses, faciès de végétation, degré de pertubation, sous-bois. Rapport technique MINFOF-Jane Goodall Institute, Cameroun. 73p.

Nkongmeneck B.A., Sonke, B., Tchuenguem Fohou F.N., Nzooh Dongmo Z., 1991. Biologie d'une canopée de forêt equatoriale II. *In* : Halle F., Pascal O. (eds.). *Opération Canopée*. Réserve de Campo, Cameroun. Ministère de la Recherche et de la Technologie, France. pp. 123-125.

Nzooh Dongmo Z. L., 2005. Biologie et écologie des rotangs dans la réserve de biosphère du DJA (Cameroun). Thèse doctorat 3e cycle. Université de Yaoundé 1. 191p.

Nzooh Dongmo Z.L., 2001. Dynamique de la faune et des activités anthropiques dans la Réserve de Biosphère du Dja et ses environs. MINEF-ECOFAC, Cameroun. 75p.

Okibo B.N., 1986. La culture itinérante en Afrique tropicale : définition et description .*In : L'avenir de la culture itinérante en Afrique et les tâches des universités*. Rome : FAO. 254p.

Oldeman R.A.A., 1974. L'architecture de la forêt guyanaise. Mém. ORSTOM., n° 73, Paris. 204p.

Oliver C.D., 1981. Forest development in North America following major disturbances. *Forest Ecol. and Management* (3):53-168.

Oliver P., Gentry A.H., 1993. The useful plants of Tambopata, Peru. I. Statical hypothesis tests with a new quatitative technique. *Economique botany* 47(1):15-32.

Onguene N.A., 2000. Diversity and dynamics of mycorrhizal associations in tropical rain forests with different disturbance regimes in south Cameroon. Tropenbos Cameroon Series 3. 167p.

Orshan G., 1953. Note on the application of Raunkiaer's life forme in arid region. Palest . *J. Bot. Jerusalem* (6):120-122.

Oslisly R., 2006. Les traditions culturelles de l'Holocène sur le littoral du Cameroun entre Kribi et Campo. *In :* Grundlegungen. Beiträge zur europäischen und afrikanischen Archäologie für Manfred K. H. Eggert Tübingen. Wotzka H.-P. (ed.). pp. 303-317.

Oslisly R., Pickford M., Dechamps R., Fontugne M., Maley J., 1994. Sur une présence humaine mi-Holocène à caractère rituel en grottes au Gabon. *C. R. Acad. Sci,* Paris. (319) II:423-1428.

Ossah Mvondo J.P., 1993. Prospection des sites d'habitat dans les arrondissement de Djoum et Mintom (Sud Cameroun). *Nyame Akuma* (39):15-16.

Palla F., Louppe D., 2002. Obeché (*Triplochiton scleroxylon* K. Schum.). Fiche technique CIRAD-FORE /CIFOR/FORAFI. 2p.

Paul J.R., Randle A.M., Champan C.A., Chapman L.J., 2004. Arrested succession in logging gaps: is tree seedling growth and survival limiting? *Afr. J. Ecol.* (42):245-251.

Pauwels L., 1993. *Nzayilu N'ti.* Guide des arbres et des arbustes de la region de Kinshasa – Brazzaville. Jardin botanique national de Belgique-UE DG VI. 495p.

Pearson T., Brown S., 2005. Guide de Mesure et de Suivi du carbone dans les forêts et prairies herbeuses. Winrock International. 39p.

Piélou E.C. 1965. Species diversity and pattern diversity in study of ecological succession. *J. Theor. Biol.* (10):370-383.

Plumptre A.J., Reynolds V., 1996. Censsing chimpanzees in the Budongo Forest, Uganda. *International Journal of Primatology* (17):85-99.

Plumtre A.J., 1993. The effects of trampling damage by herbivores on the vegetation of the Parc National des Volcans, Rwanda. *Af. J Ecology* (32):115-139.

Pokam J., Sunderlin W., 1999. L'impact de la crise économique sur les populations, les migrations et le couvert forestier du Sud-Cameroun. Rapport Institut National de Cartographie /CIFOR. 78p.

Poore D., Sayer J. 1993. La gestion des régions forestières tropicales humides : Directives écologiques. U.I.C.N. 2e éd. 79p.

Price M. V., Jenkins S. H., 1986. Rodents as seed consumers and dispersers. *In*: Maurray D.R. (ed). Seed dispersal. Academic Press, North Ryde. pp. 191-235.

Raunkiaer C., 1907. The life forms of plants and statistical plant geography. Clarendon Press, Oxford. 1934p.

Reynaud-Ferrera I., Maley J., Wirrmann D., 1996. Végétation et climat dans les forêts du sud-ouest Cameroun depuis 4770 ans BP : analyse pollinique des sédiments du lac Ossa. *C. R. Acad. Sci.,* Paris. Série IIa (322):749-755.

Richards P.W., 1957. Ecological notes on West African vegetation. *J. of Ecol.* (45) :563-577

Richards P.W., 1955. Secondary succession in the tropical rain forest. *Sci Prog.* (50):45-57

Richards P.W., 1952. The tropical rain forest. An ecological studiy. Cambridge Univ. Press. 450p.

Riera B., 1990. Chablis, dynamique et possibilités sylvicole en Guyane française. *In* Actes de l'atelier sur l'aménagement et la conservation de l'écosystème forestier humide, Cayenne. MAB/IUFRO/FAO. pp. 152-168.

Riera B., Alexandre D.Y., 1988. Surface des chablis et "turnover rate" en forêt dense tropicale. *Acta Oecologica Gener.* 9(2):211-220.

Riswan S., Kartawinata K., 1998. Regeneration after disturbance in a kerangas (heath) forest in East Kalimantan, Indonesia. *In*: Soemodihardjo S. (ed.). *Some ecological aspects of tropical forest of East Kalimantan:* A collection of research reports. Indonesian National MAB Committee Contribution 48. 39 p.

Rollet B., 1969. Régénération naturelle en forêt dense humide sempervirente de la pleine de la Guyane Vénézuélienne. BFT (124):19-38.

Rollet B., 1983. La régénération dans les trouées. BFT (202):19-34.

Ross R., 1954. Ecological studies on the rain forest of Southern Nigeria. III –Secondary studies in the Shasha forest reserve. - *J. of Ecol.* 42(2):259-282.

Ruiz J., Fandino M.C., Chazdon L.R., 2005. Vegetation structure, and Species Richness across a 56-year Chronosequence of dry Tropical Forest on Providencia Island, Colombia. *Biotropica* 37(4):520-530.

Sanoja M.E.J., 1985. Contribution à la définition des arbres pionniers des tropiques humides. D.E.A Université des Sciences et Techniques du Languedoc, Montpellier. 46p.

Schnell R., 1971. La phytogéographie des pays tropicaux: les milieux –les groupements végétaux. *CNRS. Gauthier-villars.* Paris, (2):503-951.

Schnell R., 1952. Contribution à une étude phytosociologique et phytogéographique de l'Afrique occidentale. Les groupements et les unités géobotaniques de la région guinéenne. *Mém. IF.A.N.,* Dakar, (18):43-234.

Schwartz D., 1992. Assèchement climatique vers 3000 B.P. et expansion Bantu en Afrique Centrale Atlantique : Quelques réflexions. *Bull. Soc. géol. France (*163):353-361.

Schwartz D., Delibrias G., Guillet B., Lanfranchi R., 1985. Datation du 14C d'alios humique : âge Njilien (4000-3000 B.P) de la podzolidation sur sol Bateke (R.P. Congo). *C. R. Acad. Sci.* Paris. ser. II. (300):891-894.

Segalen P., 1967. Les sols et la géomorphologie du Cameroun. *Cah Orstom Sér Pédol* (2):138-187.

Senterre B., 2005. Recherche méthodologique pour la typologie de la végétation et la phytogéographie des forêts dense d'Afrique tropicale. Thèse de Doctorat Université libre de Bruxelles, Belgique. 372p.

Shannon C. E., 1948. A mathematical theory of communications. *Bell System Technical Journal* (27):379-423.

Sherr S., Sthapit S., 2009. Into a warming world. State of the world. Farming and land use to cool the planet. Wordlwacht Institute. 22p.

Shugar H.H., Urban D.L., 1989. Factor affecting the relative abundance of forest species. *In:* Grubb P.J., Whittaker J.B. (eds.). *Toward a more exact eclogy.* Oxford, London, Endinburgh, Boson, Melbourne, Blackwell. pp. 248-273.

Silver W. L., Scatena F.N., Johnson A.H., Siccama T.G., Watt F., 1996. At what temporal scales does disturbance affect below-ground nutriments pools? *Biotropica* (28):441-457.

Simpson E.H., 1949. Measurement of diversity. *Nature* (163):688.

Sonké B., 1998. Etudes floristiques et structurales des forêts dans la Réserve de Faune du Dja (Cameroun). Thèse de Doctorat, Université libre de Bruxelles. 255p.

Sørensen T., 1948. A method of estimating groups of equal amplitude in plant sociology based on similarity of species content and its application to analyses of the vegetation on Danish common. *Kong. Danske videns. Selskab biolog. Skr. Kjöbenhavn.* (4):1-34.

Statistica 2005. Statistica 6.0, version monoposte Window.300p.

Swaine M.D., Withmore T.C., 1988. On the definition of ecological species group in tropical rain forest. *Vegetation* (75):81-86.

Tchouto M.G.P., 2004. Plant diversity in Central African rainforest : implications for biodiversity conservation in Cameroon. Ph.D thesis. Wageningen University. 208p.

Tutin C.E., Parnell R.J., Whitz L.J.T., Fernandez M., 1995. Nest building by lowland gorillas in the Lopé Reserve, Gabon: environmental influences and implication for censing. *International Journal of Primatology* (16):53-76.

Tutin C.E.G. , Fernandez M., 1984. Nationwise census of gorilla (*Gorilla g. gorilla*) and chimpanzee (*Pan t. troglodytes*) population in Gabon. *Am. J. Primatolol.* (6):313-336.

Uhl C., Murphy P., 1981. A comparison of productivity and energy values between slash and burn agriculture and secondary succession in the Upper Rio Negro region of the *Amazon basin. Agro-Ecosystems* (7):63.

Usongo L., 1998. Conservation status of primates in the proposed Lobeké Forest Reserve, south-east Cameroon. *Primate Conservation* (18):66-68.

Van Der Burgt X.M., 1997. Explosive seed dispersal of the rainforest tree *Tetraberlinia moreliana* (*Leguminosae – Caesalpinioideae*) in Gabon. *Journal of Tropical Ecology* (13):145-151.

Van Steenis C.C.G., 1956. La régénération en tant que facteur permettant d'apprécier l'état des types de végétation: la théorie de nomadisme biologique. Actes Coll. Kandy, 1958, UNESCO. pp. 216-218.

Vandenhaute M. 2006., Étude comparative de 20 plans d'aménagement approuvés au Cameroun. German Technical Cooperation (GTZ), Yaoundé, Cameroon. 57p.

Vanleeuwe H., Gautier A., 1998 Forest elephant paths and movements at the Odzala National Park, Congo: The role of clearings and Marantaceae forest. *Afr. J. Ecol.* (36) :174-182.

Vansina J., 1991. Sur les sentiers du passé en forêt. Les cheminements de la tradition politique ancienne de l'Afrique équatoriale. Enquêtes et documents d'histoire Africaine, 9, Aeaquatoria-UCL, Belgique. 407p.

Vermeulen C., 2000. Le facteur humain dans l'aménagement des espaces ressources en Afrique centrale forestière:application au Badjoué de l'Est –Cameroun. Thèse de Doctorat en Agronomie et Ingénierie Biologique. Faculté Universitaire des Sciences Agronomiques de Gembloux. 385p.

Vermeulen C. 1997. Problématique de la délimitation des forêts communautaires en forêt dense humide, sud-Est Cameruon. Mémoire de DEA FUSAGx, Belgique. 65p.

Vermeulen C., Carriere S., 2001. Stratégie de gestion des ressources naturelles fondées sur la maîtrise foncières coutumières. *In* DELVINGT, W. (ed.), *La forêt des hommes*. Presses agronomiques de Gembloux, Belgique. 109-141.

Vermeulen C., Fankap R., 2001. Exploitation des palmiers et de *Garcinia kola* pour la fabrication du vin de palme en pays *Badjoué* ou quand trop boire nuit à la santé...de l'écosystème. *In* : Delvingt, W. (ed.). *La forêt des hommes.* Presses agronomiques de Gembloux, Belgique. pp. 93-108.

Villier J.F., 1989. Leguminosae-Mimosae. Flore du Gabon. Vol. 31. *Museum National d'histoire Naturelle,* Paris. 185p.

Villiers J-F., 1973. Célastracées, Pandacées, Bombacacées, Camnabacées, Bixacées, Avicenniacées. Flore du Gabon. Vol. 22. *Museum National d'histoire Naturelle,* Paris. 71p.

Vivien J., Faure J.J., 1985. Arbres et forêts d'Afrique Centrale. Ministère de la Coorpération et du développement, Paris. France. 556p.

White F., 1993. The AETFAT chorological classification of Africa: history, methods and application. *Bull. Jard. Bot. Nat. Belg.* (62):225-281.

White F., 1986. La végétation de l'Afrique. Mémoire accompagnant la carte de l'Afrique. UNESCO-AETFA/UNESCO (Traduction française par P. Bamps). ORTOM-UNESCO, Paris. 384p.

White F., 1979. The Guinéo-Congolian Région and its relationships to other phytochoria. *Bull. Jard. Bot. Nat. Belg.* (49):11-55.

White L., 1995. Factors affecting the duration of elephant dung-pile in rain forest in the Lope Reserve. Gabon. *Afr. J. Ecol.* (33):142-150.

White L., Edwards A., 2000. Conservation research in the African rain forest: a technical handbook. The Wildlife Conservation Society, New York, USA. 454p.

White L., Oates J.F., 1999. New data on the history of the plateau forest of Okomu, southern Nigeria:insight into how human disturbance has shaped the African rain forest. *Global Ecology and Biogeography* (8):355-361.

White L., Oslisly R., 1998. A window on the history of the central African rain forests. *In* : Nas, R., Amsallem I. ; Drouineau S. (eds.). *La gestion des forêts denses africaines aujourd'hui* Séminaire FORAFRI-Libreville. 20p.

White L., Abernethy K., 1996. Guide de la végétation de la réserve de la Lopé Gabon. ECOFAC GABON Libreville. 224p.

White L.J.T., Rogers M. E., Tutin C.E.G., Williamson E.A., Fernandez M., 1993. Herbaceous vegetation in different forest types in the Lopé Reserve, Gabon: implications for keystone food availability. *Afr. J. Ecol.* 33(2):124-141.

Whitmore T.C., 1989. Canopy gaps and the two major groups of forest trees. *Ecology* (70):536-538.

Wieringa J.J., 1999. *Monopetalanthus* exit. A systematic study of Aphanocalyx, *Bikinia, Icuria, Michelsonia* and *Tettraberlinia* (*Leguminosae, Caesalpinoideae*). These, University de Wegeningen, Pays, Bas. 320p.

Wilkie D.S., 1987. Impact of swidden agriculture and subsistence hunting on diversity and abundance of exploited fauna in the Ituri forest of Northeastern Zaire. Doctoral Dissertation, mimeograph. University of Massachusetts. 270p.

Wilkie D.S., Sidle J.G., Boundzanga G.C., 1992. Mechanized logging, market hunting and bank loan in Congo. *Conservation Biology* (6):570-580.

Wilkie D.S., Finn J.T., 1990. Slash-burn cultivation and mammal abundance in the Ituri forest, Zaire. *Biotropica* (22):90-99.

Williamson L., Usungo B. 1998. Résumé des inventaires biologiques : zoom sur le recensement de gorilles, chimpanzés, éléphants et singe diurnes du Dja. *Canopée* (12):4-5.

Willis K.J., Gilson L., Brncic T.M., 2004. How "Virgin" is virgin rainforest ? *Sciencemag* (304):402-403.

Youn, K.R., Ewel J.J., Brown B.J., 1987. Seed dynamics during forest succession in Costa Rica. *Vegetatio* (71) :157-173.

Zapfack L., 2005. Impact de l'agriculture itinérante sur brûlis sur la biodiversité végétale et la séquestration du carbone. Thèse de doctorat d'Etat. Université de Yaoundé I. 225p.

Zapfack L., Englad S., Sonké B., Achoundong G., Birang A Mandong, 2002. The impact of land conversion on plant biodiversity in the forest zone of Cameroon. *Biodiversity and Conservation* (11):2047-2061.

Zapfack L., Kotto S. J., Moukam A., 1998. Agriculture itinérante sur brûlis et méthodes pratiques de la protection de la biodiversité et de la séquestration du carbone. *In* : Nasi R., Amsallem I., Drouineau S. (eds.). *La gestion des forêts denses africaines aujourd'hui* Séminaire FORAFRI- Libreville, Gabon. 16 p.

ANNEXES

Annexe 1. Nombre d'individus, densité de relative et dominance relative des espèces de la strate ligneuse par types de groupements.

Annexe 2. Nombre d'individu, densité de relative, de la strate herbacée dont les nanophanerophytes et les phanerophytes lianescentes par types de groupements

Annexe 3. Diversité relative, densité de relative et dominance relative des familles d'espèces de la strate ligneuse par types de groupements.

Annexe 4. Diversité relative, densité de relative des familles d'espèces de la strate herbacée dont les nanophanerophytes et les phanerophytes lianescentes par types de groupements

Annexe 5. Diversité relative, densité de relative des familles des plantules d'espèces ligneuses par types de groupements

Annexe 6. Sommes des coefficients d'importance des plantes utiles par types d'usage selon la perception des populations Badjoué

Annexe 7. Liste de toutes les plantes recensées au cours des inventaires et des enquêtes

Annexe 1. Nombre d'individus (Nb Ind.), Densité relative (DeR), Dominance relative (DoR) des espèces de la strate ligneuse par types de groupements de la reconstitution forestière post-agricole.

G.IA : Groupement à *Chromolaena odorata* (unité à *benghalensis et Phyllanthus amarus*) G.IB : Groupement à *Chromolaena odorata* (unité à *Chromolaena odorata*)

G.II (Groupements à *Mostuea brunonis et Brillantaisia vogeliana*) ; G.IIIA : *Groupement à Trema orientalis* (Unité à *Rauvolfia vomitoria et Cnestis ferruginea*)

G.IIIB : Groupement à *Trema orientalis* (Unité à *Trema orientalis et Ficus exasperata*) ; G.IVA Groupement à *Bridelia grandis* (unité à *Porterandia cladantha et Jateorhiza macrantha*) ; G.IVB Groupement à *Bridelia grandis* (unité à *Antidesma membranaceum et Bridelia grandis*) ; G.V : Groupement à *Sorindeia grandifolia et Laportea aestuan* ; G.VI : Groupement à *Terminalia superba et Olyra latifolia* ; G.VII : *Rinoria oblongifolia et strombosia grandifolia*

Nom Latin	IA			IB			II			IIIA			IIIB			IVA			IVB			V			VI			VII		
	Nb Ind	DeR	DoR	Nb Ind	DeR	DoR	Nb Ind	DeR	DoR	Nb Ind	DeR	DoR	Nb Ind	DeR	DoR	Nb Ind	DeR	DoR	Nb Ind	DeR	DoR	Nb Ind	DeR	DoR	Nb Ind	DeR	DoR	Nb Ind	DeR	DoR
Afelia pinindensis Harms																									2					
Albizia adianthifolia (Schum)	1	20,0	32,6	2	1,8	5,4	2	0,6	0,2	12	3,7	7,6	13	6,0	13,	6	1,1	0,4	30	3,7	1,6	8	0,8	1,4	18	0,4	1,4	3	0,2	-
Albizia ferruginea																				1	0,1					2			1	0,1	0,5
Albizia glaberrima (Schum.							2	0,6	0,4	4	1,2	0,7				4	0,7	0,4	2	0,2	0,1	4	0,4	0,4	4	0,1	0,2	1	0,1	0,5
Albizia zygia (DC) J.F. Macbr.							3	0,9	1,0													2	0,2		18	0,4	0,6			
Alchornea floribunda Müll. Arg.																4	0,7		2	0,2					65	1,4	0,2	5	0,4	-
Alchornea laxiflora (Benth.) Pax																3	0,5	0,3	2	0,2		3	0,3	0,1	16	0,3	0,1			
Allanblackia floribunda Oliv.							1	0,3								2	0,4	0,1	1	0,1	0,1	3	0,3	0,5	10	0,2	0,2	2	0,2	-
Allanblackia gabonensis (Pelleer.)																			2	0,2		8	0,8	1,6	4	0,1	-	2	0,2	-
Allophylus africanus P. Beauv.				3	2,7	1,0																			1		0,1			
Alstonia boonei De wild												0,3	0,2	1			3	0,5	0,1	4	0,5	0,9	7	0,7	1,4	9	0,2	1,4	2	0,2	0,7
Amphimas ferrugineus Pierre ex										3	0,9	0,4	1			1	0,2		4	0,5	0,3	2	0,2		2		0,4	1	0,1	0,1
Amphimas pterocarpoides Harms																			2	0,2	0,1				2			2	0,2	-
Ancylocalyx oungertii De Wild																									1				0,1	
Aningeria altissima (A.Chev)																3	0,5	0,1	6	0,7	1,1				6	0,1	0,1	4	0,3	0,3
Annikia chlorantha (Oliv.) Sitten																									13	0,3	0,3	4	0,3	0,3
Anonidium mannii (Oliv.) Engl. &							3	0,9	0,2							7	1,2	0,1	5	0,6	0,2	3	0,3		64	1,4	0,7	40	3,3	1,4
Anonyxis klaineana (Pierre) Engl.																									1			1	0,1	-
Anthonotha cladantha (Harms)				1	0,9	0,1				1	0,3	0,1				1	0,2	0,1	3	0,4					1			6	0,5	0,1
Anthonotha macrophylla																						1	0,1		8	0,2	-	4	0,3	0,1
Antidesma laciniatum Müll. Arg.																2	0,4		6	0,7					4	0,1		5	0,4	0,2
Antidesma membranaceum																2	0,4								3	0,1	-	2	0,2	0,1
Antidesma sp.1							7	2,2	0,2	7	2,2	0,4										3	0,3	0,1	33	0,7	0,1	4	0,3	0,1
Antidesma sp.2																									8	0,2	0,1			
Antrocaryon klaineanum Pierre																									6	0,1				
Antrocaryon micraster A. Chev. & Guillaum.							1	0,3	0,3													5	0,5	0,1	1		-	1	0,1	-

311

Species																											
Anacardiaceae Sp1	-	-	-	-	-	-	-	-	-	-	-	-	-	-	-	-	-	-	-	-	-	-	-	-	-	-	0,1
Bertiera nigritiana ssp. Fistulosa	-	-	-	-	-	-	-	-	-	-	-	-	-	-	-	-	-	-	-	-	-	-	-	0,3	4	0,3	-
Bertiera racemosa (G. Don) K. Schum.	-	-	0,3	-	-	-	-	-	-	-	-	1	-	-	-	2	0,2	-	5	0,5	-	-	0,4	-	1	0,1	-
Blighia welwitschii (Hiern) Radlk.	-	-	-	-	-	-	3	0,9	1,1	-	-	-	-	0,2	0,4	0,1	4	0,5	-	5	0,5	-	19	0,3	6	0,5	0,1
Brenania brieyi (De Wild.) Petit	-	-	-	-	-	-	-	-	-	-	-	2	0,4	0,1	-	-	-	-	2	0,2	0,7	12	-	-	-	-	-
Bridelia grandis Pierre ex Hutch.	-	-	-	-	-	-	-	0,3	3,8	-	-	-	-	-	-	-	-	-	-	-	-	2	-	0,3	-	-	-
Bridelia micrantha (Hochst) Baill.	1	0,9	0,1	-	-	-	2	0,6	0,1	12	5,0	1	0,2	0,1	-	15	1,9	1,2	7	0,7	0,8	12	0,3	0,3	-	-	-
Caesalpiniaceae sp1	-	-	-	-	-	-	-	-	-	-	-	-	-	-	-	1	0,1	0,1	1	0,1	0,1	8	0,2	0,1	-	-	-
Caloncoba echinata (Oliv.) Gilg	-	-	-	-	-	-	-	-	-	-	-	-	-	-	-	-	-	-	-	-	-	1	-	-	-	-	-
Calpocalyx dinklagei Harms	-	-	-	-	-	-	3	0,9	0,7	-	-	-	-	-	-	-	-	-	1	0,1	-	5	0,1	0,1	-	-	-
Campylospermum flavum	-	-	-	-	-	-	-	-	-	-	-	-	-	-	-	-	-	-	-	-	-	11	0,2	0,2	10	0,8	0,1
Canarium schweinfurthii Engl.	-	-	-	-	-	-	2	0,6	0,4	2	1,0	2	0,4	0,1	-	8	1,0	3,7	18	1,8	1,3	8	0,2	0,5	3	0,2	2,2
Canthium sp.	-	-	-	-	-	-	-	-	-	-	-	2	0,4	-	-	-	-	-	-	-	-	12	0,3	-	-	-	-
Carapa procera DC	-	-	-	-	-	-	2	0,6	0,1	1	-	8	1,4	0,3	-	1	0,1	-	7	0,7	0,1	40	0,8	0,2	17	1,4	1,1
Carica papaya L.	-	-	-	-	-	-	-	-	-	1	-	-	-	-	-	-	-	-	-	-	-	-	-	-	-	-	-
Cassia siberiana D.C.	54	49,	23,	-	-	-	24	7,4	3,4	-	-	-	-	-	-	-	-	-	-	-	-	-	-	-	-	-	-
Ceiba pentandra (L.) Gaertn.	-	-	-	-	-	-	-	0,3	0,4	1	-	2	0,4	-	-	1	0,1	0,1	1	0,1	-	7	0,1	1,5	3	0,2	1,6
Celtis adolfi-fridericii Engl.	-	-	-	-	-	-	1	0,3	0,2	-	-	-	-	-	-	-	-	-	-	-	-	2	-	-	-	-	-
Celtis mildbraedii Engl.	-	-	-	1	0,3	0,2	-	-	-	1	-	9	1,1	0,3	4	0,4	-	75	1,6	1,2	27	2,2	1,7
Celtis tessmanii De Wild.	-	-	-	-	-	-	-	-	-	-	-	13	2,3	1,6	5	0,6	0,3	1	0,1	-	8	0,2	0,1	11	0,9	1,4
Cephaëlis densinervia (K. Krause)	-	-	-	-	-	-	-	-	-	-	-	3	0,5	0,3	-	-	-	-	-	-	22	0,5	-	1	0,1	-
Cf. Porterlandia cladantha	-	-	-	-	-	-	6	1,9	0,9	-	-	11	1,9	0,8	2	0,2	0,1	3	0,3	-	9	0,2	0,1	-	-	-
Chytranthus mortehanii (De	-	-	-	-	-	-	-	-	-	-	-	3	0,5	-	-	-	-	-	-	-	7	0,1	-	3	0,2	-
Chytranthus Sp.	-	-	-	-	-	-	-	-	-	-	-	2	0,4	-	-	-	-	-	-	-	8	0,2	-	1	0,1	-
Cleistopholis glauca Pierre ex	-	-	-	-	-	-	2	0,6	0,2	2	1,0	-	-	-	4	0,5	0,3	5	0,5	0,6	5	0,1	0,4	2	0,2	0,2
Cleistopholis patens (Benth)	-	-	-	-	-	-	2	0,6	0,4	3	-	3	0,5	1,1	7	0,9	0,8	6	0,6	0,7	6	0,1	0,2	1	0,1	-
Cleistopholis staudtii Engl. &	-	-	-	-	-	-	1	0,3	1,2	-	-	-	-	-	-	-	-	-	-	-	-	1	-	-	-	-	-
Coelocaryon preussii Warb.	-	-	-	1	0,9	0,1	4	1,2	1,7	-	-	10	1,8	0,7	6	0,7	0,5	2	0,2	0,2	5	0,1	0,1	39	3,2	1,2
Cola lateritia K. Schum.	-	-	-	-	-	-	-	-	-	3	1,0	1,0	-	-	-	-	0,4	0,1	-	-	-	12	0,3	0,3	1	0,1	0,1
Cordia platythyrsa Bak.	-	-	-	-	-	-	2	0,6	13,	-	-	-	-	-	3	0,4	-	26	2,6	9,9	16	0,3	1,7	1	0,1	0,7
Corynanthe pachyceras K. Schum.	-	-	-	9	2,8	4,7	2	0,6	-	-	-	3	0,5	0,1	1	0,1	0,3	5	0,5	-	35	0,7	0,3	4	0,3	0,2
Cylicodiscus gabunensis Harms	-	-	-	1	0,3	0,2	-	-	-	-	-	-	-	-	2	0,2	0,3	3	0,3	-	4	0,1	0,3	4	0,3	0,4
Dacryodes macrophylla (Oliv.)	-	-	-	-	-	-	-	-	-	-	-	-	-	-	-	-	-	-	-	-	1	-	-	-	-	-
Dacryodes buettneri (Engl.) Lan	-	-	-	-	-	-	-	-	-	-	-	-	-	-	-	-	-	-	-	-	3	0,1	-	-	-	-
Dacryodes edulis (G.Don)H.J.	-	-	-	3	0,9	0,9	1	0,3	1,6	-	-	3	0,5	0,2	2	0,2	0,1	1	0,1	-	6	0,1	-	4	0,3	0,1
Daimbollia cf rambaensis	-	-	-	-	-	-	-	-	-	-	-	-	-	-	-	-	-	-	-	-	4	0,1	-	-	-	-
Deinbollia sp.	-	-	-	-	-	-	-	-	-	-	-	2	0,4	-	1	0,1	-	-	-	-	-	-	-	6	0,5	0,1
Desbordesia glaucescens(Engl.)	-	-	-	-	-	-	-	-	-	-	-	-	-	-	-	-	-	5	0,5	3,3	8	0,2	0,1	-	-	-
Desplatsia cf. mildbraedii	-	-	-	-	-	-	-	-	-	-	-	-	-	-	-	-	-	-	-	-	12	0,3	-	5	0,4	0,6
Desplatsia chrysochlamys	-	-	-	-	-	-	-	-	-	-	-	-	-	-	-	-	-	-	-	-	5	0,1	-	-	-	-
Desplatsia dewevrei (De Wild. &	-	-	-	-	-	-	1	0,3	0,1	2	1,0	1	0,2	-	16	2,0	0,4	5	0,5	0,2	44	0,9	0,3	4	0,3	0,2
Dialium bipendense Harms	-	-	-	-	-	-	-	-	-	-	-	1	0,2	0,1	-	-	-	-	-	-	2	-	-	2	0,2	0,1
Dialium pachyphyllum Harms	-	-	-	-	-	-	-	0,3	-	-	-	2	0,4	0,6	-	-	-	-	-	-	2	-	-	-	-	-
Diospyros crassiflora Heim	-	-	-	-	-	-	-	-	-	-	-	-	-	-	-	-	-	-	-	-	2	-	-	-	-	-

Species																					
Diospyros hoyleana F. White	-	-	-	-	-	-	-	-	-	-	-	-	-	-	-	-	-	4	0,1	3	-
Diospyros mombuttensis Gurke.	-	-	-	-	-	-	-	-	-	-	-	-	-	-	-	-	-	7	0,1	-	0,2
Diospyros sp.	-	-	-	-	-	-	-	-	-	-	-	-	-	-	-	-	-	-	-	-	-
Discoglypremna caloneura (Pax)	-	-	-	-	4	1,2	0,7	2	1,0	3	0,5	-	10	1,2	0,8	1	-	7	0,1	1	0,1
Distemonanthus benthamianus	-	-	2	0,6	8	2,5	0,7	1	-	5,0	9	1,6	3,8	29	3,6	12	1,2	1,3	0,7	18	1,5
Donella pruniformis (Pierre ex.	-	-	-	4,2	-	-	-	-	-	-	-	-	-	1	-	9	4,1	0,9	1,3	34	1,4
Donella ubanguiensis (De Wild.)	-	-	-	-	-	-	-	-	-	-	-	-	-	-	0,1	1	0,1	1	-	-	-
Dracaena arborea (Wild.)Link	-	-	-	-	-	-	-	-	-	-	-	-	-	-	-	-	-	3	0,1	-	-
Drypetes avlmerie Hutch.&	-	-	-	-	-	-	-	-	-	-	6	1,1	2,1	1	0,1	3	0,3	4	0,1	5	0,7
Drypetes camilines (Pax) Pax &	-	-	-	-	-	-	-	-	-	-	-	-	-	-	-	-	-	3	0,1	-	-
Drypetes klainei Pierre ex Pax	-	-	-	-	-	-	-	-	-	-	-	-	-	-	-	-	-	1	-	-	-
Drypetes laciniata (Pax) Hutch.	-	-	-	-	-	-	-	-	-	-	1	0,2	-	1	0,1	1	0,1	7	0,1	2	0,2
Drypetes molunduana Pax &	-	-	-	-	-	-	-	-	-	-	-	-	-	-	-	1	0,1	3	0,1	1	0,1
Drypetes staudtii (Pax) Hutch.	-	-	-	-	-	-	-	-	-	-	-	-	0,1	1	-	1	-	4	0,1	2	0,2
Drypetes tessmanniana (Pax)	-	-	-	-	-	-	-	-	-	-	-	-	-	-	-	-	-	8	0,2	2	0,2
Duboscia macrocarpa Bocc.	-	-	-	-	-	-	-	-	-	-	-	-	0,2	2	0,2	2	0,2	37	0,8	2,6	0,2
Duboscia viridiflora (K.Schum.)	-	-	-	-	-	-	-	-	-	-	-	0,2	0,1	-	-	-	-	7	0,1	0,4	-
Elaeis guineensis Jacq.	-	-	-	-	-	-	-	-	-	-	-	-	-	-	-	3	0,3	10	0,2	2	0,2
Entandrophragma angolenses (Welw.)	-	-	-	-	-	-	-	-	-	-	-	-	-	-	-	-	-	1	-	1	0,1
Entandrophragma angolenses	-	-	-	-	-	-	-	-	-	-	-	0,1	0,1	-	3,9	-	-	8	0,2	0,7	-
Entandrophragma candollei	-	-	1	-	-	-	-	2	-	-	0,4	0,1	1	0,1	-	2	0,2	1	-	4	0,3
Entandrophragma cylindricum	-	-	-	0,2	-	-	-	1	-	-	0,2	-	-	-	-	-	-	7	0,1	3	0,2
Entandrophragma utile (Dawe &	-	-	0,9	-	-	-	-	-	-	-	-	-	-	-	-	2	0,2	1	-	-	0,1
Erythrophleum suaveolens (Guil.)	-	-	-	-	-	-	-	-	-	-	3	0,5	0,1	-	-	-	-	-	-	4	0,3
Erythroxylum mannii Oliv.	-	-	-	-	-	-	-	-	-	-	-	-	-	3	0,4	-	-	1	-	-	1,4
Euriocoelum macrocarpum Gile	-	-	-	-	6	1,9	1,1	-	-	-	1	0,2	-	4	0,5	-	-	17	0,4	4	0,1
Fernandoa adolphi-friderici Gilg.	-	-	0,3	-	5	1,5	0,6	4	2,0	-	2	0,4	0,1	7	0,9	11	1,1	57	1,2	0,9	0,2
Ficus exasperata Vahl	-	-	-	-	2	0,6	0,2	11	5,0	2,0	2	0,4	-	-	0,1	-	0,1	1	-	-	-
Ficus mucuso Welw. Ex Ficalho	2	40,0	1	0,9	4	1,2	0,6	4	2,0	2,0	1	0,2	0,1	15	1,9	8	0,8	2,4	0,1	1	0,1
Funtumia elastica (Preuss) Stapf	-	35,3	-	0,8	2	1,9	0,7	3	1,0	1,0	4	0,7	0,2	16	2,0	27	2,7	0,7	2,9	2	0,6
Gaertnera trachystyla (Hiern)	-	-	6	5,5	2	0,6	0,1	-	-	-	-	-	-	-	-	-	-	13	2,9	2,9	-
Gambeya africana (G.Don. Ex	-	-	-	1,2	6	0,6	1,1	-	-	-	-	-	-	-	-	-	-	2	-	-	-
Gambeya lacourtiana (De wild)	-	-	-	-	1	0,3	3,2	-	-	-	2	0,4	0,1	1	-	-	-	13	0,3	1,2	-
Garcinia cola Hecket	-	-	-	0,3	6,3	-	-	-	-	-	-	-	-	-	-	-	-	1	-	-	-
Garcinia sp.	-	-	-	-	-	-	-	-	-	-	-	-	-	-	-	-	-	1	-	-	-
Gardenia imperialis K.Schum.	-	-	-	-	-	-	-	1	-	-	-	-	-	-	-	1	0,1	6	0,1	-	0,1
Glyphea brevis (Spreng.)	-	-	-	0,3	-	0,1	-	-	-	-	-	-	-	10	1,2	9	0,9	79	1,7	11	0,9
Greenwayodendron suaveolens	-	-	-	-	10	3,1	0,7	-	-	-	-	-	-	-	-	-	-	79	1,7	4	0,3
Grossera macrantha Pax.	-	-	-	-	-	-	-	-	-	-	-	-	-	-	-	-	-	10	0,2	1	0,1
Guarea cedrata (A.Chev.) Pelleer.	-	-	-	-	-	-	-	-	-	-	3	0,5	1,2	2	0,2	1	0,1	6	0,1	7	0,6
Guarea thomnsonii Sprague &	-	-	-	-	-	-	-	-	-	-	3	0,5	4,2	-	-	1	0,1	2	-	4	0,3
Harunsana madagascariensis	-	-	4	1,2	0,9	-	-	-	-	-	-	-	-	-	-	1	-	1	-	-	-
Heinsia crinita (Afzel.) G.Taylor	-	-	-	-	-	-	-	-	-	-	-	0,2	-	-	-	5	0,5	32	0,7	2	0,1
Heisteria zimmereri Engl.	-	-	-	-	-	-	-	-	-	-	2	0,4	0,2	5	0,6	-	0,1	37	0,8	35	2,2
Hellea stipulosa (DC.) Leroy	-	-	-	-	-	-	-	-	-	-	-	-	-	-	-	1	0,1	-	-	-	-
Homalium le-testui Pelleer.	-	-	-	0,3	1	0,3	-	-	-	-	3	0,5	1,0	4	0,5	-	-	9	0,2	2	0,3

Species																												
Homalium sp.	-	-	-	-	-	-	-	-	-	-	-	-	-	-	-	-	-	-	-	-	-	-	-	-	-	-	-	-
Hylodendron gabunenses taubert	-	-	-	-	-	-	-	-	-	-	-	-	-	-	-	-	-	-	-	-	-	1	5	-	-	10	0,8	1,5
Hymenocardia lyrata Tul.	-	-	-	-	-	1	0,3	-	-	-	-	-	-	-	-	-	-	-	-	-	-	-	5	0,1	-	3	0,2	0,8
Hymodaphnis zenkeri (Engl.) Stanf	-	-	-	-	-	-	-	-	-	-	-	-	-	-	-	-	-	-	-	-	0,2	-	7	0,1	-	1	0,1	-
Irvingia gabonensis (Aurev-	-	-	-	-	-	-	-	-	-	-	-	-	-	2	1,0	-	-	2	0,4	-	-	-	1	-	-	1	0,1	-
Irvingia grandifolia (Engl.) Engl.	-	-	-	-	-	-	-	-	-	-	-	-	-	-	-	-	-	1	0,2	-	1	0,1	-	0,1	-	1	0,1	-
Isolona hexaloba (Pierre) Engl. &	-	-	-	-	-	-	-	-	-	-	-	-	-	-	-	-	-	-	0,2	3,0	1	0,1	5	0,1	-	7	0,6	0,5
kaewodendron bridelioides (Hutch	-	-	-	-	-	-	-	-	-	-	-	-	-	-	-	-	-	-	-	-	2	0,2	11	0,2	-	1	0,1	0,4
Khaya ivorensis A. Chev.	-	-	-	-	-	-	-	-	-	-	-	-	-	-	-	-	-	-	-	-	-	-	1	-	-	-	-	-
Klainedoxa gabonensis Pierre	-	-	-	-	2	0,6	-	-	-	-	-	-	-	-	-	3	0,5	0,7	1	0,1	-	-	5	0,1	-	3	0,2	0,1
Klainedoxa microphylla (Pelleer.)	-	-	-	-	-	-	-	-	-	-	-	-	-	-	-	-	-	-	-	-	-	-	-	-	-	2	0,2	-
Lannea welwitschii (Herm) Engl.	-	-	-	-	-	-	-	-	-	-	-	-	-	-	-	-	-	-	0,2	0,1	0,1	-	6	0,1	0,2	2	0,2	-
Lecaniodiscus cupanoides	-	-	-	-	-	-	3	0,9	0,5	-	-	-	-	-	-	-	-	-	10	1,2	0,1	6	36	0,8	0,2	10	0,8	0,3
Leea guineensis G Don	-	-	-	-	-	-	2	0,6	0,1	-	-	-	-	-	-	-	-	-	1	0,1	-	4	18	0,4	-	-	-	-
Lepidobotrys staudtii Engl.	-	-	-	-	-	-	-	-	-	-	-	-	-	-	-	-	-	-	-	-	-	-	14	0,3	0,1	-	-	-
Leptonychia sp.	-	-	-	-	-	-	-	-	-	-	-	-	-	-	-	-	-	-	1	0,1	0,1	-	14	0,3	-	1	0,1	-
Lindackeria dentata (Oliv.) Gilg.	-	-	-	-	2	0,6	0,1	2	0,6	-	-	-	4	0,7	-	8	1,0	0,1	2	0,2	0,2	-	17	0,4	0,1	1	0,1	-
Loxoa trichilioides Harms	-	-	-	-	-	-	-	-	-	-	-	-	-	-	-	-	-	-	2	0,2	-	-	2	-	0,1	3	0,2	-
Macaranea barteri Müll. Arg.	-	-	-	1	0,9	0,1	3	1,6	1,7	3	0,9	1,4	13	2,3	1,9	12	1,5	1,2	10	1,0	0,5	38	0,8	-	1	0,2	0,1
Macaranga sp.	-	-	-	-	-	-	-	-	-	30	13.	4,0	-	-	-	-	-	-	-	-	-	-	1	-	1,6	-	-	-
Macaranea spinosa Mill Arg	-	-	-	14	12,	16,	11	3,4	2,2	23	10,	4,0	37	6,5	3,8	39	4,8	7,1	61	6,0	3,3	21	0,4	0,5	7	0,6	1,2
Maesobotrya klaineana (Pierre) J.	-	-	-	-	-	-	-	3,6	-	-	-	-	-	0,2	-	2	0,2	-	9	0,9	0,1	36	0,8	0,2	10	0,8	0,2
Maesopsis eminii Engl.	-	-	-	-	-	-	-	0,9	4,7	3	1,0	2,0	4	0,7	0,4	5	0,6	0,7	1	0,1	-	16	0,3	0,9	-	-	-
Mansonia altissima (A. Chev.) A	-	-	-	-	-	-	8	2,5	-	-	-	-	-	-	-	1	0,1	-	-	-	-	1	-	-	-	-	-	-
Maranthes glabra (Oliv.) Prance	-	-	-	-	-	-	-	-	-	-	-	-	-	-	-	-	-	-	-	-	-	5	-	-	-	-	-	-
Maranthes sp.	-	-	-	-	-	-	-	-	-	-	-	-	-	-	-	-	-	-	-	-	-	14	0,1	-	2	0,2	0,1
Marcgraviaria discoidea (Baill.)	2	40,0	32,1	1	0,9	0,1	12	3,7	2,4	6	1,9	0,7	13	6,0	1,0	5	0,9	0,3	20	2,5	1,6	18	1,8	0,5	14	0,3	1,1	-
Maria sp.	-	-	-	-	-	-	-	-	-	-	-	-	-	-	-	-	-	-	-	-	-	-	-	-	1	-	0,1
Markhamia lutea (Beth.) K.	-	-	-	-	-	-	-	-	-	-	-	-	-	-	-	-	-	-	-	-	-	3	0,1	-	-	0,2	-
Massularia acuminata (G. Don)	-	-	-	-	-	-	-	-	-	-	-	-	-	-	-	-	-	-	-	-	-	9	0,2	-	2	0,2	-
Microdesmis puberula Hook. f. ex	-	-	-	-	-	-	-	-	-	-	-	-	2	0,4	-	-	-	-	-	0,1	0,1	18	0,4	-	12	1,0	-
Milicia excelsa (Welw.) Perr.	-	-	-	-	-	-	2	0,6	0,4	1	0,3	2,7	-	-	-	2	0,2	0,1	6	0,6	0,5	8	0,2	-	0,4	-	-	-
Milletia sp.	-	-	-	-	-	-	-	-	-	2	0,6	0,2	-	-	-	1	0,1	-	2	0,2	-	1	-	-	-	-	-	-
Mimosaceae sp1	-	-	-	-	-	-	-	-	-	3	0,9	0,5	-	-	-	-	-	-	-	-	-	-	-	-	-	-	-	-
Monodora myristica (Gaertn.)	-	-	-	-	-	-	-	-	-	-	-	-	-	-	-	-	-	-	-	-	-	-	-	-	-	1	0,1	-
Morinda lucida Benth	-	-	-	-	-	-	-	-	-	-	-	-	1	0,2	-	-	-	-	-	-	-	-	-	-	-	-	-	-
Musa paradisiaca L.	-	-	-	-	-	-	-	-	-	4	1,2	2,6	-	-	-	-	-	-	-	-	-	-	-	-	-	-	-	-
Musanga cecropioides R. Br. Ex	-	7	6,4	8,9	65	20,2	8,2	5	1,5	4,8	7	3,0	12	51	9,0	37	30	3,7	17,	61	6,0	33	10	2,3	15,	23	1,9	8,2
Myrianthus arboreus P. Beauv.	-	-	8	7,3	0,9	21	6,5	1,4	73	23	11,	5,0	14	2,5	0,2	34	4,2	0,8	79	7,8	2,2	15	3,2	1,5	7	0,6	0,1
Nauclea diderrichii (De Wild)	-	-	-	-	8	0,3	-	1	0,3	-	-	-	1	0,2	-	-	-	-	1	0,1	-	3	7	0,1	-	-	-	-
Neostenanthera myristicifolia	-	-	-	-	-	-	-	-	-	-	-	-	-	-	-	1	0,1	0,5	-	-	-	-	-	-	-	-	-	-
Neoscortodonia papaverifera (A.	-	-	-	-	-	1	0,3	0,1	-	-	-	-	-	-	-	1	0,1	0,2	6	0,6	-	4	-	-	4	0,3	0,9
Octolobus sp.	-	-	-	-	-	-	-	-	-	-	-	-	-	-	-	1	0,1	0,2	2	0,2	-	1	-	-	1	-	-
Omphalocarpum elatum Miers	-	-	-	-	-	-	-	-	-	-	-	-	-	-	-	-	-	-	-	-	-	-	-	-	1	0,1	-
Omphalocarpum procerum P	-	-	-	-	-	-	-	-	-	-	-	-	-	-	-	-	-	-	-	-	-	2	-	-	1	0,1	-
Oncoba glauca (P. Beauv.)	-	-	-	-	6	1,9	0,7	-	-	1	-	-	4	0,7	0,1	11	1,4	0,1	8	0,8	0,1	42	0,9	0,2	2	0,2	-

Species																				
Oncoba welwitschii Oliv.	-	-	-	-	-	-	-	-	-	-	-	-	-	-	-	-	-	-	-	-
Oncokea gore Pierre	-	-	-	-	-	-	-	-	-	-	-	-	-	-	-	-	-	-	-	-
Ouratea elongata (Oliv.) Engl.	-	-	-	-	-	-	-	-	-	-	-	-	-	-	-	-	-	-	-	-
Ouratea sp.	-	-	-	-	-	2	0,6	0,2	-	-	-	-	-	-	-	-	-	-	2	0,2
Oxyanthus unilocularis Hiern	-	-	-	-	-	3	0,9	1,1	-	-	-	-	-	-	-	-	-	-	-	-
Pachyelasma tessmannii (harms)	-	-	-	-	-	-	-	-	2	0,4	-	-	1	0,1	3	0,1	-	-	-	-
Pachypodanthium staudtii (Engl.)	-	-	-	-	-	-	-	-	1	0,2	0,2	0,1	-	-	2	-	-	-	-	-
Pachystela msolo (Engl.) Engl.	-	-	-	-	-	-	0,6	0,3	-	-	-	-	-	-	-	-	-	-	0,2	0,1
Pancovia pedicellaris Radlk. &	-	-	-	-	-	-	-	-	-	-	-	-	-	-	2	-	-	-	-	-
Pauridiantha dewevrei (De Wild.)	1	0,9	0,6	-	-	3	0,9	0,2	5	2,0	1,0	3	0,5	0,1	8	1,0	5	0,5	0,1	31	0,7	0,2	3	0,2	0,3
Pauridiantha efferata N. Hallé	-	-	-	1	0,3	-	-	-	-	-	-	-	-	-	-	-	-	-	12	0,3	0,1	-	-	-
Pauridiantha micrantha Bremek.	-	-	-	-	-	-	-	-	1	0,2	-	-	1	0,1	-	-	-	-	8	0,2	-	-	-
Penianthus longifolius Miers	-	-	-	-	-	-	-	-	-	-	-	-	-	-	-	-	-	-	1	-	-	-	-	-
Penianthus zenkeri (Engl.) Diels	-	-	-	-	-	-	-	-	-	-	-	-	-	-	-	-	-	-	1	-	0,1	-	-	-
Pentacleraethra macrophylla	-	-	-	3	0,9	0,6	4	1,2	0,7	6	3,0	7	1,2	2,8	4	0,5	1	0,1	16	0,3	0,4	8	0,7	2,1
Persea americana Miller	-	-	-	-	-	2	0,6	1,1	2	1,0	-	-	0,2	2	0,2	9	0,9	1,0	-	-	-	-	-
Petersianthus macrocarpus	-	-	-	10	3,1	2,6	3	0,9	1,7	6	3,0	30	35,	5,3	11,	33	4,1	29	2,8	8,2	17	3,8	5,3	92	7,6	13,
Picralima nitida (Stapf) Th.Cur.	-	-	-	-	-	-	-	-	-	-	-	-	-	0,1	-	-	-	-	-	-	-	-	-
Piptadeniastrum africanum	-	-	-	-	-	-	-	-	-	-	-	5	0,9	0,1	4	0,5	1	0,1	6	0,1	-	3	0,2	0,1
Plagiostyles africana (Mill.Arg.)	-	-	-	1	0,3	0,2	-	-	-	-	-	13	2,3	1,1	14	1,7	0,3	34	3,3	1,1	51	1,1	0,6	80	6,6	3,1
Porterandia cladantha (K.	-	-	-	6	1,9	0,9	-	-	-	-	-	11	1,9	0,8	2	0,2	3	0,3	0,0	9	0,2	0,1	-	-	-
Preussiodendron Mildbr.	-	-	-	-	-	-	-	-	-	-	-	-	-	-	-	-	-	-	6	0,1	0,3	3	0,2	0,5
Pterixoitea beauqertii De wild.	-	-	-	-	-	-	-	-	-	-	-	-	-	-	-	-	-	-	6	0,1	-	-	-	-
Pterocarpus mildbraedii Harms	-	-	-	-	-	-	-	-	-	-	-	-	-	-	-	-	-	-	2	-	0,1	-	-	-
Pterocarpus soyauxii Taub.	-	-	-	-	-	-	2	0,6	0,2	2	1,0	3	0,5	0,1	6	0,7	2	0,2	13	0,3	0,2	0,2
Pteryxota beauaertii De Wild.	-	-	-	1	0,3	-	-	-	-	-	-	-	-	-	-	-	1	0,1	2	-	0,2	1	0,1	0,5
Pycnanthus angolensis (Welw.)	-	-	-	4	1,2	0,6	6	1,9	1,9	-	-	4	0,7	0,1	10	1,2	11	1,1	0,2	14	0,3	0,1	11	0,9	0,7
Radlkofera calodendron Gil	-	-	-	-	0,3	0,1	1	0,3	0,1	-	-	1	0,2	-	-	-	2	0,2	-	6	0,1	-	9	0,7	0,2
Rauvolfia macrophylla Stapf	-	-	-	1	0,3	0,1	-	-	-	-	-	-	-	-	-	-	1	-	0,1	32	0,7	2,7	-	-	-
Rauvolfia vomitoria Afz.	2	1,8	0,3	-	-	-	17	5,2	1,3	-	-	-	-	-	2	0,2	-	-	6	0,1	-	-	-
Ricinodendron heudelotii (Baill.)	-	-	-	12	3,7	4,7	2	0,6	2,7	1	-	1,0	2	0,4	0,2	14	1,7	18,	10	1,0	2,9	25	0,5	7,9	3	0,2	1,8
Rinorea dentata P. Beauv.	-	-	-	-	-	-	-	-	-	-	-	-	-	-	1	0,1	-	-	35	0,7	-	17	1,4	0,3
Rinorea longicuspis Engl.	-	-	-	-	-	-	-	-	-	-	-	-	-	-	-	-	1	-	0,1	-	-	-	-	-
Rinorea oblongifolia (C.H.	-	-	-	3	0,9	0,2	-	-	-	-	-	-	-	-	-	-	1	-	0,1	11	0,2	-	38	3,1	0,6
Rothmannia luteae (De wild.) Keay	-	-	-	2	0,6	0,1	-	-	-	-	-	1	0,2	-	-	-	1	-	0,1	9	0,2	-	5	-	-
Rothmannia megalostigma	-	-	-	1	0,3	0,4	2	0,6	0,1	-	-	-	-	-	-	-	3	0,3	0,5	15	0,3	0,9	7	0,6	0,2
Santiria trimera (Oliv.) Aubrév.	-	-	-	-	-	-	1	0,3	0,1	-	-	6	1,1	0,2	6	0,7	1,0	0,3	0,5	11	0,2	0,1	13	1,1	1,0
Sapium ellipticum (Hochst.) Pax	-	-	-	-	-	-	-	-	-	-	-	-	0,2	0,1	2	0,2	-	-	6	0,1	0,1	0,2	0,1
Schumanniophyton magnificum	-	-	-	1	0,3	-	-	-	-	-	-	1	0,2	0,1	1	0,1	3	0,3	3	0,1	-	1	0,1	-
Sorindeia cf. classensii	-	-	-	1	0,3	-	-	-	-	-	-	-	0,2	-	-	-	7	0,7	1,2	2	-	-	-	-
Sorindeia grandifolia Engl.	-	-	-	-	-	-	-	-	-	4	0,7	0,1	-	-	-	-	-	-	33	0,7	0,2	8	0,7	0,1
Sorindeia sp.2	-	-	-	-	-	-	-	-	-	2	0,4	-	-	-	-	-	-	-	-	-	1	0,1	-
Sorindeia sp1	-	-	-	-	3	0,9	0,2	3	0,0	-	-	-	-	2	0,2	1	0,1	-	2	-	-	3	0,2	0,1
Sorindeia sp2	-	-	-	-	-	-	-	-	-	-	-	-	-	-	-	-	1	0,1	3	0,1	2	0,2	0,1
Spathodea campanulata P. Beauv.	-	-	-	-	-	1	0,3	0,5	-	-	-	1	0,2	0,2	2	0,2	2	0,2	0,1	2	0,3	0,1	2	0,2	0,1
Staudtia kamerunensis Warb.	-	-	-	1	0,3	0,1	1	0,3	0,2	3	0,5	1,6	1	0,1	0,1	4	0,4	9	0,2	0,1	9	0,7	0,2

Species																											
Sterculia oblonga Mast.	-	-	-	-	-	-	-	-	-	-	-	-	-	-	-	-	-	-	-	-	-	-	2	-	-	-	-
Sterculia tragacantha Lindl.	-	1	-	-	0,3	-	-	9	4,0	5	0,9	0,8	13	1,6	0,6	6	0,6	0,2	11	0,2	0,4	3	0,2	0,2
Strombosia pustulata Oliv.	-	0,9	0,1	-	-	-	-	-	-	-	-	-	-	-	0,4	1	0,1	-	9	0,2	0,2	2	0,2	0,2
Strombosia grandifolia Hook.f.	-	-	-	-	-	-	-	-	-	1	0,2	-	3	0,4	-	-	-	-	4	0,1	-	11	0,9	1,4
Strombosia sp.	-	-	-	-	-	-	-	-	-	-	-	-	-	-	-	-	-	-	1	-	-	-	-	-
Strombosiopsis tetrandra Engl.	-	-	-	-	-	-	-	-	-	1	0,2	0,1	3	0,4	-	1	0,1	-	62	1,3	1,0	21	1,7	1,8
Strychnos sp.	-	-	-	-	-	-	-	-	-	-	-	-	-	-	-	-	-	-	1	-	-	-	-	-
Symphonia globulifera L.f.	-	-	-	-	0,3	0,1	-	-	-	1	0,2	-	4	0,5	0,2	2	0,2	-	19	0,4	0,2	7	0,6	0,3
Synsepalum longicuneatum De	-	-	-	-	-	-	-	-	-	-	-	-	-	-	-	-	-	-	1	-	-	-	-	-
Syzygium rolandii (Engl.) Mildbr.	-	-	-	-	-	-	-	-	-	1	0,2	0,1	-	-	-	-	-	-	-	-	-	4	0,3	0,3
Tabernaemontana crassa Benth.	-	-	-	15	4,7	1,2	4	2	1,0	65	11,	2,6	94	11,	3,2	17	16,	3,4	74	15,	3,9	11	9,8	2,1
Tabernaemontana inconspicua	-	-	-	-	-	-	-	-	-	1	0,2	-	-	-	-	-	-	-	-	-	-	5	0,4	-
Tabernaemontana penduliflora K.	-	-	-	-	-	-	-	-	-	7	1,2	-	14	1,7	0,2	3	0,3	-	36	0,8	0,1	9	0,7	0,3
Terminalia superba Engl. & Diels	-	0,9	38,	-	0,3	0,3	-	0,3	0,1	-	-	-	5	0,6	3,0	13	1,3	1,1	36	0,8	5,6	5	0,4	2,2
Tessmania africana Harms	-	-	-	-	-	-	-	-	-	1	0,2	1,3	-	-	-	-	-	-	1	-	-	1	0,1	-
Tessmania anomala (Micheli)	-	-	-	-	-	-	-	-	-	-	-	-	-	-	-	-	-	-	1	-	-	-	-	-
Tetracoleura tetraptera	-	-	-	-	-	-	4	1,2	0,7	6	1,1	1,4	5	0,6	0,3	2	0,2	0,1	17	0,4	0,3	3	0,2	0,2
Tetrorchidium didymostemon	-	-	-	4	1,2	0,3	-	-	-	5	0,9	0,3	-	-	-	2	0,2	-	2	-	0,1	-	-	-
Theobroma cacao L.	-	-	-	-	-	-	-	-	-	-	-	-	2	0,2	-	15	1,5	0,1	58	1,2	0,1	-	-	-
Trecutia africana Desc.	-	-	-	-	-	-	7	-	3,0	2	0,4	0,1	4	0,5	0,3	-	-	-	4	-	0,1	3	0,2	0,1
Trema orientalis (L.) Blume	-	-	-	1	0,3	-	-	-	3,0	-	-	-	-	-	-	-	-	-	-	-	-	-	-	-
Tricalysia sovauxii K. Schum.	-	-	-	-	-	-	7	-	10,	-	-	-	-	-	-	5	0,5	0,2	42	0,9	0,2	1	0,1	-
Tricalysia sp.	-	-	-	-	-	-	-	-	-	-	-	-	-	-	-	1	0,1	0,1	40	0,8	0,8	-	-	-
Trichilia rubescens Oliv.	-	-	-	-	-	-	-	-	-	6	1,1	0,2	8	1,0	0,1	21	2,1	0,4	18	3,9	0,5	32	2,6	0,4
Trichilia tessmannii Harms	-	-	-	-	-	-	-	-	-	1	0,2	0,1	3	0,4	0,2	2	0,2	0,2	8	0,2	-	3	0,2	0,5
Trichilia welwitschii C.DC.	-	-	-	-	-	-	-	-	-	1	0,2	0,1	1	0,1	0,1	-	-	-	7	0,1	0,2	3	0,2	0,1
Trichoscypha abut Engl. &	-	-	-	-	-	-	-	-	-	-	-	-	1	0,1	0,1	-	-	-	8	0,2	0,1	1	0,1	-
Trichoscypha acuminata Engl.	-	-	-	-	-	-	1	-	-	-	-	-	1	0,1	-	1	0,1	0,1	5	0,1	-	4	0,3	0,1
Trichoscypha arborea (A.Chev.)	-	-	-	-	-	-	-	-	-	-	-	-	1	0,1	0,3	-	-	-	1	-	-	6	0,5	0,1
Trilepisiummadagascariense DC.	-	-	-	2	0,6	0,3	1	0,3	6,6	2	0,4	0,1	5	0,6	1,0	4	0,4	1,5	10	0,2	0,5	5	0,4	0,9
Triplochiton sleroxylon K. Schum.	-	-	-	1	0,3	0,1	-	-	-	-	-	-	1	0,1	-	-	-	-	-	-	-	-	-	-
Turreanthus africanus (Welw.Ex	-	-	-	-	-	-	-	-	-	-	-	-	-	-	-	-	-	-	-	-	-	5	0,4	0,4
Uapaca acuminata (Hutch.) Pax	-	-	-	3	0,9	0,2	-	-	-	4	0,7	0,5	1	0,1	-	8	0,8	0,2	16	3,5	3,4	27	2,2	4,1
Uapaca guineensis Müll. Arg.	-	-	-	-	-	-	-	-	-	2	0,4	0,1	1	0,1	-	4	0,4	-	10	2,2	0,7	31	2,5	2,0
Uapaca heudelotii Baill.	-	-	-	-	-	-	-	-	-	-	-	-	-	-	-	-	-	-	2	-	0,1	-	-	-
Uapaca paludosa Aubrev. &	-	-	-	22	6,8	3,1	-	-	-	-	-	-	3	0,4	0,4	6	0,6	0,3	19	4,1	5,8	17	1,4	10,
Uapaca staudtii Pax	-	-	-	1	0,3	0,1	-	4	2,0	11	1,9	1,2	7	0,9	0,3	37	3,6	2,7	96	2,0	1,1	15	1,2	1,8
Uvariastrum pierranum Engl. &	-	-	-	-	-	-	-	-	-	3	0,5	0,7	-	-	1,0	9	0,9	0,1	68	1,4	0,4	5	0,4	0,9
Uvariopsis sp.	-	-	-	-	-	-	-	-	-	-	-	-	-	-	-	-	-	-	6	0,1	-	2	0,2	-
Uvariopsis letestui Pellegr.	-	-	-	-	-	-	-	-	-	-	-	-	-	-	-	-	-	-	3	-	0,1	-	-	-
Vebris louisii Gilbert	-	-	-	-	-	-	-	-	-	-	-	-	-	-	-	-	-	-	1	-	-	-	-	-
Vernonia conferta Benth.	-	1,8	2,7	-	0,3	-	-	7	3,0	2	0,4	-	2	0,2	0,2	2	0,2	-	2	-	0,1	7	0,6	0,2
Vitex grandifolia Gürke	-	-	-	4	1,2	1,3	3	0,9	0,3	2	0,4	-	2	0,2	0,2	-	-	0,3	12	0,3	0,1	7	0,6	0,9
Xoacomea africana Stapf	-	-	-	-	-	-	2	0,6	0,1	2	0,4	-	2	0,2	0,3	3	0,3	-	6	0,1	-	-	-	-
Xylopia hypolampra Mildbr.	-	-	-	1	0,3	-	1	0,3	0,3	2	0,4	0,1	2	0,2	0,1	2	0,2	-	23	0,5	1,0	-	-	-

Xylopia parvifolia (A. Rich.)	-	-	-	-	-	-	-	-	-	-	-	-	-	-	-	-	-	-	-	-	-	-	-	-	-	-	-	-	-
Xylopia quintasii Engl. & Diels	-	-	-	-	-	-	-	-	-	-	-	-	-	-	-	-	-	-	-	-	-	-	1	0,3	0,4	2	0,2
Xylopia staudtii Engl. & Diels	-	-	2	0,6	-	-	2	1,4	-	-	-	-	-	-	3	0,5	-	-	2	0,2	-	-	12	0,3	0,3	3	
Zanthoxylum villerii (De Wild.)	-	-	1	0,3	2	0,6	1	0,9	-	-	4	0,7	0,2	4	0,5	9	0,2	0,9	31	0,7	0,7			0,2	0,4
Zanthoxylum heitzii (Aubr. &	-	-	2	0,6	0,2	1	0,3	0,1	-	-	8	1,4	0,8	2	0,2	-	-	-	6	0,1	0,1	2	0,2	0,1
Zanthoxylum tessmannii (Engl.)	-	-	-	-	-	-	-	-	-	-	5	0,9	0,4	2	0,2	8	0,1	0,8	10	0,2	0,2	3	0,2	0,4
Indéterminées	-	-	7	2,1	1,3	0	-	-	-	-	4	0,7	0,1	3	0,3	0	0,1	-	33	0,2	0,4	16	1,4	0,5
TOTAL	5	100	11	100	100	32	100	100	23	100	56	100	100	80	100	1.	100	100	47	100	100	1.	100	100

Annexe 2. Nombre d'individus (Nb Ind.), Densité relative (DeR), de la strate herbacée dont les nanophanérophytes et les phanérophytes lianescentes par types de groupements de la reconstitution forestière post-agricole.
G.IA : Groupement à *Chromolaena odorata* (unité à *benghalensis et Phyllanthus amarus*) G.IB : Groupement à *Chromolaena odorata* (unité à *Chromolaena odorata*)
G.II (Groupements à *Mostuea brunonis et Brillantaisia vogeliana*) ; G.IIIA : *Groupement à Trema orientalis* (Unité à *Rauvolfia vomitoria et Cnestis ferruginea*)
G.IIIB : Groupement à *Trema orientalis* (Unité à *Trema orientalis et Ficus exasperata*) ; G.IVA Groupement à *Bridelia grandis* (unité à *Porterandia cladantha et Jateorhiza macrantha*) ; G.IVB Groupement à *Bridelia grandis* (unité à *Antidesma membranaceum et Bridelia grandis*) ; G.V : Groupement à *Sorindeia grandifolia et Laportea aestuan* ; G.VI : Groupement à *Terminalia superba et Olyra latifolia* ; G.VII : *Rinoria oblongifolia et strombosia grandifolia*

Nom Latin	G.IA		G.IB		G.II		G.IIIA		G.IIIB		G.IVA		G.IVB		G.V		G.VI		G.VII	
	Nb Ind	DeR	Nb Ind	DeR	Nb Ind	DeR	Nb Ind	DeR	Nb Ind	DeR	Nb Ind	DeR	Nb Ind	DeR	Nb Ind	DeR	Nb Ind	DeR	Nb Ind	DeR
Acacia sp.	-	-	-	-	-	-	1	0,4	-	-	1	0,8	1	1,0	-	-	3	0,5	-	-
Acanthaceae sp1	-	-	-	-	-	-	-	-	3	5,6	2	1,7	-	-	-	-	-	-	-	-
Acanthaceae sp2	-	-	-	-	-	-	-	-	-	-	3	2,5	-	-	5	1,9	8	1,2	2	0,8
Achomanes difformis (Blume) Engl.	-	-	-	-	-	-	-	-	-	-	-	-	2	1,9	-	-	1	0,2	-	-
Aframomum spp.	3	4,0	9	4,0	12	8,5	19	8,3	5	9,3	5	4,2	8	7,7	12	4,7	18	2,8	2	0,8
Ageratum conyzoides L.	3	4,0	5	2,2	-	-	2	0,9	-	-	-	-	-	-	-	-	-	-	-	-
Alchornea cordifolia (Schum. & Thonn.)	-	-	-	-	-	-	2	0,9	-	-	-	-	-	-	-	-	-	-	3	1,1
Alchornea floribunda Mull.Arg	-	-	-	-	3	2,1	-	-	-	-	7	5,9	2	1,9	3	1,2	28	4,3	15	5,7
Alchornea laxiflora (Bethn.) Pax & K.	5	6,7	2	0,9	-	-	2	0,9	-	-	-	-	-	-	-	-	4	0,6	-	-
Ancistrophyllum sp.	-	-	-	-	-	-	-	-	-	-	-	-	-	-	2	0,8	-	-	-	-
Ariabotrys rhopalocarpus Le Thomas	-	-	-	-	3	2,1	10	4,4	-	-	3	2,5	2	1,9	1	0,4	16	2,5	18	6,8
Asparagus racemosa Willd.	-	-	3	1,3	2	1,4	2	0,9	-	-	-	-	-	-	2	0,8	5	0,8	-	-
Ataenidia conferta (K. Schum.) K. schum.	-	-	-	-	10	7,1	-	-	-	-	-	-	-	-	-	-	22	3,4	-	-
Bertiera aequatorialis N. Hallé	-	-	-	-	-	-	-	-	-	-	-	-	-	-	-	-	3	0,5	-	-
Bertiera aethiopica Hiern	-	-	-	-	-	-	-	-	-	-	-	-	-	-	-	-	5	0,8	3	1,1
Bolbitis semmifera (Hier.) C. Christensen	-	-	-	-	-	-	-	-	-	-	3	2,5	4	3,8	2	0,8	5	0,8	-	-
Brillanasia sp.	-	-	-	-	-	-	-	-	-	-	-	-	-	-	2	0,8	-	-	-	-
Brillantaisia vogeliana (Nees) Benth.	-	-	-	-	1	0,7	-	-	-	-	-	-	-	-	-	-	-	-	-	-
Caladium bicolor (Aiton) Vent.	2	2,7	3	1,3	-	-	-	-	-	-	-	-	-	-	-	-	-	-	-	-
Cassia mimosoides L.	2	2,7	4	1,8	-	-	-	-	-	-	-	-	-	-	-	-	-	-	-	-
Centella asiatica (L.) Urb.	-	-	-	-	-	-	2	0,9	-	-	-	-	-	-	-	-	-	-	-	-
Centotheca lappacea (L.) Desv.	-	-	7	3,1	-	-	-	-	-	-	-	-	-	-	6	2,3	-	-	-	-
Centrosema pubescens Benth.	-	-	-	-	-	-	-	-	-	-	-	-	-	-	-	-	-	-	-	-
Chloroophytum sp.	-	-	-	-	-	-	12	5,2	-	-	-	-	-	-	1	0,4	-	-	-	-
Chromolaena odorata (L.) R.M. king &	7	9,3	19	8,4	5	3,5	18	7,9	-	-	-	-	-	-	-	-	-	-	-	-
Cissus dinklagei Gilg & Brandt	-	-	4	1,8	3	2,1	2	0,9	-	-	-	-	2	1,9	3	1,2	6	0,9	2	0,8
Clerodendrum sp.	-	-	7	3,1	1	0,7	5	2,2	1	1,9	-	-	-	-	3	1,2	3	0,5	-	-

Species	C1	C2	C3	C4	C5	C6	C7	C8	C9	C10	C11	C12	C13	C14	C15	C16	C17	C18	C19	C20	C21	C22
Cnestis ferruginea Vahl ex DC	-	-	2	0,9	-	-	1,4	13	5,7	-	-	1	0,8	-	-	-	3	1,2	5	0,8	7	2,7
Combretum sp.	-	-	-	-	1	-	0,7	1	0,4	-	-	-	-	4	3,8	1	0,4	4	0,6	-	-	-
Commelina benghalensis L.	2	2,7	7	3,1	-	-	-	-	-	-	-	-	-	-	-	-	-	-	-	-	-	-
Corynborkis corymbis Thouars.	-	-	-	-	1	-	0,7	-	-	-	-	-	-	-	-	1	0,4	6	0,9	1	0,4	-
Costus afer Ker Gawler	5	6,7	-	-	-	-	-	6	2,6	-	-	-	-	-	-	7	2,7	-	-	-	-	-
Costus albus A. Chev. Ex J. Koechlin	-	-	4	1,8	-	-	-	2	-	3,7	-	-	-	-	-	-	-	-	3	0,5	-	-
Costus sp.	-	-	-	-	-	-	-	-	-	-	-	-	-	-	-	-	-	-	1	0,2	3	1,1
Ctenis proiensa (Afzel. Ex Sw.) C. Chr.	-	-	-	-	1	-	0,7	-	-	-	-	-	-	-	-	-	-	-	-	-	-	-
Cucumis melo L.	-	-	-	-	-	-	-	-	-	-	-	-	-	-	-	2	0,8	-	-	-	-	-
Cucurbitaceae sp1	-	-	2	0,9	-	-	-	-	-	-	-	-	-	-	-	2	0,8	-	-	-	-	-
Cucurbitaceae sp2	2	2,7	3	1,3	-	-	-	-	-	-	2	1,7	-	-	-	-	-	-	-	-	-	-
Cyclosorus afer (Christ) Ching	-	-	2	0,9	2	-	1,4	-	-	-	2	1,7	-	-	-	-	-	3	0,5	-	-	-
Cyperus sp.	2	2,7	-	-	4	-	2,8	-	-	-	-	-	-	-	-	2	0,8	2	0,3	-	-	-
Discorea spp.	-	-	5	2,2	-	-	-	-	-	-	-	-	-	-	-	-	-	-	-	-	-	-
Disocorea bulbifera L.	1	1,3	1	0,4	1	-	0,7	-	-	-	-	-	1	1,0	2	0,8	4	0,6	-	-	-	-
Disocorea sp1.	-	-	2	0,9	-	-	-	2	0,9	-	-	-	1	1,0	2	0,8	-	-	-	-	-	-
Elaeis guineensis Jacq.	-	-	-	-	-	-	-	-	-	-	1	-	-	-	-	-	-	-	-	-	-	-
Elaphantopus mollis kunth	-	-	-	-	-	-	-	-	-	-	1	-	2	1,9	2	0,8	-	1	0,2	-	-	-
Elytraria marantia Vahl	-	-	-	-	2	-	1,4	2	0,9	-	-	-	-	-	-	-	-	-	-	-	-	-
Eremospatha hookeri (G. Mann & H.	-	-	-	-	-	-	-	-	-	-	-	-	-	-	-	-	-	-	-	-	2	0,8
Eremospatha macrocarpa (G. Mann & H.	-	-	-	-	-	-	-	2	0,9	-	-	-	-	-	-	-	-	-	-	-	-	-
Fabaceae sp.	-	-	-	-	-	-	-	-	-	4	3,4	1	1,0	-	-	-	-	1	0,2	3	1,1	-
Friesodielsia gracilis (Hook.f.) Steenis	-	-	-	-	2	-	1,4	-	-	5	9,3	-	5	4,8	7	2,7	26	4,0	5	1,9	-	-
Geophila afzelii Heim	-	-	-	-	-	-	-	-	-	-	-	-	-	-	2	0,8	-	-	-	8	3,0	-
Geophila sp.	2	2,7	2	0,9	-	-	-	2	0,9	2	3,7	-	1	1,0	3	1,2	1	1,1	7	0,4	-	-
Gouania longipetala Hensl.	-	-	4	1,8	-	-	-	-	-	-	-	-	2	1,9	-	-	-	-	-	-	-	-
Grewia hookerana Exell & Mendonça.	-	-	-	-	-	-	-	-	-	-	-	-	-	-	-	-	-	11	1,7	2	0,8	-
Guaduella sp.	-	-	-	-	10	-	7,1	7	3,1	2	3,7	14	11,9	8	7,7	15	5,8	40	6,2	23	8,7	-
Haloectia azurea (K. Schum.) K. Schum	-	-	-	-	2	-	1,4	-	-	-	-	2	1,7	-	-	2	0,8	4	0,6	1	0,4	-
Haumania danckelmaniana (J. Braun & K.	-	-	-	-	-	-	-	-	-	-	-	-	-	-	-	-	-	-	-	-	-	3,4
Huaonia sp.	-	-	1	0,4	1	-	0,7	-	-	-	-	-	-	-	12	4,8	25	3,9	9	3,4	-	-
Hypocratea myrianeura	2	2,7	-	-	-	-	-	-	-	-	-	-	-	-	-	-	-	-	-	-	-	-
Hypselodelphys scadens Loius& Mullend	-	-	2	0,9	1	-	0,7	2	-	3,7	5	4,2	-	-	-	-	4	0,6	-	-	-	-
Hypselodelphys zenkeriana (K.Schum.)	-	-	-	-	2	-	1,4	1	0,4	-	-	-	-	-	-	-	-	2	0,3	11	4,2	-
Ipomoea batatas L.	-	-	-	-	4	-	2,8	3	1,3	-	-	4	3,4	1	1,0	2	0,8	16	2,5	5	1,9	-
Jateorhiza macrantha (Hook.f.) Exelle &	-	-	-	-	3	-	2,1	-	-	-	-	-	-	-	7	2,7	2	0,3	-	-	-	-
Laccosperma opacum (G. Mann & H.	-	-	-	-	-	-	-	-	-	-	-	-	1	1,0	1	0,4	4	0,6	-	-	-	-
Laccosperma secundiflorum (P.Beauv.)	-	-	-	-	-	-	-	-	-	-	-	-	-	-	-	-	2	0,3	-	-	-	-
Landolphia spp.	-	-	-	-	-	-	-	-	-	2	3,7	-	-	-	-	-	-	0,3	-	-	-	-
Laportea aestuan (L.) Chew	-	-	7	3,1	-	-	-	2	-	3,7	-	-	-	1	1,9	-	-	2	0,3	6	2,3	-
Leea guineensis G. Don	-	-	-	-	-	-	-	1	1,3	-	-	1	0,8	2	1,9	1	0,4	12	1,9	-	-	-
Lentactina pynaertii De Wild.	-	-	-	-	-	-	-	2	0,9	-	-	-	-	-	-	-	-	-	-	-	-	-
Leptaspis cochleata Thw.	-	-	-	-	-	-	-	-	-	-	-	-	-	-	-	-	-	-	-	-	-	-
Manihot esculenta Crantz.	-	-	-	-	-	-	-	-	-	-	-	-	-	-	-	-	-	-	-	-	-	-
Mannicophyton fulvum Müll.Arg.	-	-	-	-	-	-	-	-	-	-	-	-	-	-	-	-	-	-	-	-	-	-
Marania sp.	-	-	-	-	-	-	-	-	-	-	-	-	-	-	-	-	-	-	-	-	-	-

Species																		
Mecanhrynium macrostachyum (Benth.)	-	-	16	7,0	-	2	1,4	2	0,9	-	-	-	-	-	-	-	-	4,6
Memecylon sp.	-	-	-	-	-	-	-	-	-	-	-	5	4,2	1	1,0	-	-	-
Microlepia speluncae (L.) Moore	-	-	-	-	-	3	2,1	8	3,5	-	-	7	5,9	-	-	13	5,0	1,5
Millettia sp.	-	-	-	-	-	-	-	-	-	1	1,9	-	-	-	-	-	-	0,4
Mostua sp.	-	-	-	-	-	2	1,4	-	-	-	-	-	-	-	-	-	-	-
Mostuea brunonis Didr. var.brunonis	-	-	-	-	-	2	-	2	0,9	1	1,9	-	-	-	-	2	0,8	-
Mussaenda tenuiflora Benth	-	-	1	0,4	2	1,4	-	-	-	-	-	-	-	-	1	0,4	-
Myrianthemum mirabile Gilg	1	1,3	-	-	-	-	-	5	2,2	-	-	-	-	-	-	-	-	-
Nephthytis gravenreuthii (Engl.) Engl.	-	-	-	-	-	-	-	2	0,9	-	-	-	-	-	-	-	-	-
Nephthytis poissonii (Engl.) N.E.Br.	-	-	-	-	-	-	-	-	-	1	1,9	7	5,9	4	3,8	3	-	1,5
Olyra latifolia L.	-	-	-	-	1	0,7	2	0,9	-	-	4	3,4	2	1,9	5	1,9	44	6,8	19	7,2
Oncocalamus mannii (H.Wendl.) H. Wendl.	-	-	-	-	1	0,7	-	-	-	-	-	-	-	-	1	0,4	-	-	-	0,4
Oxalis corniculata L.	7	9,3	2	0,9	5	3,5	10	4,4	5	9,3	-	-	-	-	5	1,9	-	-
Palisota ambigua (P.Beauv.) C.B. Clarke	-	-	7	3,1	4	2,8	12	5,2	-	-	2	1,7	2	1,9	-	-	20	3,1	8	3,0
Palisota hirsuta (Thunb.) K. Schum.	-	-	-	-	2	1,4	-	-	-	-	2	1,7	-	-	5	1,9	11	1,7	-	-
Palisota mannii C.B. Clarke	-	-	2	0,9	1	0,7	-	-	-	-	-	-	-	-	-	-	8	1,2	1	0,4
Pollia condensata C.B. Clarke	-	-	-	-	-	-	-	-	-	-	3	2,5	2	1,9	8	3,1	5	0,8	-	-
Passiflora foetida L.	-	-	2	0,9	2	1,4	4	1,7	2	3,7	-	-	2	1,9	5	1,9	2	0,3	-	-
Paullinia pinnata L.	2	2,7	2	-	2	1,4	6	2,6	-	-	-	-	-	-	3	1,2	6	0,9	-	-
Phyllanthus amarus Schumach.& Thonn.	2	2,7	10	4,4	-	-	-	0,4	-	-	-	-	-	-	-	-	-	-	-	-
Piper guineense Schum. & Thonn.	-	-	-	-	-	-	7	3,1	-	-	2	1,7	-	-	-	-	5	0,8	-	0,8
Piper umbellatum L.	-	-	-	1,8	-	-	-	-	-	-	-	-	-	-	-	-	3	0,5	-	-
Poaceae sp1	-	-	4	-	-	-	-	-	-	-	-	-	-	-	-	-	-	-	-	-
Poaceae sp2	-	-	-	-	2	1,4	2	0,9	-	-	-	-	2	1,9	5	1,9	11	1,7	5	1,9
Pseuderanthemum tunicatum (Afze.)Milne	4	5,3	5	2,2	2	1,4	10	4,4	2	3,7	2	1,7	3	2,9	8	3,1	16	2,5	4	1,5
Psychotria brassi Hiern	2	2,7	2	0,9	-	-	-	-	-	-	-	-	-	-	7	2,7	3	0,5	-	-
Psychotria cf. cyanopharynx	-	-	-	-	-	-	-	-	-	-	-	-	5	4,8	6	2,3	17	2,6	10	3,8
Psychotria cf. tatistipula	-	-	-	-	2	1,4	-	-	-	-	1	0,8	-	-	-	-	1	-	-	0,4
Psychotria ebenis K. Schum.	-	-	-	-	-	-	-	-	-	-	-	-	-	-	-	-	-	-	-	0,8
Psychotria gabonica Hiern	-	-	-	-	-	-	2	0,9	-	-	-	-	-	-	-	-	1	0,2	2	-
Psychotria sp.	-	-	-	-	-	-	1	0,4	-	-	-	-	-	-	-	-	-	-	-	-
Pteris preussii Hier.	2	2,7	-	-	-	-	-	-	-	-	-	-	2	1,9	-	-	8	1,2	-	-
Renealmia sp.	-	-	-	-	-	-	-	-	-	-	-	-	2	1,9	11	4,3	13	2,0	1	0,4
Rhektophyllum mirabile NE Br.	-	-	-	-	-	-	-	-	-	-	-	-	-	-	4	1,6	13	2,1	4	1,5
Rourea obliquifoliolata Gilg.	-	-	-	-	-	-	-	-	-	-	-	-	-	-	-	-	7	1,1	-	-
Sabicea sp.	-	-	-	-	2	1,4	2	0,9	-	-	2	1,7	-	-	-	-	7	1,1	-	-
Sarcophrynium brachystachys (benth)	-	-	-	-	-	-	-	-	-	-	-	-	-	-	2	0,8	-	-	10	3,8
Sarcophrynium schweinfurthianum (kuntze)	-	-	-	-	-	-	-	-	-	-	-	-	-	-	2	0,8	1	-	-	-
Scherbournia sp.	-	-	-	-	-	-	-	-	-	-	-	-	-	-	-	-	-	-	-	-
Scleria racemosa Poir.	-	-	-	-	-	-	-	-	2	3,7	-	-	-	-	-	-	2	0,3	-	-
Selaginella myosurus (SW.) Alston	-	-	32	14,1	7	5,0	7	3,1	8	14,8	2	1,7	-	-	9	3,5	-	-	-	-
Setaria barbata (Lam.) Kunth	-	-	-	-	-	-	-	-	-	-	-	-	-	-	5	1,9	-	-	-	-
Sida rhombifolia L.	5	6,7	6	2,6	-	-	2	0,9	-	-	-	-	-	-	-	-	-	-	-	-
Smilax kraussiana Meisn.	-	-	2	0,9	2	1,4	4	1,7	2	3,7	-	-	1	1,0	1	0,4	-	-	-	-
Spermacoce stachydea (De Cand.) Hutch. &	-	-	7	3,1	-	-	-	-	2	3,7	-	-	-	-	2	0,8	-	-	-	-

Espèce																				
Stachytarpheta angustifolia sp. (Miller) Vahl	3	4,0	7	3,1	-	-	5	2,2	-	-	-	-	-	-	-	-	-	-	-	-
Streptogyna crinita Beauv	2	2,7	-	-	6	4,3	-	-	-	-	-	-	-	-	-	-	-	-	12	1,9
Strophanthus sp.	-	-	-	-	-	-	-	-	-	-	-	-	-	-	-	-	-	-	-	-	1	0,4
Strychnos spp.	-	-	-	-	1	0,7	4	1,7	-	-	4	3,4	-	-	1	0,4	12	1,9	12	4,6
Stylochaeton zenkeri Engl.	-	-	-	-	-	-	-	-	-	-	-	-	-	-	-	-	2	0,3	-	-
Tetracera spp.	-	-	-	-	2	1,4	2	0,9	2	3,7	-	-	-	-	2	0,8	5	0,8	2	0,8
Travia senegalensis Müll Arg.	-	-	2	0,9	-	-	-	-	-	-	-	-	-	-	-	-	3	0,5	-	-
Uncaria africana G. Don subsp africana	-	-	-	-	-	-	-	-	-	-	-	-	-	-	-	-	8	1,2	-	-
Uncaria sp.	-	-	-	-	-	-	-	-	-	-	-	-	-	-	-	-	1	0,2	-	-
Vitex thyrsiflora Baker	-	-	-	-	2	1,4	-	-	-	-	-	-	1	1,0	-	-	2	0,3	-	-
Whitfieldia longifolia T. Anders.	-	-	-	-	4	2,8	-	-	-	-	-	-	2	1,9	2	0,8	16	2,5	13	4,9
Whitfieldia thollonii (Baill.) Benoist	-	-	-	-	-	-	-	-	-	-	-	-	-	-	-	-	2	0,3	-	-
Xanthosoma mafaffa (L.) Schott.	-	-	2	0,9	-	-	-	-	-	-	-	-	-	-	-	-	-	-	-	-
Indéterminées	5	6,7	11	4,9	3	2,1	8	3,5	2	3,7	6	5,1	4	3,8	15	5,9	30	4,8	16	6,2
TOTAL	75	100,0	227	100,0	141	100,0	229	100,0	54	100,0	118	100,0	104	100,0	258	100,0	645	100,0	263	100,0

321

Annexe 3. Diversité relatives (DiR), Densité relative (DeR), Dominance relative (DoR) des familles d'espèces de la strate ligneuse par types de groupements de la reconstitution forestière post-agricole.

G.IA : Groupement à *Chromolaena odorata* (unité à *benghalensis et Phyllanthus amarus*) G.IB : Groupement à *Chromolaena odorata* (unité à *Chromolaena odorata*)

G.II (Groupements à *Mostuea brunonis et Brillantaisia vogeliana*) ; G.IIIA : *Groupement à Trema orientalis* (Unité à *Rauvolfia vomitoria et Cnestis ferruginea*)

G.IIIB : Groupement à *Trema orientalis* (Unité à *Trema orientalis et Ficus exasperata*) ; G.IVA Groupement à *Bridelia grandis* (unité à *Porterandia cladantha et Jateorhiza macrantha*) ; G.IVB Groupement à *Bridelia grandis* (unité à *Antidesma membranaceum et Bridelia grandis*) ; G.V : Groupement à *Sorindeia grandifolia et Laportea aestuan* ; G.VI : Groupement à *Terminalia superba et Olyra latifolia* ; G.VII : *Rinoria oblongifolia et strombosia grandifolia*

Famille	G.IA			G.IB			G.II			G.IIIA			G.IIIB			G.IVA			G.IVB			G.V			G.VI			G.VII		
	DiR	DeR	DoR	DiR	DeR	DoR	DiR	DeR	DoR	DiR	DeR	DoR	DiR	DeR	DoR	DiR	DeR	DoR	DiR	DeR	DoR	DiR	DeR	DoR	DiR	DeR	DoR	DiR	DeR	DoR
Anacardiaceae	-	-	-	-	-	-	-	-	-	-	-	-	-	-	-	2	1	0	4	1	1	3	1	0	4	1	0	5	2	0
Anacardiacea	-	-	-	-	-	-	-	-	-	-	-	-	-	-	-	-	-	-	-	-	-	1	1	1	0	0	0	-	-	-
Annonaceae	-	-	-	7	3	1	-	-	-	6	2	2	2	1	0	4	3	2	5	3	1	3	2	1	6	5	3	6	6	3
Anysonhylleaceae	-	-	-	-	-	-	-	-	-	-	-	-	-	-	-	3	2	1	-	-	-	-	-	-	-	-	-	1	0	0
Apocynaceae	10	7	1	-	-	-	4	6	1	7	9	3	6	3	1	5	14	3	17	6	5	5	21	6	3	20	11	3	11	4
Asteraceae	5	2	3	-	-	-	-	-	-	-	-	-	2	3	1	-	-	-	-	-	-	-	-	-	-	-	-	-	-	-
Bizoniaceae	-	-	-	-	-	-	1	0	0	3	2	1	2	2	0	2	1	0	2	1	0	2	1	1	1	1	1	1	1	0
Bombacaceae	-	-	-	-	-	-	-	-	-	1	0	0	2	0	0	1	0	0	0	0	0	0	0	0	0	0	0	0	0	2
Boraginaceae	-	-	-	-	-	-	3	5	-	5	1	14	-	-	-	-	-	-	1	0	0	1	3	10	0	0	2	1	0	1
Burseraceae	-	-	-	-	-	-	3	2	1	3	1	2	2	2	1	3	2	0	2	1	4	3	1	1	2	1	2	2	2	3
Caesalpiniaceae	-	-	-	5	1	0	3	1	4	4	4	4	4	1	5	7	4	6	6	5	5	3	1	1	4	2	5	4	4	5
Caricaceae	-	-	-	-	-	-	-	-	-	-	-	-	2	0	0	-	-	-	-	-	-	-	-	-	-	-	-	-	-	-
Ceasalbiliaceae	-	-	-	-	-	-	-	-	-	-	-	-	-	-	-	-	-	-	-	-	-	-	-	-	-	-	-	-	-	-
Cecropiaceae	-	-	-	10	14	10	3	27	45	3	24	16	4	8	13	2	11	37	2	8	19	2	14	35	1	5	17	2	2	8
Cesalpiniaceae	-	-	-	-	-	-	-	-	-	-	-	-	-	-	-	-	-	-	-	-	-	-	-	-	-	-	-	-	-	-
Chrysobalanaceae	-	-	-	-	-	-	-	-	-	-	-	-	-	-	-	-	-	-	-	-	-	-	-	-	-	-	-	1	0	0
Clusiaceae	-	-	-	-	-	-	3	1	0	1	0	0	-	-	-	2	1	0	2	1	1	2	1	1	2	1	0	2	1	0
Combretaceae	-	-	-	5	1	38	1	0	0	-	-	-	-	-	-	-	-	-	-	-	3	1	0	1	1	1	6	1	1	3
Dracaenaceae	-	-	-	-	-	-	-	-	-	-	-	-	-	-	-	1	1	2	0	-	-	0	-	-	2	0	0	1	0	1
Ebenaceae	-	-	-	-	-	-	-	-	-	-	-	-	-	-	-	1	0	1	1	-	-	2	0	0	2	0	0	1	0	0
Erythroxylaceae	-	-	-	-	-	-	-	-	-	-	-	-	-	-	-	-	-	-	1	0	0	0	-	-	0	0	0	-	-	-
Euphorbiaceae	33	40	32	20	16	17	16	27	15	11	11	13	17	40	14	15	19	10	13	19	32	16	23	14	13	22	25	15	19	28
Fabaceae	-	-	-	5	50	23	4	9	4	3	1	0	2	0	0	3	2	1	2	1	3	2	2	0	2	2	1	2	0	0
Flacourtiaceae	-	-	-	-	-	-	4	3	1	3	1	0	-	-	-	-	-	-	1	3	0	2	0	0	2	2	1	2	0	0
Hypericaceae	-	-	-	-	-	-	1	1	1	-	-	-	-	-	-	-	-	-	-	-	-	-	-	-	-	-	-	-	-	-
Irvingiaceae	-	-	-	-	-	-	1	1	0	-	-	-	-	-	-	3	1	4	2	0	0	1	0	3	2	1	6	2	1	0
Lauraceae	-	-	-	-	-	-	-	-	-	3	2	1	6	2	1	1	0	0	2	0	1	2	1	1	1	0	0	1	0	0
Lecythidaceae	-	-	-	-	-	-	1	3	3	1	1	2	2	3	35	1	5	11	1	4	7	1	3	8	0	4	5	1	8	13

Famille																								
Lepidobotryaceae	-	-	-	-	-	-	-	-	-	-	-	-	-	-	-	-	-	-	-	-	-	-	-	-
Loxaniaceae	-	-	-	-	-	-	-	-	-	-	-	-	-	-	-	-	-	-	-	-	-	-	-	-
Meliaceae	-	-	5	1	0	1	-	1	0	0	-	-	4	1	-	-	0	7	4	6	5	2	4	6	4	1	-	-	5	6	3	7	7	4
Menispermaceae	-	-	-	-	-	-	-	-	-	-	-	-	1	-	-	-	-	-	-	-	-	-	-	-
Mimosaceae	-	-	-	-	-	3	2	6	5	3	2	3	0	-	3	4	5	5	2	1	6	1	-	4	2	4	2	2	4	-	2	4
Mimosaceae	-	-	-	-	-	-	1	1	0	-	-	-	-	-	-	-	-	-	-	-	-	-	-	-
Moraceae	33	40	5	1	1	4	3	1	6	2	10	4	7	4	3	1	0	4	3	2	3	2	4	2	1	1	-	2	1	-	1
Musaceae	-	35	-	-	-	-	-	1	1	3	-	-	-	-	-	-	-	-	-	-	-	-	-	-
Myristicaceae	-	-	5	1	0	4	2	1	4	3	4	-	-	-	3	3	2	3	2	2	2	2	0	1	1	-	0	2	5	2
Myrtaceae	-	-	-	-	-	-	-	-	-	-	-	-	-	-	-	-	-	-	-	1	-	-	-	0
Ochnaceae	-	-	-	-	-	-	-	-	-	-	-	-	-	-	-	-	-	1	0	-	-	-	0	0
Olacaceae	-	-	-	-	-	-	-	-	-	-	-	-	3	1	0	2	1	2	-	0	0	2	2	2	6
Palmaceae	-	-	-	-	-	-	-	-	-	-	-	-	-	-	-	-	-	1	-	-	0	0	0
Pandaceae	-	-	-	-	-	-	-	-	-	-	-	1	0	0	-	-	-	0	0	0	0	1	0
Passifloraceae	-	-	-	-	-	-	-	-	-	-	-	-	-	-	-	-	-	-	-	0	0	0
Rhamnaceae	-	-	-	-	-	1	2	5	1	1	2	1	2	0	-	1	0	1	-	1	0	0	0	-
Rubiaceae	33	20	10	3	6	12	5	2	10	7	8	9	13	12	6	2	6	6	3	10	5	3	8	7	4	2
Rutaceae	-	33	-	-	-	3	2	3	1	1	6	1	0	3	3	1	2	1	0	2	2	1	2	1	2	1
Sapindaceae	-	-	5	3	1	1	0	0	6	4	3	-	-	5	2	0	5	3	1	3	2	2	4	2	4	3	1
Sapotaceae	-	-	-	-	-	1	0	6	3	1	4	-	-	3	-	0	3	1	1	1	0	0	3	1	-	2	0
Sterculiaceae	-	-	5	1	0	5	1	0	-	-	4	5	8	-	1	1	-	1	5	3	2	2	0	3	2	-	2	1	-	2
Tiliaceae	-	-	-	-	-	-	-	-	3	1	2	1	0	2	0	2	0	3	0	2	2	0	3	4	4	4	3	2	1
Ulmaceae	-	-	-	-	-	4	1	1	-	0	4	3	1	2	4	3	2	2	2	1	0	0	3	4	1	3	3
Verbenaceae	-	-	-	-	-	1	1	-	1	1	0	2	3	0	1	0	0	1	0	0	0	0	1	2	1	1
Violaceae	-	-	-	-	-	-	-	-	-	-	-	0	-	-	2	0	2	0	2	0	0	0	1	0	0	5	-
Vitaceae	-	-	-	-	-	-	1	-	1	1	0	2	0	-	-	-	1	0	1	0	0	0	0	0	-	2	1
Indéterminées	-	-	5	1	0	3	2	1	-	-	-	-	-	1	-	1	0	2	0	-	-	-	8	1	-	-	2	1
Total	100	100	100	100	100	100	100	100	100	100	100	100	100	100	100	100	100	100	100	100	100	100	100	100	100	100	100	100	100	100	100	100	100	100

Annexe 4. Diversité relative (DiR), Densité relative (DeR), des familles d'espèces de la strate herbacée dont les nanophanérophytes et les phanérophytes lianescentes par types de groupements de la reconstitution forestière post-agricole.

Famille	G.IA		G.IB		G.II		G.IIIA		G.IIIB		G.IVA		G.IVB		G.V		G.VI		G.VII	
	DiR	DeR	DiR	DeR	DiR	DeR	DiR	DeR	DiR	DeR	DiR	DeR	DiR	DeR	DiR	DeR	DiR	DeR	DiR	DeR
Acanthacaea	0	0	0	0	0	0	0	0	0	0	0	0	0	0	0	0	1,18	0,31	0	0
Acanthaceae	0	0	0	0	3,92	3,55	0	0	4,76	5,56	6,06	4,24	5,41	3,85	7,34	6,2	3,53	5,41	6	7,6
Adiantaceae	3,7	2,67	0	0	0	0	0	0	0	0	0	0	0	0	0	0	0	0	0	0
Annonaceae	0	0	0	0	1,96	2,13	1,96	4,37	0	0	6,06	5,93	5,41	2,88	1,59	0,39	2,35	2,63	4	7,98
Apiaceae	0	0	0	0	0	0	1,96	0,87	0	0	0	0	0	0	0	0	0	0	0	0
Apocynaceae	0	0	0	0	3,92	2,84	1,96	1,31	0	0	0	0	2,7	0,36	1,59	0,78	2,35	2,47	6	2,28
Araceae	3,7	2,67	4,55	2,2	1,96	1,42	3,92	1,75	4,76	1,85	3,03	5,93	8,11	7,63	3,17	5,04	5,88	3,71	4	1,9
Asteraceae	7,41	13,3	6,82	11,5	1,96	3,55	5,88	3,61	0	0	0	0	0	0	1,59	0,39	1,18	0,31	0	0
Athyriaceae	0	0	0	0	1,96	0,71	0	0	0	0	0	0	0	0	0	0	1,18	0,15	2	1,14
Cesalpiniaceae	3,7	2,67	4,55	3,08	0	0	0	0	0	0	0	0	0	0	0	0	0	0	0	0
Combretaceae	0	0	0	0	1,96	0,71	1,96	0,44	0	0	3,03	0,85	2,7	3,85	1,59	0,39	1,18	0,62	0	0
Commelinaceae	3,7	2,67	6,82	7,05	5,88	4,96	1,96	5,24	0	0	3,03	5,93	5,41	3,85	3,17	5,04	4,71	6,8	4	3,42
Connaraceae	0	0	2,27	0,88	1,96	1,42	1,96	5,68	0	0	0	0	0	0	3,17	2,71	3,53	2,78	4	4,18
Convolvulaceae	3,7	2,67	0	0	0	0	0	0	0	0	0	0	0	0	0	0	0	0	0	0
Costaceae	3,7	4	0	0	0	0	1,96	2,62	4,76	3,7	0	0	0	0	1,59	2,71	1,18	0,46	0	0
Cucurbitaceae	3,7	2,67	2,27	0,88	0	0	0	0	0	0	3,03	1,69	0	0	1,59	0,78	0	0	0	0
Cucurbitaceae	0	0	0	0	0	0	0	0	0	0	0	0	0	0	1,59	0,78	0	0	0	0
Cyperaceae	0	0	2,27	0,88	1,96	1,42	1,96	0,87	4,76	3,7	0	0	0	0	0	0	0	0	0	0
Dennstaedtiaceae	0	0	0	0	1,96	2,13	1,96	3,49	0	0	3,03	5,93	0	0	1,59	5,04	1,18	1,55	2	1,52
Dilleniaceae	0	0	0	0	1,96	1,42	1,96	0,87	4,76	3,7	0	0	0	0	1,59	0,78	1,18	0,77	2	0,76
Dioscoreaceae	3,7	2,67	2,27	2,2	1,96	2,84	0	0	0	0	0	0	2,7	0,36	1,59	0,78	1,18	0,31	0	0
Euphorbiaceae	14,8	14,7	9,09	9,25	3,92	3,55	3,8	6,11	4,76	3,7	6,06	6,78	5,41	3,85	4,76	2,71	5,88	8,19	6	9,13
Fabaceae	0	0	2,27	3,08	0	0	3,92	1,75	4,76	1,85	0	0	0	0	0	0	0	0	2	0,38
Hypocrateacea	0	0	0	0	0	0	0	0	0	0	0	0	0	0	0	0	0	0	0	0
Leeaceae	0	0	0	0	0	0	0	0	0	0	0	0	2,7	0,36	0	0	1,18	0,62	0	0
Liliaceae	0	0	0	0	0	0	1,96	5,24	0	0	0	0	0	0	0	0	0	0	0	0
Linaceae	0	0	0	0	1,96	1,42	0	0	0	0	3,03	1,69	0	0	1,59	0,78	1,18	0,62	2	0,38
Loganiaceae	0	0	0	0	3,92	2,13	3,92	2,62	4,76	1,85	3,03	3,39	0	0	3,17	1,16	2,35	2,16	2	4,56
Lomariopsidaceae	0	0	0	0	0	0	0	0	0	0	3,03	2,54	2,7	3,85	1,59	0,78	1,18	0,77	0	0
Malvaceae	3,7	6,67	2,27	2,64	0	0	1,96	0,87	0	0	0	0	0	0	0	0	0	0	0	0
Marantaceae	0	0	4,55	7,43	3,8	17,7	5,88	4,8	4,76	3,7	12,1	26,3	8,11	26	6,35	15,1	8,24	19,3	10	21,3
Melastomataceae	3,7	1,33	0	0	0	0	1,96	2,18	0	0	0	0	2,7	0,36	0	0	0	0	0	0
Menispermaceae	0	0	2,27	0,88	1,96	0,71	0	0	4,76	3,7	3,03	4,24	0	0	0	0	0	0	0	0
Mimosaceae	0	0	0	0	0	0	1,96	0,44	0	0	3,03	0,85	2,7	0,36	0	0	1,18	0,46	0	0
Orchidaceae	0	0	0	0	1,96	0,71	0	0	0	0	0	0	0	0	1,59	0,39	1,18	0,33	2	0,38
Oxalidaceae	3,7	9,33	2,27	0,88	1,96	3,55	1,96	4,37	4,76	9,26	0	0	0	0	1,59	1,94	0	0	0	0
Palmaceae	3,7	1,33	2,27	0,44	7,84	4,26	1,96	0,44	0	0	3,03	3,39	2,7	0,36	4,76	1,94	4,71	1,7	6	5,32
Passifloraceae	0	0	2,27	0,88	1,96	1,42	1,96	1,75	4,76	3,7	0	0	2,7	1,32	1,59	1,94	1,18	0,31	0	0
Piperaceae	0	0	0	0	0	0	1,96	3,06	0	0	3,03	1,69	0	0	1,59	0,78	2,35	1,24	0	0
Poaceae	0	0	2,27	1,76	0	0	0	0	0	0	0	0	0	0	0	0	0	0	0	0
Poaceae	3,7	2,67	2,27	1,76	5,88	6,38	3,92	1,75	0	0	3,03	3,39	8,11	5,77	4,76	6,2	2,35	8,66	2	7,22
Rhamnaceae	3,7	2,67	2,27	1,76	1,96	1,42	0	0	0	0	0	0	0	0	0	0	1,18	0,15	0	0
Rubiaceae	7,41	8	9,09	6,61	7,84	5,67	7,84	5,68	14,3	16,7	3,03	4,24	8,11	12,5	14,3	14	14,1	14,1	14	12,5
Selaginellaceae	0	0	2,27	14,1	1,96	4,96	1,96	3,06	4,76	14,8	0	0	0	0	1,59	3,49	0	0	0	0
Smilacaceae	0	0	2,27	0,88	1,96	1,42	1,96	1,75	4,76	3,7	0	0	2,7	0,36	1,59	0,39	0	0	0	0
Thelypteridaceae	0	0	2,27	1,32	0	0	0	0	0	0	3,03	1,69	0	0	0	0	1,18	0,46	0	0
Tiliaceae	0	0	0	0	0	0	1,96	0,87	4,76	3,7	0	0	2,7	0,36	1,59	1,16	1,18	1,08	2	0,38
Urticaceae	0	0	0	0	1,96	2,13	0	0	0	0	0	0	0	0	1,59	2,71	1,18	0,31	0	0
Verbenaceae	3,7	4	4,55	6,17	3,92	2,13	3,92	4,37	4,76	1,85	0	0	2,7	0,36	1,59	1,16	2,35	0,77	0	0
Vitaceae	0	0	2,27	1,76	1,96	1,42	1,96	0,87	0	0	0	0	2,7	1,32	1,59	1,16	1,18	0,33	2	0,76
Zingiberaceae	3,7	6,67	4,55	5,73	1,96	8,51	1,96	8,3	4,76	9,26	3,03	4,24	5,41	3,62	1,59	4,65	2,35	4,02	2	0,76
Indéterminées	11,1	6,67	6,82	4,85	3,92	2,13	5,88	2,62	4,76	3,7	3,03	5,08	5,41	3,85	7,94	5,81	9,41	4,64	14	6,08
Total	**100**	**100**	**100**	**100**	**100**	**100**	**100**	**100**	**100**	**100**	**100**	**100**	**100**	**100**	**100**	**100**	**100**	**99,7**	**100**	**100**

Annexe 5. Diversité relative (DiR), Densité relative (DeR), des familles des plantules d'espèces ligneuses par types de groupements de la reconstitution forestière post-agricole.

Famille	G.IA		G.IB		G.II		G.IIIA		G.IIIB		G.IVA		G.IVB		G.V		G.VI		G.VII	
	DiR	DeR	DiR	DeR	DiR	DeR	DiR	DeR	DiR	DeR	DiR	DeR	DiR	DeR	DiR	DeR	DiR	DeR	DiR	DeR
Anacardiaceae	0	0	0	0	0	0	0	0	4,35	3,31	0	0	2,78	1,04	4,08	1,88	2,67	0,73	3,43	1,21
Annocacée	0	0	0	0	0	0	0	0	0	0	0	0	0	0	0	0	0,67	0,04	0	0
Annonaceae	0	0	4,26	1,81	4,48	1,15	2,13	1,88	4,35	3,31	3,85	2,04	2,78	2,08	8,16	3,75	6	5,48	5,81	3,14
Apocynaceae	7,14	1,28	8,51	16,3	5,97	8,85	8,51	20,6	8,7	30,6	5,77	25	2,78	14,6	5,1	13,5	4	13,5	3,43	16,4
Asteraceae	0	0	0	0	1,49	2,31	2,13	1,25	0	0	0	0	0	0	1,02	0,56	0,67	0,04	0	0
Bignoniaceae	0	0	0	0	0	0	2,13	0,63	2,17	1,65	1,32	0,51	0	0	1,02	0,38	1,33	0,35	0	0
Boraginaceae	0	0	0	0	0	0	0	0	0	0	0	0	0	0	0	0	0	0	1,16	0,24
Burseraceae	0	0	0	0	0	0	0	0	2,17	0,83	1,32	0,51	2,78	4,17	0	0	2	0,62	1,16	12,8
Caesalpiniaceae	7,14	1,28	2,13	3,61	2,99	5,77	2,13	2,5	2,17	0,83	3,85	5,61	2,78	7,29	3,06	3	4	0,62	4,65	3,86
Caricaceae	0	0	2,13	1,2	0	0	0	0	0	0	0	0	0	0	0	0	0	0	0	0
Cecropiaceae	7,14	7,69	2,13	1,81	2,99	0,77	2,13	2,5	2,17	1,65	1,32	1,02	2,78	3,13	1,02	2,63	0,67	4,32	1,16	0,72
Cesalpiniaceae	0	0	0	0	0	0	0	0	0	0	0	0	0	0	0	0	0,67	0,23	0	0
Chrysobalanaceae	0	0	0	0	1,49	0,38	0	0	0	0	0	0	0	0	0	0	0	0	0	0
Clusiaceae	0	0	0	0	0	0	0	0	0	0	1,32	1,53	0	0	1,02	1,31	2	0,46	1,16	0,24
Combretaceae	0	0	2,13	1,2	1,49	0,77	0	0	0	0	1,32	1,02	0	0	1,02	0,38	1,33	0,15	0	0
Connaraceae	0	0	0	0	0	0	0	0	0	0	0	0	0	0	0	0	0,67	3,63	0	0
Dracaenaceae	0	0	0	0	1,49	0,38	0	0	0	0	1,32	1,02	0	0	1,02	0,19	0,67	0,46	1,16	0,48
Ebenaceae	0	0	0	0	0	0	0	0	0	0	1,32	0,51	0	0	0	0	2	0,27	1,16	0,24
Euphorbiaceae	14,3	2,56	17	20,5	10,4	3,85	23,4	16,3	10,9	14	13,5	6,12	16,7	8,33	12,2	16,3	12	15,1	11,6	13,8
Fabaceae	0	0	4,26	4,22	1,49	3,08	2,13	3,13	2,17	1,65	1,32	0,51	0	0	1,02	0,94	2	1,2	1,16	0,48
Flacourtiaceae	0	0	4,26	1,81	1,49	1,15	6,38	7,5	4,35	3,31	0	0	0	0	1,02	0,19	2	0,31	0	0
Hypericaceae	0	0	0	0	0	0	0	0	0	0	1,32	0,51	0	0	0	0	0	0	0	0
Irvingiaceae	0	0	0	0	4,48	1,32	2,13	1,25	2,17	0,83	0	0	0	0	3,06	2,06	2,67	0,46	1,16	1,21
Lauraceae	0	0	0	0	1,49	0,38	0	0	0	0	1,32	0,51	0	0	1,02	0,19	0	0	1,16	0,24
Lecythidaceae	0	0	2,13	2,41	1,49	4,23	2,13	4,38	2,17	2,48	1,32	8,67	2,78	3,13	1,02	4,63	0,67	4,55	1,16	3,86
Meliaceae	0	0	6,38	1,81	5,97	11,9	4,26	3,75	13	7,44	3,62	8,16	11,1	12,5	8,16	11,4	8	10,2	5,81	4,83
Mimosaceae	14,3	2,56	4,26	1,81	4,48	10,4	4,26	2,5	2,17	0,83	5,77	7,14	5,56	2,08	5,1	2,06	4	2,47	4,65	2,42
Moraceae	14,3	3,85	2,13	1,2	1,49	0,38	4,26	4,38	0	0	0	0	0	0	1,02	0,56	1,33	0,73	1,16	0,24
Musaceae	0	0	0	0	0	0	2,13	0,63	0	0	0	0	0	0	0	0	0	0	0	0
Myristicaceae	0	0	0	0	1,49	0,38	0	0	4,35	2,48	1,32	1,02	5,56	4,17	3,06	1,88	2	1,58	3,43	1,93
Myrtaceae	0	0	0	0	0	0	0	0	0	0	0	0	0	0	2,78	1,04	1,02	0,19	0	0
Ochnaceae	0	0	0	0	0	0	0	0	0	0	0	0	2,78	1,04	1,02	1,63	0,67	0,63	1,16	0,24
Olacaceae	0	0	4,26	1,81	2,99	1,92	4,26	4,38	0	0	5,77	3,06	8,33	4,17	4,08	4,69	3,33	5,21	6,98	5,07
Palmaceae	7,14	1,28	2,13	3,01	1,49	0,38	2,13	0,63	2,17	0,83	0	0	0	0	0	0	1,33	0,5	1,16	0,48
Pandaceae	0	0	2,13	1,81	1,49	3,85	2,13	1,88	2,17	1,65	1,32	11,7	2,78	16,7	1,02	4,88	0,67	6,93	1,16	10,1
Passifloraceae	0	0	2,13	1,2	0	0	0	0	0	0	0	0	0	0	1,02	0,19	0,67	0,08	0	0
Polygalaceae	0	0	0	0	1,49	0,38	0	0	0	0	1,32	0,51	0	0	0	0	0,67	0,08	0	0
Rhamnaceae	0	0	0	0	0	0	0	0	0	0	0	0	0	0	1,02	0,19	0	0	0	0
Rubiaceae	7,14	67,9	14,9	22,9	13,4	8,46	4,26	6,75	10,9	3,09	11,5	6,12	11,1	7,29	11,2	6,19	8	6,19	9,3	4,11
Rutaceae	0	0	0	0	0	0	4,48	1,15	0	0	2,17	0,83	0	0	0	0	2,04	0,75	1,33	0,62	2,33	0,48
Sapindaceae	7,14	1,28	4,26	3,61	4,48	3,08	6,38	3,13	8,7	4,13	5,77	2,55	2,78	1,04	3,06	6,94	4	3,2	6,38	3,62
Sapotaceae	0	0	2,13	2,41	1,49	0,38	2,13	1,88	2,17	1,65	0	0	0	0	0	0	4	1,47	3,43	1,69
Sterculiaceae	7,14	1,28	0	0	2,99	1,54	0	0	0	0	0	0	2,78	1,04	3,06	2,44	1,33	0,23	2,33	1,45
Tiliaceae	7,14	8,97	4,26	2,41	2,99	1,54	2,13	0,63	2,17	5,79	1,32	0,51	0	0	2,04	0,75	4	1,35	3,43	0,72
Ulmaceae	0	0	2,13	0,6	4,48	18,8	4,26	4,38	2,17	0,83	3,85	2,04	5,56	3,13	2,04	2,06	2	1,89	1,16	0,48
Urticaceae	0	0	0	0	0	0	0	0	0	0	0	0	0	0	1,02	0,19	0	0	0	0
Verbenaceae	0	0	0	0	0	0	0	0	0	0	0	0	0	0	1,02	0,56	1,33	0,15	0	0
Violaceae	0	0	0	0	1,49	0,38	2,13	1,25	0	0	1,32	2,04	2,78	2,08	2,04	0,38	1,33	3,36	2,33	2,66
Vitaceae	0	0	0	0	0	0	0	0	0	0	0	0	0	0	0	0	0,67	0,23	0	0
Total	100	100	100	100	100	100	100	100	100	100	100	100	100	100	100	100	100	100	100	100

Annexe 6. Sommes des coefficients d'importance des plantes utiles par types d'usage selon la perception des populations Badjoué.

A : Artisanat; B: Bois de chauffe ; C : Arbre à chenilles ; D : Bois de Construction ; E : Fruits ; F : Pharmacopée populaires; G: Champignons commestibles

Nom Badjoué	Nom latin	A	B	C	D	E	F	G
	Plantes							
Etié	*Aframomum* spp.					51		
Anoumpor	*Ageratum conyzoides* L.						16	
Ossa	*Albizia adianthifolia* (Schum) W.F. Wigth		3					
Ossaa	*Albizia* sp.				6			
Bièh	*Allanblackia floribunda* Oliv.					10	8	
Lomo	*Alstonia boonei* De wild.		3				20	
Piéyé	*Annikia chlorantha* (Oliv.) Stten & P.J. Maas		8		2		8	
Onkiko	*Antrocaryon klaineanum* Pierre					14		
Odjo	*Baillonella toxisperma* Pieerr		9	18	6	32		
Tom	*Beilschmiedia* sp.		3			8		
Empassa	*Bertiera racemosa* (G. Don) K. Schum.				5			
Olibé	*Bridelia grandis* Pierre ex Hutch.	1	27					
Ndouam	*Canarium schweinfurthii* Engl.			3		4	4	
Nuang	*Carpolobia alba* G.Don f.	4				17		
Doumo	*Ceiba pentandra* (L.) Gaertn.		9	9				
Odou	*Celtis mildbraedii* Engl.				8			
Zapi	*Chromoleana odorata* (L.) R.M. king & H.Robinson						4	
Enka	*Chytranthus* sp.1					6		
Etolo	*Chytranthus* sp.2					8		
Mbol	*Cleistopholis glauca* Pierre ex Engl. & Diels	6				9	4	
Ebilo ntaa	*Cola acuminata* (P.Beauv.) Schott & Endl.					12		
Amiomlo	*Combretum* sp.	5						
Tomsagwel	Cucurbitatceae						16	
Pia esia	*Dacryodes edulis* (G.Don)H.J. Lan					1		
Po	*Dacryodes macrophylla* (Oliv.) H.J.Lam.					8		
Oléa	*Desbordesia glaucescens*(Engl.) Van Thiegh				3			
Elone	*Diospyros hoyleana* F. White				8			
Siel	*Distemonanthus benthamianus* Baill.	1			5			
Dihézien	*Dracaena arborea* (Wild.)Link	5						
Okoro	*Drypetes gossweileri* S. Moore						8	
oka	*Duboscia viridiflora* (K.Schum.) Mild	2						
Elen	*Elaeis guineensis* Jacq.					20		
Ossié	*Entandrophragma utile* (Dawe & Sprague) Sprague			18	2			
Elone	*Erythrophleum suaveolens* (Guil. & Perr.)	1	9		3			
Fompim	*Ficus exasperata* Vahl.	2					6	
Etol	*Ficus mucuso* Welw. Ex Ficalho	3	3					
Ndama	*Funtumia elastica* (Preuss) Stapf	1						
Obom	*Gambeya lacourtiana* (De wild) Aubr.					21		
Ngwel	*Garcinia cola* Hecket					14		
Dope	*Greenwayodendron suaveolens (*Engl. & Diels) Verdc		5		10			
Ciel	*Haumania danckelmaniana* (J. Braun & K. Schum.) Milne-Redh.					3		
Ebarakoul	*Heisteria zimmereri* Engl.	4			6			
Lan	*Hylodendron gabunenses* Taubert				15			

Nom local	Nom scientifique	C1	C2	C3	C4	C5	C6
Epooho	*Hypselodelphys zenkeriana* (K.Schum.) Milne - Redh.				2		
Djafoam	*Irvingia gabonensis* (Aurey-Lecomte ex O'Rorke) Baill.				3		
Onua	*Irvingia gabonensis* (Aurey-Lecomte ex O'Rorke) Baill.		3		24		
Lien	*Irvingia grandifolia* (Engl.) Engl.				4		
Liène	*Irvingia grandifolia* (Engl.) Engl.			6			
kwaldjuéhé	*Klainedoxa gabonensis* Pierre				4		
Odjuèhè	*Klainedoxa gabonensis* Pierre				10		
Akalo	*Laccosperma secundiflorum* (P.Beauv.) Kuntze	8					
Ekoho	*Landolphia* spp.				16		
akiba	*Laportea aestuans* (L.) Chew					4	
Essie	*Macaranga* spp.		2		44		
Ozedenkono	*Maesobotrya klaineana* (Pierre) J. Léonard	1					
Obore	*Mammea africana* Sabine				2	9	
Kwan	*Manilkara letouzei* Aubrev.					6	
Koukoho	*Manniophyton fulvum* Müll.Arg.					6	
Ndouhourou	*Marantochloa filipensis* (Benth.) Hutch.	7					
Eféhé enkolo/konkéliba	*Marantochloa purpurea* (Ridl.) Milne-Redh.				15		
Béyai	*Margaritaria discoidea* (Baill.) Webster		2	3			
Somo	*Massularia* sp.			4			
Ekouwouh	*Megaphrynium macrostachyum* (Benth.) Milne - Redh.	9					
Lino	*Microdesmis puberula* Hook. f. ex Planch.		3				
Nka kouan	*Mikania cordata* (Burm.f.) B.L.					4	
Ntoualom	*Monodora myristica* (Gaertn.) Duanal				7		
Enteuneu	*Morinda lucida* Benth		1				
Otomo	*Morinda lucida* Benth					8	
Esséa	*Musanga cecropioides* R. Br. Ex Tedlie		1		6		
Alongtéré	*Myrianthemum mirabile* Gilg				9		
Komtilé	*Myrianthus arboreus* P. Beauv.		2		2	15	4
Ekoudoum	*Nauclea diderrichii* (De Wild) Merril				3	18	
Nka	*Nesogorrdonia papeverifera* (A. Chev.) Cap.	11					
Lôh	*Oncocalamus mannii* (H.Wendl.) H. Wendl.	14					
Duhédjiel	*Ouratea* sp				16		
Ntomo	*Pachypodanthium staudtii* (Engl. & Diels)				3		
Ebolème	*Palisota* sp.				8		
Nkèl	*Panda oleosa* Pierre				10		
Egbwa	*Paullina pinnata* L.				21	4	
Pankol	*Pentadiplandra brazzeana* Baillon				8	8	
Bih	*Petersianthus macrocarpus* (Beauv.) Liben			29	19		
mbanwoh	*Piper guineense* Schum. & Thonn.				19		
Eboma	*Piper umbellatum* L.				9		
Toum	*Piptadeniastum africanum* (Hook.f.)) Brenan		3				
Ezio	*Pteridium aquilinum* (L.) Kuhn (bracken)				31		
Ntime	*Pterocarpus soyauxii* Taub.			6			
Teng	*Pycnanthus angolensis* (Welw.) Exell	9					
vol	*Ricinodendron heudelotii* (Baill.) Pierre ex H…		3		20		
Mpèh	*Rinorea oblongifolia* (C.H. Wright) Marqua		3	13			
Louap	*Rothmaria* sp.		3				
Namen	*Santiria trimera* (oliv.) Aubrév.				13		
Nso kième	*Sorindeia grandifolia* Engl.				3		
Adia	Indérterminée					8	
Akabia	Indérterminée		5			4	
Dinalé	Indérterminée		1				
Djafam	Indérterminée			3			

Name	Scientific	C1	C2	C3	C4	C5	C6	C7
Do'o	Indérterminée					4		
Elouam	Indérterminée		5					
Eguilloum	Indérterminée					4		
Kolboure	Indérterminée			6				
Lolo	Indérterminée			3				
Mbeuh	Indérterminée				4			
Ndie	Indérterminée	8						
Ngwakom	Indérterminée			6				
Balabala	*Spathodea campanulata* P.Beauv.					6		
Epooh	*Sterculia tragacantha* Lindl.			22				
Pim	*Strombosia pustulata* Oliv.	1		4				
Tim	*Strombosiopsis tetrandra* Engl.			4				
nkolinko	*Strychnos* spp.	9						
Pan	*Tabernaemontana crassa* Benth.	2		3	16			
Pandjèle	*Tabernaemontana penduliflora* K. Schum.	7			2	12		
Olen	*Terminalia superba* Engl. & Diels	1		4		8		
Assadju	*Tetrapleura tetraptera* (Schum.&Thonn.)Taub				14			
Nso abourabou	*Trichoscypha abut* Engl. & Brehmer				3			
Nso	*Trichoscypha acuminata* Engl.			2	29	4		
Nko'o	*Trichoscypha arborea* (A Chev.) A. Chev				23			
Odjuh	*Triplochiton scleroxylon* K. Schum.	1	26					
Ossom	Uapaca spp.	1	21	13	24			
Mpintà'a	*Uvariopsis le-testui* Pellegr.	3				6		
Mbanga	*Vernonia conferta* Benth.	2		1		4		
Panga	*Vernonia conferta* Benth.					8		
Nkoubiè	*Xylopia hypolampra* Mildbr.			3	10	8		
Djou	*Zanthoxyllum hetzii* (Aubr. & Pellegr.)			2				
Champignons								
Abélé								23
Akpwo-								8
Akpwo-								12
Ampim								19
Ankoho								19
Ankoutââh								24
Ankpwonkp								16
Apouro kan								23
Atodouana								16
Aton 'ha								12
Aton'ha								4
Dee'eu								20
Deu'eu								4
deuu elen								4
Deûû elen								12
Duéhé								3
Ebarékua								10
Ebobo								19
Edjen								3
Empono								7
Kaha								3
Kolwo								3
Maha								20
Mpoubo								16
Sàh								4
Tséhlé deûû								19
Tséhlé ka'a								7
Ziih								19
Zizam								24
Total		**81**	**4**	**21**	**19**	**70**	**22**	**37**

Annexe 7. Liste de toutes les plantes recensées au cours des inventaires et des enquêtes.

TB : Type biologique ; Herb : herbacées, Mcph : microphanérophytes, Mgph : Mégaphanérophytes ; Msph : méspphanérophytes ; Nnph : nanophanérophytes ; Phgrv : phanérophytes lianescent. TD : Type de dissémination ; Bal : balochores ; Bar : barochores, Plé : pléochores ; Pté : ptérochores ; Sar : sarchores ; Scl : sclérochores. FO : Type de forêt ; Fp : forêt primaire ; FII : forêt secondaire, Fhydr : forêt hydromorphe Pio : Espèces pionnières

Famille	Nom Latin	TB	TD	TFO
Acanthacaea	*Whitfieldia thollonii* (Baill.) Benoist	NnPh		
Acanthaceae	*Brillanasia* sp.	Herb		
Acanthaceae	*Brillantaisia vogeliana* (Nees) Benth.	Herb		
Acanthaceae	*Elytraria marganita* Vahl	Herb		
Acanthaceae	*Pseuderanthemum tunicatum* (Afze.)Milne Red-h.	Herb		
Acanthaceae	*Whitfieldia longifolia* T.Anders.	Herb		
Adiantaceae	*Pteris preussii* Hier.	Herb		
Anacardiacea	*Sorindeia* cf. *classensii*	MsPh		
Anacardiaceae	*Antrocaryon klaineanum* Pierre	MgPh	Sar	Fp
Anacardiaceae	*Antrocaryon micraster* A Chev. & Guillaum.	MgPh	Sar	Fp
Anacardiaceae	*Lannea welwitschii* (Herm) Engl.	MgPh	Sar	Fp
Anacardiaceae	*Sorindeia grandifolia* Engl.	MsPh	Sar	Fp
Anacardiaceae	*Sorindeia* sp.2	MsPh		
Anacardiaceae	*Sorindeia* sp1.	MsPh		
Anacardiaceae	*Trichoscypha abut* Engl. & Brehmer	McPh	Sar	Fp
Anacardiaceae	*Trichoscypha acuminata* Engl.	MgPh	Sr	Fp
Anacardiaceae	*Trichoscypha arborea*(A Chev.) A. Chev	MgPh	Sar	Fp
Annonaceae	*Annikia chlorantha* (Oliv.) Stten & P.J. Maas	MsPh	Sar	Fp
Annonaceae	*Anonidium mannii* (Olv.) Engl. & Diels	MsPh	Sar	Fp
Annonaceae	*Artabotrys rhopalocarpus* Le Thomas	Phgrv		
Annonaceae	*Cleistopholis glauca* Pierre ex Engl. & Diels	MsPh	Sar	Fp
Annonaceae	*Cleistopholis patens* (Benth.)Engl.& Diels	MsPh	Sar	Fp
Annonaceae	*Cleistopholis staudtii*	MsPh	Sar	Fp
Annonaceae	*Friesodielsia gracilis* (Hook.f.) Steenis	Phgrv		
Annonaceae	*Greenwayodendron suaveolens* (Engl. & Diels) Verdc.	MsPh	Sar	Fp
Annonaceae	*Isolona hexaloba* (Pierre) Engl. & Diels	McPh	Sar	Fp
Annonaceae	*Monodora myristica* (Gaertn.) Duanal	MsPh	Sar	FII
Annonaceae	*Neostenanthera myristicifolia* (Oliv.) Exell.	McPh	Sar	Fp
Annonaceae	*Pachypodanthium staudtii* (Engl. & Diels)	MsPh	Sar	Fp
Annonaceae	*Uvariastrum pierranum* Engl. & Diels	McPh	Sar	Fp
Annonaceae	*Uvariopsis* sp.	McPh		
Annonaceae	*Uvariopsis letestui* Pellegr.	McPh	Sar	Fp
Annonaceae	*Xylopia hypolampra* Mildbr.	MsPh	Sar	FII
Annonaceae	*Xylopia parvifolia* (A. Rich.) Benth.	McPh	Sar	Fp
Annonaceae	*Xylopia quintasii* Engl. & Diels	MsPh	Sar	Fp
Annonaceae	*Xylopia rubescens* Engl.& Diels	McPh	Sar	Fp
Annonaceae	*Xylopia staudtii* Engl. & Diels	MsPh	Sar	Fp
Anysophylleaceae	*Anopyxis klaineana* (Pierre) Engl.	MgPh	Sar	Fp
Apiaceae	*Centella asiatica* (L.) Urb.	Herb		
Apocynaceae	*Alstonia boonei* De wild.	MgPh	Pog	FII

Apocynaceae	Funtumia elastica (Preuss) Stapf	MsPh	Pog	FII
Apocynaceae	Landolphia spp.	Phgrv		
Apocynaceae	Picralima tidida (Stapf)Th.Cur.	MsPh	Sar	Fp
Apocynaceae	Rauvolfia macrophylla Stapf	MsPh	Sar	FII
Apocynaceae	Strophanthus sp.	Phgrv		
Apocynaceae	Tabernaemontana crassa Benth.	MsPh	Sar	FII
Apocynaceae	Tabernaemontana inconspicua Stapf	McPh	Sar	Fp
Apocynaceae	Tabernaemontana penduliflora K. Schum.	MsPh	Sar	FII
Apocynaceae	Voacanga africana Stapf	McPh	Sar	FII
Araceae	Anchomanes difformis (Blume) Engl.	Herb		
Araceae	Asparagus racemosa Willd.	Phgrv		
Araceae	Caladium bicolor (Aiton) Vent.	Herb		
Araceae	Nephthytis gravenreuthii (Engl.) Engl.	Herb		
Araceae	Nephthytis poissonii (Engl.) N.E.Br. var.poissonii	Herb		
Araceae	Rhektophyllum mirabile NE Br.	Herb		
Araceae	Stylochaeton zenkeri Engl.	Herb		
Araceae	Xanthosoma mafaffa (L.) Schott.	Herb		
Asteraceae	Ageratum conyzoides L.	Herb		
Asteraceae	Chromolaena odorata (L.) R.M. king & H.Robinson	Herb		
Asteraceae	Elaphantopus mollis kunth	Herb		
Asteraceae	Leptaspis cohleata	Herb		
Asteraceae	Mikania cordata (Burm.f.) B.L.	Herb		
Asteraceae	Vernonia conferta Benth.	McPh	Plé	Pio
Athyriaceae	Ctenis protensa (Afzel. Ex Sw.) C. Chr.	Herb		
Bignoniaceae	Fernandoa adolphi friderici Gilg. & Mildbr.	MsPh	Pté	FII
Bignoniaceae	Markhamia lutea (Beth.) K. Schum.	McPh	Pté	FII
Bignoniaceae	Spathodea campanulata P.Beauv.	MsPh	Pté	FII
Bombacaceae	Ceiba pentandra (L.) Gaertn.	MgPh	Pog	FII
Boraginaceae	Cordia platythyrsa Bak.	MsPh	Sar	FII
Burseraceae	Canarium schweinfurthii Engl.	MgPh	Sar	Fp
Burseraceae	Dacryodes macrophylla (Oliv.) H.J.Lam.	MsPh	Sar	FII
Burseraceae	Dacryodes buettneri (Engl.) Lan	MsPh	Sar	FII
Burseraceae	Dacryodes edulis (G.Don)H.J. Lan	MsPh	Sar	Fp
Burseraceae	Dacryodes macrophylla (Oliv.) H.J.Lam.	MsPh	Sar	Fp
Burseraceae	Dacryodes sp.	McPh		
Burseraceae	Santiria trimera (oliv.) Aubrév.	MsPh	Sar	Fp
Caesalpiniaceae	Afelia pipindensis Harms	MgPh	Sar	Fp
Caesalpiniaceae	Afezelia bella Harms	MgPh	Sar	Fp
Caesalpiniaceae	Amphimas ferrugineus Pierre ex Pellegr.	MgPh	Pté	FII
Caesalpiniaceae	Amphimas pterocarpoides Harms	McPh	Pté	Fp
Caesalpiniaceae	Anthonotha cladantha (Harms) Léonard	MsPh	Bal	Fp
Caesalpiniaceae	Anthonotha macrophylla P.Beauv.	MsPh	Bal	Fp, Fhydr
Caesalpiniaceae	Cassia hirsuta L.	NnPh		
Caesalpiniaceae	Cassia mimosoides L.	NnPh		
Caesalpiniaceae	Dialium bipendense Harms	MsPh	Scl	Fp
Caesalpiniaceae	Dialium sp.1	MsPh		
Caesalpiniaceae	Dialium sp.2	MsPh		
Caesalpiniaceae	Dialum pachyphyllum Harms	MsPh	Scl	FP
Caesalpiniaceae	Distemonanthus benthamianus Baill.	MgPh	Bar	Fp

Caesalpiniaceae	*Erythrophleum suaveolens* (Guil. & Perr.) Brenan	MgPh	Bar	Fp
Caesalpiniaceae	*Hylodendron gabunenses* taubert	MsPh	Bar	Fp
Caesalpiniaceae	*Pachyelasma tessmannii* (harms) Harms	MgPh	Bal	Fp
Caesalpiniaceae	*Tessmania africana* Harms	MgPh	Bal	Fp
Caesalpiniaceae	*Tessmania anomala* (Micheli) Harms.	MgPh	Bal	Fp
Cecropiaceae	*Musanga cecropioides* R. Br. Ex Tedlie	MsPh	Sar	Pio
Cecropiaceae	*Myrianthus arboreus* P. Beauv.	MsPh	Sar	FII
Chrysobalanaceae	*Maranthes glabra* (Oliv.) Prance	MgPh	Sar	Fp
Chrysobalanaceae	*Maranthes* sp.	MsPh		
Clusiaceae	*Allanblackia floribunda* Oliv.	McPh	Bar	FII
Clusiaceae	*Allanblackia gabonensis* (Pellegr.) Bamps	McPh	Bar	FII
Clusiaceae	*Garcinia cola* Hecket	McPh	Sar	Fp
Clusiaceae	*Garcinia* sp.	McPh		
Clusiaceae	*Mammea africana* Sabine	MgPh	Sar	Fp, Fhydr
Clusiaceae	*Symphonia globulifera* L. f.	MgPh	Sar	Fp
Combretaceae	*Combretum* sp.	Phgrv		
Combretaceae	*Pteleopsis hylodendron* Mildbr.	MgPh	Pté	Fp
Combretaceae	*Terminalia superba* Engl. & Diels	MgPh	Pté	FII
Commelinaceae	*Commelina benghalensis* L.	Herb		
Commelinaceae	*Palisota ambigua* (P.Beauv.) C.B. Clarke	Herb		
Commelinaceae	*Palisota hirsuta* (Thunb.) K. Schum.	Herb		
Commelinaceae	*Palisota mannii* C.B. Clarke	Herb		
Commelinaceae	*Palisota* sp.	Herb		
Commelinaceae	*Pollia condensata* C.B. Clarke	Herb		
Connaraceae	*Cnestis ferruginea* Vahl ex DC	Phgrv		
Connaraceae	*Rourea obliquifoliolata* Gilg	NnPh		
Convolvulaceae	*Ipomoea batatas* L.	Herb		
Costaceae	*Costus afer* Ker Gawler	Herb		FII
Costaceae	*Costus albus* A. Chev. Ex J. Koechlin	Herb		
Costaceae	*Costus dewevrei* De Wild. & T.Durand	Herb		
Costaceae	*Costus dinklagei* K.Schum.	Herb		
Costaceae	*Costus* sp.	Herb		
Cucurbitaceae	*Cucumis melo* L.	Phgrv		
Cyperaceae	*Cyperus* sp.	Herb		
Cyperaceae	*Mapania* sp.	Herb		
Cyperaceae	*Scleria racemosa* Poir.	Herb		
Dennstaedtiaceae	*Microlepia speluncae*(L.) Moore	Herb		
Dennstaedtiaceae	*Pteridium aquilinum* (L.) Kuhn (bracken)	Herb		
Dilleniaceae	*Tetracera* spp.	Phgrv		
Dioscoreaceae	*Discorea* spp.	Herb		
Dioscoreaceae	*Disocorea bulbifera* L.	Herb		
Dioscoreaceae	*Disocorea* sp1.	Herb		
Dracaenaceae	*Dracaena arborea* (Wild.)Link	MsPh	Sar	Fp
Ebenaceae	*Diospyros crassiflora* Heirn	MsPh	Sar	Fp
Ebenaceae	*Diospyros hoyleana* F. White	McPh	Sar	Fp
Ebenaceae	*Diospyros mombuttensis* Gurke.	MsPh	Sar	FII
Ebenaceae	*Diospyros* sp.	McPh		
Erythroxylaceae	*Erythroxylum mannii* Oliv.	MsPh	Sar	FII
Euphorbiaceae	*Alchornea cordifolia* (Schum. & Thonn.) Müll.Arg.	NnPh	Sar	FII

Family	Species			
Euphorbiaceae	*Alchornea floribunda* Müll.Arg.	NnPh	Sar	Fp
Euphorbiaceae	*Alchornea laxiflora* (Benth.) Pax & K.Hoffm.	McPh	Sar	FII
Euphorbiaceae	*Antidesma laciniatum* Müll. Arg.	McPh	Sar	Fp
Euphorbiaceae	*Antidesma membranaceum* Mull.Arg.	McPh	Sar	Fp
Euphorbiaceae	*Antidesma* sp.1	McPh		
Euphorbiaceae	*Antidesma* sp.2	MsPh		
Euphorbiaceae	*Bridelia grandis* Pierre ex Hutch.	MsPh	Sar	FII
Euphorbiaceae	*Bridelia micrantha* (Hochst) Baill.	McPh	Sar	FII
Euphorbiaceae	*Discoglypremna caloneura* (Pax) Prain	MsPh	Sar	FII
Euphorbiaceae	*Drypetes aylmerie* Hutch.& Dalziel	McPh	Sar	Fp
Euphorbiaceae	*Drypetes capillipes* (Pax) Pax & Hoffm.	McPh	Sar	FP
Euphorbiaceae	*Drypetes gossweileri* S. Moore	McPh	Sar	FP
Euphorbiaceae	*Drypetes inaequalis* Hutch.	McPh	Sar	FP
Euphorbiaceae	*Drypetes klainei* Pierre ex Pax	McPh	Sar	Fp
Euphorbiaceae	*Drypetes laciniata* (Pax) Hutch.	McPh	Sar	Fp
Euphorbiaceae	*Drypetes molunduana* Pax & Hoffm.	MsPh	Sar	Fp
Euphorbiaceae	*Drypetes* sp.1	MsPh	Sar	Fp
Euphorbiaceae	*Drypetes* sp.2	MsPh	Sar	Fp
Euphorbiaceae	*Drypetes* sp.3	MsPh	Sar	Fp
Euphorbiaceae	*Drypetes staudtii* (Pax) Hutch.	McPh	Sar	Fp
Euphorbiaceae	*Drypetes tessmanniana* (Pax) Hutch.	McPh	Sar	Fp
Euphorbiaceae	*Elaephorbia grandifolia* (Welw.) C.DC.	McPh	Sar	Fp
Euphorbiaceae	*Grossera macrantha* Pax.	McPh	Scl	Fp
Euphorbiaceae	*Grossera* sp.1	McPh		
Euphorbiaceae	*Grossera* sp.2	McPh		
Euphorbiaceae	*Hymenocardia lyrata* Tul.	MsPh	Pté	FII
Euphorbiaceae	*kaeyodendron bridelioides* (Hutch & Dalz) Léandri	MsPh	Sar	Fp
Euphorbiaceae	*Macaranga barteri* Müll. Arg.	MsPh	Sar	Pio
Euphorbiaceae	*Macaranga* sp.	Mcph		
Euphorbiaceae	*Macaranga spinosa* Müll.Arg.	MsPh	Sar	Pio
Euphorbiaceae	*Maesobotrya klaineana* (Pierre) J. Léonard	MsPh	Sar	Fp
Euphorbiaceae	*Manihot esculenta* Crantz.	Herb		
Euphorbiaceae	*Manniophyton fulvum* Müll.Arg.	Phgrv		
Euphorbiaceae	*Mareyopsis longifolia* (Pax) Pax & Hoffm.	McPh	Sar	Fp
Euphorbiaceae	*Margaritaria discoidea* (Baill.) Webster	MgPh	Pté	FII
Euphorbiaceae	*Maria* sp.	McPh		
Euphorbiaceae	*Paullina pinnata* L.	Phgrv		
Euphorbiaceae	*Phyllanthus amarus* Schumach.& Thonn.	Herb		
Euphorbiaceae	*Plagiostyles africana* (Mill.Arg.) Prain	MsPh	Sar	Fp
Euphorbiaceae	*Ricinodendron heudelotii* (Baill.) Pierre ex Heckel	MgPh	Sar	FII
Euphorbiaceae	*Sapium ellipticum* (Hochst) Pax	MsPh	Sar	Fp
Euphorbiaceae	*Tetrorchidium didymostemon* (Baill.) Pax ex Hoffm.	MsPh	Sar	FII
Euphorbiaceae	*Tragia senegalensis* Müll.Arg.	Herb		
Euphorbiaceae	*Uapaca acuminata* (Hutch.) Pax & Hoffm.	MsPh	Sar	Fp, Fhydr
Euphorbiaceae	*Uapaca guineensis* Müll. Arg.	MsPh	Sar	Fp, Fhydr
Euphorbiaceae	*Uapaca heudelotii* Baill.	MsPh	Sar	Fp, Fhydr

Euphorbiaceae	*Uapaca paludosa* Aubrev. & Léandri	MgPh	Sar	Fp, Fhydr
Euphorbiaceae	*Uapaca staudtii* Pax	MsPh	Sar	Fp
Euphorbiaceae	*Uapaca vahanouttei* De Wild.	MsPh	Sar	Fp
Fabaceae	*Angylocalyx pynaertii* De Wild.	McPh	Sar	Fp
Fabaceae	*Cassia spectabilis* D.C.	McPh		
Fabaceae	*Centrosema pubescens* Benth.	Herb		
Fabaceae	*Millettia* sp.	Mcph		
Fabaceae	*Pterocarpus soyauxii* Taub.	MgPh	Pté	Fp, Fhydr
Fabaceae	*Pterocarpus mildbraedii* Harms	MgPh	Pté	Fp
Flacourtiaceae	*Caloncoba echinata*(Oliv.) Gilg.	McPh	Sar	FII
Flacourtiaceae	*Homalium le-testui* Pellegr.	MsPh	Sar	Fp
Flacourtiaceae	*Homalium* sp.	McPh		
Flacourtiaceae	*Lindackeria dentata (*Oliv.) Gilg.	McPh	Sar	Pio
Flacourtiaceae	*Oncoba glauca* (P. Beauv.) Planch.	McPh	Sar	FII
Flacourtiaceae	*Oncoba welwitschii* Oliv.	MsPh	Sar	FII
Hypericaceae	*Harungana madagascariensis* Lam.ex Poir	McPh	Sar	Pio
Hypocrateaceae	*Hypocratea* sp.	Phgrv		
Irvingiaceae	*Desbordesia glaucescens*(Engl.) Van Thiegh	MgPh	Pté	Fp
Irvingiaceae	*Irvingia gabonensis* (Aurey-Lecomte ex O'Rorke) Bail.	MsPh	Sar	Fp
Irvingiaceae	*Irvingia grandifolia* (Engl.) Engl.	MsPh	Sar	Fp
Irvingiaceae	*Klainedoxa gabonensis* Pierre	MgPh	Sar	Fp
Irvingiaceae	*Klainedoxa grandifolia* (Engl.) Engl.	MgPh	Sar	Fp
Irvingiaceae	*Klainedoxa microphyla* (Pellegr.) Gentry	MgPh	Sar	Fp
Ixonanthaceae	*Octhocosmus africanus* Hook.f.	MsPh	Sar	Fp
Lauraceae	*Beilschmiedia* sp.1	McPh	Sar	Fp
Lauraceae	*Beilschmiedia* sp.2	McPh	Sar	Fp
Lauraceae	*Persea americana* Miller	MsPh	Sar	
Lecythidaceae	*Petersianthus macrocarpus* (Beauv.) Liben	MgPh	Sar	FII
Leeaceae	*Leea guineensis* G. Don	Phgrv	Sar	FII
Lepidobotryaceae	*Lepidobotrys staudtii* Engl.	MsPh	Sar	Fp
Liliaceae	*Chlorophytum* sp.	Herb		
Linaceae	*Hugonia* sp.	Phgrv		
Loganiaceae	*Mostuea* sp.	Herb		
Loganiaceae	*Mostuea brunonis* Didr. var.brunonis	Herb		
Loganiaceae	*Strychnos* sp.	Phgrv		
Lomariopsidaceae	*Bolbitis gemmifera* (Hier.) C. Christensen	Herb		
Malvaceae	*Sida rhombifolia* L.	Herb		
Marantaceae	*Ataenidia conferta* (K. Schum.) K. schum.	Herb		
Marantaceae	*Halopegia azurea* (K. Schum.) K. Schum	Herb		
Marantaceae	*Haumania danckelmaniana* (J. Braun & K. Schum.) Milne Red-h.	Herb		
Marantaceae	*Hypodaphnis zenkeri* (Engl.) Stapf	Mcph	Sar	FP
Marantaceae	*Hypselodelphys scadens* Loius& Mullend	Herb		
Marantaceae	*Hypselodelphys zenkeriana* (K.Schum.) Milne Red-h.	Herb		
Marantaceae	*Marantochloa cordifolia* (K.Schum.) Koechlin	Herb		
Marantaceae	*Marantochloa filipensis* (Benth.) Hutch.	Herb		
Marantaceae	*Marantochloa holostachya* (Bak.) Hutch.	Herb		

Marantaceae	*Marantochloa purpurea* (Ridl.) Milne Red-h.	Herb		
Marantaceae	*Megaphrynium macrostachyum (Benth.) Milne - Redh.*	Herb		
Marantaceae	*Megaphrynium trichogynum* Koechlin	Herb		
Marantaceae	*Sarcophrynium brachystachys* (benth.) K.Schum.	Herb		
Marantaceae	*Sarcophrynium prionogonium* K.Schum.	Herb		
Marantaceae	*Sarcophrynium schweinfurthianum* (kuntze) Milne Red-h.	Herb		
Marantaceae	*Thalia welwitschii* Ridl.	Herb		
Marantaceae	*Trachyphrynium braunianum* (K. Schum.) Baker	Herb		
Melastomataceae	*Memecylon* sp.	Herb		
Melastomataceae	*Myrianthemum mirabile* Gilg	Herb		
Meliaceae	*Carapa procera* DC.	MgPh	Sar	Fp
Meliaceae	*Entandrophragma angolense* (Welw.)C.D.C.	MgPh	Pté	FP
Meliaceae	*Entandrophragma candollei* Harms	MgPh	Pté	Fp
Meliaceae	*Entandrophragma cylindricum* (Sprague) Sprague	MgPh	Pté	Fp
Meliaceae	*Entandrophragma utile* (Dawe & Sprague) Sprague	MgPh	Pté	Fp
Meliaceae	*Guarea cedrata* (A.Chev.) Pellegr.	MgPh	Sar	Fp
Meliaceae	*Guarea thompsonii* Sprague & Hutch.	MgPh	Sar	Fp
Meliaceae	*Khaya ivorensis* A. Chev.	MgPh	Bal	Fp
Meliaceae	*Lovoa trichilioides* Harms	MgPh	Bal	Fp
Meliaceae	*Trichilia rubescens* Oliv.	MsPh	Sar	Fp
Meliaceae	*Trichilia tessmannii* Harms	MsPh	Sar	Fp
Meliaceae	*Trichilia welwitschii* C.DC.	MsPh	Sar	Fp
Meliaceae	*Turreanthus africanus* (Welw. Ex C. DC.) Pellegr.	MgPh	Sar	Fp
Menispermaceae	*Jateorhiza macrantha (Hook.f.) Exelle & Mendouça*	Phgrv		
Menispersmaceae	*Penianthus longifolius* Miers	McPh	Sar	Fp
Menispersmaceae	*Penianthus znkeri* (Engl.) Diels	McPh	Sar	Fp
Mimosaceae	*Acacia* sp.	Phgrv		
Mimosaceae	*Albizia adianthifolia* (Schum) W.F. Wigth	McPh	Sar	FII
Mimosaceae	*Albizia ferruginea* (Gull.&Perr.)enth	McPh	Sar	FII
Mimosaceae	*Albizia glaberrima* (Schum&Thonn.) Benth	McPh	Bar	FII
Mimosaceae	*Albizia glaberrima* (Schum. &thonn.) Benth.	McPh	Bar	Fp
Mimosaceae	*Albizia zygia*(DC) J.F.Macbr.	McPh	Bar	FII
Mimosaceae	*Calpocalyx dinklagei* Harms	McPh	Sar	Fp
Mimosaceae	*Cylicodiscus gabunensis* Harms	MgPh	Bal	Fp
Mimosaceae	*Pentaclerathra macrophylla* Benth.	MsPh	Bal	Fp
Mimosaceae	*Piptadeniastrum africanum* (Hook.f.) Brenan	MgPh	Bal	Fp
Mimosaceae	*Tetrapleura tetraptera*(Schum.&Thonn.)Taub	MsPh	Bal	Fp
Moraceae	*Ficus exasperata* Vahl.	MsPh	Sar	Pio
Moraceae	*Ficus mucuso* Welw. Ex Ficalho	MsPh	Sar	FII
Moraceae	*Milicia excelsa*(Welw.) Perg.	MgPh	Sar	Fp
Moraceae	*Treculia africana* Desc.	MsPh	Sar	Fp
Moraceae	*Trilepisiummadagascariense* DC.	MgPh	Sar	Fp
Musaceae	*Musa paradisaica* L.	McPh		
Myristicaceae	*Coelocaryon preussii* Warb.	MsPh	Sar	Fp
Myristicaceae	*Pycnanthus angolensis* (Welw.) Exell	MgPh	Sar	FII
Myristicaceae	*Staudtia kamerunensis* Warb.	MsPh	Pté	FII
Myrtaceae	*Syzygium rolandii* (Engl.) Mildbr.	MsPh	Sar	Fp

Ochnaceae	*Campylospermum elongatum* (Oliv.) Tiegh	McPh	Sar	Fp
Ochnaceae	*Campylospermum* sp.	McPh		
Ochnaceae	*Ouratea elongata* (Oliv.) Engl.	McPh		
Ochnaceae	*Ouratea* sp.	McPh		
Olacaceae	*Heisteria zimmereri* Engl.	MgPh	Sar	Fp
Olacaceae	*Olax* sp.	NnPh		
Olacaceae	*Ongokea gore* Pierre	MgPh	Sar	Fp
Olacaceae	*Strombosia pustulata* Oliv.	MsPh	Sar	Fp
Olacaceae	*Strombosia grandifolia* Hook.f.	MsPh	Sar	Fp
Olacaceae	*Strombosia* sp.	MsPh		
Olacaceae	*Strombosiopsis tetrandra* Engl.	MsPh	Sar	Fp
Orchidaceae	*Corymborkis corymbis* Thouars.	Herb		
Oxalidaceae	*Oxalis corniculata* L.	Herb		
Palmaceae	*Ancistrophyllum* sp.	Phgrv	Sar	Fp
Palmaceae	*Elaeis guineensis* Jacq.	MsPh	Sar	FII
Palmaceae	*Eremospatha hookeri* (G. Mann & H. Wendl.)	Phgrv		
Palmaceae	*Eremospatha macrocarpa* (G. Mann & H. Wendl.) H. Wendl.	Phgrv		
Palmaceae	*Laccosperma opacum* (G. Mann & H. Wendl.) Drude	Phgrv		
Palmaceae	*Laccosperma secundiflorum* (P.Beauv.) Kuntze	Phgrv		
Palmaceae	*Oncocalamus mannii* (H.Wendl.) H. Wendl.	Phgrv		
Pandaceae	*Microdesmis puberula* Hook. f. ex Planch.	NnPh	Sar	Fp
Pandaceae	*Panda oleosa* Pierre	MsPh	Sar	Fp
Passifloraceae	*Barteria nigritana* ssp. *Fistulosa* (Mast.) Sleuder	McPh	Sar	FII
Passifloraceae	*Passiflora foetida* L.	Herb		
Pentadiplandraceae	*Pentadiplandra brazzeana* Baillon	Phgrv		
Piperacaea	*Piper guineense* Schum. & Thonn.	Herb		
Piperacaea	*Piper umbellatum* L.	Herb		
Poaceae	*Centotheca lappacea* (L.) Desv.	Herb		
Poaceae	*Guaduella* sp.	Herb		
Poaceae	*Olyra latifolia* L.	Herb		
Poaceae	*Setaria barbata* (Lam.) Kunth	Herb		
Poaceae	*Streptogyna crinita* Beauv	Herb		
Polygalaceae	*Carpolobia alba* G.Don f.	McPh	Sar	FII
Rhamnaceae	*Gounia longipetala* Hensl.	Phgrv		
Rhamnaceae	*Maesopsis eminii* Engl.	MgPh	Sar	FII
Rubiaceae	*Bertiera aethiopica* Hiern	Phgrv	Sar	FII
Rubiaceae	*Bertiera racemosa* (G. Don) K. Schum.	McPh	Sar	FII
Rubiaceae	*Brenania brieyi* (De Wild.) Petit	MsPh	Sar	Fp
Rubiaceae	*Canthium* sp.	McPh		
Rubiaceae	*Cephaëlis densinervia* (K. Krause) Hepper	McPh	Sar	Fp
Rubiaceae	*Cephaëlis* sp.	McPh	Sar	Fp
Rubiaceae	*Coffea* sp.	McPh	Sar	Fp
Rubiaceae	*Corynanthe pachyceras* K. Schum.	MsPh	Scl	Fp
Rubiaceae	*Gaertnera trachystyla* (Heirn) Petit	McPh	Sar	FII
Rubiaceae	*Gardenia imperialis* K.Schum.	McPh	Sar	FII
Rubiaceae	*Geophila afzelii* Heirn	Herb		
Rubiaceae	*Geophila* sp.	Herb		
Rubiaceae	*Hallea ciliata* (Aubr.et Pell.) F. Leroy	MsPh		
Rubiaceae	*Heinsia crinita* (Afzel.) G Taylor	McPh	Sar	FII

Family	Species			
Rubiaceae	*Hellea stipulosa* (DC.) Leroy	MgPh	Pté	Fp, Fhydr
Rubiaceae	*leptactina pynaertii*	NnPh		
Rubiaceae	*Massularia acuminata* (G. Don) Bullock ex Hoyle	Mcph	Sar	Fp
Rubiaceae	*Massularia* sp.	Mcph		Fp
Rubiaceae	*Morinda lucida* Benth	McPh	Sar	FII
Rubiaceae	*Mussaenda tenuiflora* Benth.	Phgrv		
Rubiaceae	*Nauclea diderrichii* (De Wild) Merril	MgPh	Sar	Fp
Rubiaceae	*Nauclea pobeguinii* (Popeguin ex Pellegr.) Petit	MgPh	Sar	Fp, Fhydr
Rubiaceae	*Oxyanthus speciosus* DC.	McPh	Sar	FII
Rubiaceae	*Oxyanthus unilocularis* Hiern	McPh	Sar	Fp
Rubiaceae	*Pauridiantha* sp.	McPh		
Rubiaceae	*Pauridiantha dewevrei* (De Wild. & Th. Durand) Bremek	McPh	Sar	FII
Rubiaceae	*Pauridiantha efferata* N. Hallé	McPh	Sar	Fp
Rubiaceae	*Pauridiantha micrantha (Hiern) Bremek.*	McPh	Sar	Fp
Rubiaceae	*Porteriandia* cf. *cladantha*	McPh	Sar	FII
Rubiaceae	*Psychotria brassi* Hiern	NnPh		
Rubiaceae	*Psychotria* cf. *cyanopharynx*	NnPh		
Rubiaceae	*Psychotria* cf. *tatistipula*	NnPh		
Rubiaceae	*Psychotria ebenis* K. Schum.	NnPh		
Rubiaceae	*Psychotria gabonica* Hiern	NnPh		
Rubiaceae	*Psychotria* sp.	NnPh		
Rubiaceae	*Psychrotria* sp.	NnPh		
Rubiaceae	*Rothmannia lujae* (De wild.) Keay	MsPh	Sar	Fp
Rubiaceae	*Rothmannia megalostigma* (Wernh.) Keay.	MsPh	Sar	Fp
Rubiaceae	*Rothmannia* sp.	MsPh		
Rubiaceae	*Scherbournia* sp.	Phgrv		
Rubiaceae	*Schumanniophyton magnificum* (K. Schum.)Harms	McPh	Sar	FII
Rubiaceae	*Spermacoce stachydea* (De Cand.) Hutch. & Daziel	Herb		
Rubiaceae	*Tricalysia soyauxii* K. Schum.	McPh	Sar	FII
Rubiaceae	*Tricalysia* sp.	McPh		
Rubiaceae	*Uncaria africana* G. Don subsp *africana*	Phgrv		
Rubiaceae	*Uncaria* sp.	Phgrv		
Rutaceae	*Vebris louisii* Gilbert	McPh	Sar	Fp
Rutaceae	*Zanthoxyllum hetzii* (Aubr. & Pellegr.) Waterman	MgPh	Sar	Fp
Rutaceae	*Zanthoxylum gilletii* (De Wild.) P.G. Waterman	MsPh	Sar	FII
Rutaceae	*Zanthoxylum tessmannii (*Engl.) R. Let.	MsPh	Sar	Fp
Sapindaceae	*Allophylus africanus* P. Beauv.	MsPh	Sar	FII
Sapindaceae	*Allophylus* sp.	McPh		
Sapindaceae	*Blighia welwitschii* (Hiern) Radik.	MgPh	Sar	Fp
Sapindaceae	*Chytranthus* sp.1	McPh	Sar	Fp
Sapindaceae	*Chytranthus* sp.2	McPh	Sar	Fp
Sapindaceae	*Chytranthus mortehanii* (De Wild.) de Voldere ex Hauman	McPh	Sar	Fp
Sapindaceae	*Chytranthus* Sp1.	McPh	Sar	Fp
Sapindaceae	*Chytranthus* Sp2.	McPh	Sar	Fp
Sapindaceae	*Deimbollia* sp.	McPh	Sar	Fp
Sapindaceae	*Deinbollia* sp.	McPh		Fp

Family	Species			
Sapindaceae	*Eriocoelum macrocarpum* Gilg ex Radlk.	MsPh	Scl	Fp
Sapindaceae	*Euriocoelum macrocarpum* Gilg ex Radlk	MsPh	Scl	Fp
Sapindaceae	*Lecaniodiscus cupanioides* Planch. ex Benth	MsPh	Sar	FP
Sapindaceae	*Pancovia pedicellaris* Radk. & Gilg.	MsPh	Sar	Fp
Sapindaceae	*Radkofera colodendron* Gil.	McPh	Sar	Fp
Sapotaceae	*Aningeria altissima* (A.Chev) Aubr.& Pellegr.	MgPh	Sar	Fp
Sapotaceae	*Baillonella toxisperma* Pieerr	MgPh	Sar	
Sapotaceae	*Donella pruniformis* (Pierre ex. Engl.) Aubr.& Pellegr.	MgPh	Sar	Fp
Sapotaceae	*Donella ubanguiensis (*De Wild.) Aubrév.	MgPh	Sar	Fp
Sapotaceae	*Gambeya africana (G. Don. Ex Bak.)* Pierre	MsPh	Sar	Fp
Sapotaceae	*Gambeya beguei* (Aubr. & Pell.) Aubr. & Pell.	MgPh	Sar	Fp
Sapotaceae	*Gambeya lacourtiana* (De wild) Aubr.	MgPh	Sar	Fp
Sapotaceae	*Manilkara letouzei* Aubrev.	MsPh	Sar	Fp
Sapotaceae	*Omphalocarpum elatum* Miers	MsPh	Sar	Fp
Sapotaceae	*Omphalocarpum procerum* P. Beauv.	MsPh	Sar	Fp
Sapotaceae	*Pachystela* sp.	MsPh		
Sapotaceae	*Synsepalum longicuneatum* De Wild.	MsPh	Sar	Fp
Selaginellaceae	*Selaginella myosurus* (SW.) Alston	Herb		
Simaroubaceae	*Odyendyea gabuonensis* (Pierre) Engl.	MsPh	Sar	Fp
Smilacaceae	*Smilax kraussiana* Meisn.	Phgrv		
Sterculiaceae	*Cola acuminata* (P.Beauv.) Schott & Endl.	MsPh	Sar	Fp
Sterculiaceae	*Cola lateritia* K. Schum.	MsPh	Sar	Fp
Sterculiaceae	*Cola* sp.1	MsPh	Sar	Fp
Sterculiaceae	*Cola* sp.2	MsPh	Sar	Fp
Sterculiaceae	*Leptonychia* sp.	McPh	Sar	Fp
Sterculiaceae	*Mansonia altissima* (A. Chev.) A. Chev. Var kamerunica Jacq. - Fél	MgPh	Sar	Fp
Sterculiaceae	*Nesogordonia papaverifera* (A. Chev.) Cap.	MgPh	Sar	Fp
Sterculiaceae	*Octolobus* sp.	McPh		
Sterculiaceae	*Pterygota bequaertii* De wild.	MgPh	Sar	FII
Sterculiaceae	*Pterygota macrocarpa* K. Schum	MgPh	Sar	Fp
Sterculiaceae	*Sterculia oblonga* Mast	MgPh	Sar	Fp
Sterculiaceae	*Sterculia tragacantha* Lindl.	MsPh	Sar	Fp
Sterculiaceae	*Theobroma cacao* L.	McPh		
Sterculiaceae	*Triplochiton scleroxylon* K. Schum.	MgPh	Sar	FII
Thelypteridaceae	*Cyclosorus afer (*Christ) Ching	Herb		
Tiliaceae	*Desplastia* cf. *mildbraedi*	McPh	Sar	
Tiliaceae	*Desplatsia chrysochlamys* (Mildbr.& Burrey)Mildbr.	McPh	Sar	FII
Tiliaceae	*Desplatsia dewevrei* (De Wild.& Th. Dur.) Burrey	McPh	Sar	Fp
Tiliaceae	*Duboscia macrocarpa* Bocc.	MgPh	Sar	Fp
Tiliaceae	*Duboscia viridiflora* (K.Schum.) Mild	MgPh	Sar	Fp
Tiliaceae	*Glyphea brevis* (Spreng.) Monachino	McPh	Sar	FII
Tiliaceae	*Grewia hookerana* Exell & Mendonça.	Herb		
Ulmaceae	*Celtis adolfi-fridericii* Engl.	MgPh	Sar	Fp
Ulmaceae	*Celtis mildbraedii* Engl.	MgPh	Sar	Fp
Ulmaceae	*Celtis tessmannii* Rendle	MgPh	Sar	Fp
Ulmaceae	*Celtis zenkeri* Engl.	MgPh	Sar	Fp
Ulmaceae	*Trema orientalis* (L.) Blume	MsPh	Sar	Pio
Urticaceae	*Laportea aestuans* (L.) Chew	Herb		

Verbenaceae	*Clerodendrum*sp.	Phgrv		
Verbenaceae	*Stachytarpheta angustifolia* sp. (Miller) Vahl	Herb		
Verbenaceae	*Vitex grandifolia* Gûrke	MsPh	Sar	Fp
Verbenaceae	*Vitex* sp.	Phgrv		
Verbenaceae	*Vitex thyrsiflora* Baker	Phgrv		
Violaceae	*Rinorea dentata* P. Beauv	McPh	Sar	Fp
Violaceae	*Rinorea longicuspis* Eng.	McPh	Sar	Fp
Violaceae	*Rinorea oblongifolia* (C.H. Wrignt) Marqua	McPh	Sar	Fp
Vitaceae	*Cissus dinklagei* Gilg & Brandt	Phgrv		
Zingiberaceae	*Aframomum* spp.	Herb		
Zingiberaceae	*Renealmia* sp.	Herb		

i want morebooks!

Oui, je veux morebooks!

Buy your books fast and straightforward online - at one of world's fastest growing online book stores! Environmentally sound due to Print-on-Demand technologies.

Buy your books online at
www.get-morebooks.com

Achetez vos livres en ligne, vite et bien, sur l'une des librairies en ligne les plus performantes au monde!
En protégeant nos ressources et notre environnement grâce à l'impression à la demande.

La librairie en ligne pour acheter plus vite
www.morebooks.fr

 VDM Verlagsservicegesellschaft mbH
Heinrich-Böcking-Str. 6-8   Telefon: +49 681 3720 174   info@vdm-vsg.de
D - 66121 Saarbrücken   Telefax: +49 681 3720 1749   www.vdm-vsg.de

Printed by Books on Demand GmbH, Norderstedt / Germany